高职高专"十三五"规划教材

通用航空概论
TONGYONG HANGKONG GAILUN

胥 郁　李向新　主编

化学工业出版社
·北京·

《通用航空概论》依据高职高专教育"以应用为目的，基础理论以必需、够用为度"的原则进行编写。本书根据通用航空产业体系和生产实际，结合民航规章与行业发展需要，对通用航空关键要素和环节做了全面介绍。编写内容注重实务，案例丰富，便于理解，易于掌握。全书共分8章，主要内容包括通用航空认知、通用航空器、空域管理与飞行服务、通用机场、通用航空运营与管理、通用航空飞行组织与实施、通用航空器适航与维修、飞行员驾驶执照培训等章节。为方便教学，本书配套有微课及课后练习，通过扫描书中二维码即可得到。另外，也配套有电子课件供教学使用。

　　本书适合作为高职高专职业院校通用航空器维修、通用航空航务技术、民航运输等专业的教材，也适用于对通用航空事业感兴趣的读者，还可供行业内人士参考。

图书在版编目（CIP）数据

　　通用航空概论/胥郁，李向新主编. —北京：化学
工业出版社，2018.9（2024.9重印）
　　高职高专"十三五"规划教材
　　ISBN 978-7-122-32765-9

　　Ⅰ.①通…　Ⅱ.①胥…②李…　Ⅲ.①航空学–高
等职业教育–教材　Ⅳ.①V2

　　中国版本图书馆CIP数据核字（2018）第174537号

责任编辑：旷英姿　　　　　　　　文字编辑：谢蓉蓉
责任校对：王　静　　　　　　　　装帧设计：王晓宇

出版发行：化学工业出版社（北京市东城区青年湖南街13号　邮政编码100011）
印　　装：北京盛通数码印刷有限公司
787mm×1092mm　1/16　印张17¼　字数384千字　2024年9月北京第1版第7次印刷

购书咨询：010-64518888　　售后服务：010-64518899
网　　址：http://www.cip.com.cn
凡购买本书，如有缺损质量问题，本社销售中心负责调换。

定　　价：39.00元

前 言
FOREWORD

通用航空概论

　　改革开放以来，随着生产力的高速发展，人们的物质文化和精神生活不断丰富，对发展通用航空的需求日益高涨。通用航空是国民经济和社会发展的重要组成部分，有着非常大的发展潜力。随着国务院和中央军委联合下发《关于深化我国低空空域管理改革的意见》及《国家中长期科技发展规划纲要（2006—2020）》，我国低空空域管理改革的大幕拉开，通用航空产业发展迎来了历史性的重大机遇。

　　相对于通用航空事业发展热潮，很多新进入者和拟从事通用航空事业的人员对通用航空基础知识和操作实务知之甚微，而目前国内系统介绍通用航空概况的书籍又甚少，为此，编写一本对通用航空进行全面介绍的教材显得极为迫切。本书的编写工作就是在这一背景下着手的：力图为初学者提供一个通用航空鸟瞰图景，为通用航空相关从业人员提供一个可供参考的操作实务指南。本书从通用航空基础概念入手，通过分析通用航空产业体系与发展脉络，详细介绍了通用航空认知、通用航空器、空域管理与飞行服务、通用机场、通用航空运营与管理、通用航空飞行组织与实施、通用航空器适航与维修、飞行员驾驶执照培训等项目。

　　《通用航空概论》由胥郁、李向新担任主编，何裕龙、张涛担任副主编。全书由胥郁负责统稿。具体编写分工如下：本书的第一章、第三章、第四章、第六章由长沙航空职业技术学院胥郁编写；第二章由山东日照职业技术学院张涛编写；第七章由长沙航空职业技术学院李向新编写；第五章由长沙航空职业技术学院何裕龙编写；第八章由长沙航空职业技术学院易夫编写。中国民用航空湖南安全监督管理局张全为本书提供素材，并对本书的编写提出了宝贵的建议。

　　本书在编写过程中，参考了很多业内外人士的观点、书籍和文章。在出版之际，谨向上述有关单位和个人表示衷心的感谢。同时还要特别感谢化学工业出版社，正是在他们的组织和帮助下才有了本书的问世。

　　由于编者水平有限，书中难免存在疏漏和不妥之处，恳请读者和专家批评指正。

主　编

2018 年 7 月

目录
CONTENTS

通用航空概论

第一章

通用航空认知

微课

主要内容

本项目通过介绍通用航空（简称通航）的概念及其内涵，使学习者能够了解通用航空活动的类型，熟悉通用航空产业系统，明确通用航空的基本特征；了解世界通用航空发展概貌及我国通用航空发展。此外，本项目也对我国通用航空的管理体制和法规政策进行了解析。

学习目标

1. 熟悉通用航空概念及其内涵。
2. 理解通用航空的特性及功能作用。
3. 熟悉世界通用航空发展概貌及我国通用航空发展。
4. 掌握我国通用航空管理体制和法规政策。

2015年6月，好莱坞影片《末日崩塌》上映，该片讲述了由于圣安地列斯断层，加利福尼亚地区发生了9次大规模的地震。雷·盖恩斯（道恩·强森饰）是消防部空军中队的一名飞行员，他必须驾驶飞机往返于洛杉矶和旧金山，努力寻找并营救自己的女儿。在电影展开的许多情节中，都闪现出主人公驾驶直升机在危急时赶到现场救人的境头。片中主人公正是得益于其消防队员身份同时又是一名经验丰富的飞行员，所以能技术娴熟地驾驶直升机（贝尔407）等通用航空器飞赴地震中沦陷的城市救回自己心爱的家人。可以说《末日崩塌》是一部很有警示意义、启示意义、教育意义、现实意义的灾难片！电影中道路塌陷、桥梁断裂、城市火灾、建筑爆炸，以及一路如多米诺骨牌一般的大楼连续崩塌倾覆的地震场景非常震撼！看完电影，不禁让人产生一种感慨：面对大自然，人类是那样渺小、无助。由此联想到我国幅员广阔，人口众多，也是灾害事故多发国家，发展快捷高效的通用航空应急救援体系十分必要。近十年来我国平均每年由于自然灾害、事故灾难、公共卫生、社会安全事件造成的死亡人数超过20万人，伤残200万人。在实施救援的过程当中，通用航空器在运送伤员、救援物资，抢救伤员等方面发挥了不可替代的作用，特别是在5·12汶川地震，以及4·12青海玉树地震中，都显示出了航空救援极大的优越性和有效性。

 思考

通用航空除了能在上述地震救灾中发挥出巨大作用外，还能在其他哪些领域体现其社会和经济价值？

第一节
通用航空及其活动

能力培养

1. 正确理解现代通用航空的概念及内涵。
2. 熟练掌握现代通用航空活动项目及类型。
3. 了解通用航空产业体系范畴及构成要素。
4. 了解通用航空的基本特征。

一、通用航空内涵

通用航空作为民用航空的重要组成部分，其出现和发展离不开民用航空。1903年莱特兄弟发明了飞机"飞行者1号"，标志着人类航空史正式拉开了帷幕。伴随着航空时代的到来，通用航空应运而生。

（一）通用航空

通用航空是航空业大家族中的一个分支。航空业的形成，是以航空器的生产和使用来划分的。在航空业发展的初期，航空业只是一个单一的行业，随着科学技术特别是航空制造技术的不断发展，航空技术应用到各个领域。到了20世纪20年代，航空业形成了三个相对独立而又密切联系的行业：航空器制造业、军事航空业和民用航空业。

其中，民用航空业是指使用航空器从事民用性质飞行活动的行业。所谓民用航空，就是指使用各类航空器从事除了军事、国家安全等性质（国防、警察和海关）之外的航空活动。第二次世界大战之后，民用航空业得到迅猛发展，逐渐成为一个庞大的行业，成为交通运输业一个重要的组成部分。民用航空又分为两个大的组成部分：一个是公共航空（主要包括旅客运输和货物运输两大方面）；另一个是通用航空，在民用航空运输生产中，除了公共航空运输，其余都属于通用航空的范围。通用航空包括的内容繁多，范围十分广阔。

应当说，通用航空的产生与发展离不开飞机等通用航空器的研制和技术进步，正是由于航空技术的进步带来的航空器研发和制造技术的迭代更新，才换来通用航空的今天。因此，通用航空从概念上理解和表述，必须从航空器这一前提出发。另外，世界通用航空业历经几十年的深入发展，通用航空活动无论从内涵还是外延上都发生了深刻的变化，不仅通用航空形式日益多样，通用航空在国民经济和社会等各领域影响也日渐深远。结合上述诸多变化和未来发展需要，《中华人民共和国民用航空法》将通用航空定义为：使用民用航空器从事公用航空运输以外的民用航空活动，包括从事工业、农业、林业、渔业、建筑业的作业飞行以及医疗卫生、抢险救灾、气象探测、海洋监测、科学实验、教育训练、文化体育等方面的飞行活动。

（二）通用航空的定义

鉴于通用航空的多样性，定义通用航空基本采用排除法。

特别提示

Perhaps the Best Way to define general aviation is to begin by listing what it is not. General aviation is not military aviation and it is not scheduled commercial aviation.也许定义通用航空最好的方式是先列出来它不是什么。通用航空不是军用航空，也不是有计划的商业航空。

我国《通用航空飞行管制条例》（中华人民共和国国务院、中华人民共和国中央军事委员会第371号令）基本遵照这一规则，将通用航空定义为：除军事、警务、海关缉私飞行和公共航空运输飞行之外的航空活动，包括从事工业、农业、林业、渔业、矿业、建筑业的作业飞行和医疗卫生、抢险救灾、气象探测、海洋监测、科学实验、遥感测绘、教育训练、文化体育、旅游观光等方面的飞行活动。

在国际上，如国际民航组织（ICAO）将通用航空定义为：除商业航空运输之外的飞行活动或航空作业。其中，航空作业是指为农业、建筑业、摄影、勘测、巡查、搜寻与救援、航空科研等领域提供特定服务的航空活动。

美国联邦航空局（FAA）认为，除持有美国联邦航空局颁发的"方便和必须"合格证的航空公司及使用大型民用飞机的民航公司所经营的空运之外的一切民用航空活动都属于通用航空范畴。

加拿大运输部将通用航空定义为：除定期航空服务以及为了取得报酬和租金的非定期航空运营之外的所有民用航空运营。

澳大利亚基础设施与运输部将通用航空定义为：从事除了定期商业航线活动之外的航空活动，既包括包机运营人、航空医疗运营人、农业航空作业、航空消防服务、培训以及诸如航空摄影、航空调查等航空作业，也包括私人、商务、娱乐和体育航空活动以及维修维护供应商等支撑保障业务。

由此可见，目前国际上尚无统一的通用航空概念。鉴于航空作业活动与其他通用航空活动在本质上有较大差异，不具有国际性，国际民航组织航行委员会建议由各国自行制定法规来规范通用航空作业。

二、通用航空活动

2016年5月13日，国务院办公厅印发了《关于促进通用航空业发展的指导意见》（简称《意见》），对进一步促进通用航空业发展做出战略部署。《意见》客观地指出在中国通用航空产业各环节都很薄弱的现状下，通用航空运营是经济转型期的最好抓手，飞行活动是牵动市场发展的主导。通用航空只有让航空器能飞起来，且能飞的安全，才能使整个产业活跃起来，才能为具有更高附加值的研发制造业提供市场需求，才能使通用航空产业具有更大的发展后劲。

（一）常见的现代通用航空活动

现代通用航空活动多达数十种，下面列举常见的20种。

（1）航空摄影 使用航空器作运载工具，通过搭载航空摄影仪、多光谱扫描仪、成像光谱仪和微波仪器（微波辐射计、散射计、合成孔径侧视雷达）等传感器对地观测，获取地球地表反射、辐射以及散射电磁波特性信息的方法。根据使用目的、技术要求以及应用领域的不同，可以用于测制各种比例尺的地形图、资源调查等方面。

（2）空中拍照 在航空器（飞机、直升机、飞艇等）上使用摄影机、摄像机、照相机等，为影视制作、新闻报道、比赛转播拍摄空中影像资料的飞行活动。空中拍照见图1-1。

（3）航空探矿 航空地球物理勘探简称航空探矿，是使用装有专用探测仪器的飞机或直升机，通过从空中测量地球各种物理场（磁场、电磁场、重力场、放射性场等）的变化，了解地下地质情况和矿藏分布状况的飞行作业。航空探矿见图1-2。

图1-1 空中拍照 　　　　　　　　 图1-2 航空探矿

（4）空中巡查 按预先设计的区域和时间范围，使用装有专用仪器的飞机、直升机对被监测目标进行空中巡逻观察的飞行作业。具体作业项目有道路、铁路、输电线路、运输管道等的空中巡查与监测。空中巡查见图1-3。

（5）陆上石油服务 在高原、山地、沙漠及高寒地区等人烟稀少、交通不便的地区从事勘探开发石油工作时，借助于直升机（或必要的小型固定翼飞机）的独特功能，担负空中吊装与运输服务的飞行作业。

（6）海上石油服务 使用直升机担负海上石油钻井平台、采油平台、后勤供应船平台与陆地之间的运输飞行作业。其主要任务是运送上下班的职工、急救伤病员，运输急需的器材、设备及地质资料，在台风到来前运送人员紧急撤离，在发生海难事故后进行搜索与援救，以及空中消防灭火等。

（7）海洋监测 国家海洋管理机构使用装有专用仪器的飞机、直升机对领海和专属经济区内海洋污染、使用情况进行空中巡逻监测和执法取证的飞行作业。

（8）直升机外载荷飞行 以直升机为起吊平台进行的吊装、吊运等飞行作业。包括直升机输电线路基础施工、直升机组装铁塔和施放导引绳、直升机输电线路带电维修等项目。直升机外载荷飞行见图1-4。

图1-3　空中巡查　　　　　　　图1-4　直升机外载荷飞行

（9）人工降水　在云中降水条件不足的情况下，用飞机向云层中喷撒催化剂，促进降水的一种飞行活动。

（10）航空护林　使用飞机/直升机和专用仪器设备并配备专业人员，在林区实施林火消防以保护森林资源的飞行作业。具有机动灵活、快速高效等优点，是保护森林资源的强有力的措施。主要作业项目有巡护飞行、索降灭火、机降灭火、喷液灭火、吊桶灭火等。

图1-5　航空喷洒

（11）航空喷洒（撒）　利用航空器和其安装的喷洒（撒）设备或装置，将液体或固体干物料，按特定技术要求从空中向地面或地面上的植物喷雾和撒播的飞行作业过程。主要用于农、林、牧业生产过程中，具体作业项目有飞机播种、空中施肥、空中喷洒植物生长调节剂、空中除草、防治农林业病虫害、草原灭鼠、病虫害防治等。空中喷洒见图1-5。

（12）城市消防　使用直升机开展城市高大建筑物的空中喷液灭火和人员救援等的飞行作业。

（13）出租飞行　由通用航空企业（提供者）提供飞机、机组、燃油和航空旅行所需的其他服务，由使用者支付费用（通常是以公里数或时间计费，再加上等候时间和机组等额外费用）的飞行活动。

（14）医疗救护　使用装有专用医疗救护设备的飞机或直升机，为抢救患者生命和紧急施救进行的飞行服务。

（15）空中广告　以航空器为载体在空中开展的广告宣传飞行活动。具体作业项目包括机（艇）身广告、飞机拖曳广告、空中喷烟广告等。

（16）空中游览　游客搭乘航空器（飞机、直升机、飞艇、气球等）在特定地域上空进行观赏、游乐的飞行活动。

（17）包机飞行　单一用户（企业、事业单位、政府机构、社会团体或个人）与通用航空企业签订包机合同，包租通用航空飞机和直升机为其出行提供的飞行服务。

（18）私用/商用飞行驾驶执照培训　使用航空器，以掌握飞行驾驶技术、获得飞行驾驶执照为目的而开展的飞行活动。包括以正常教学为目的的任何飞行，教官带飞和学员在教官的指导下单飞，但不包括熟练飞行。

（19）个人娱乐飞行　拥有飞行驾驶执照的个人，为保持和提高飞行技术、体验飞行乐趣、展示飞机性能与飞行技艺，以普及航空知识和满足观众观赏为目的而开展的飞行活动。

（20）公务飞行　使用民用航空器按单一用户（企业、事业单位、政府机构、社会团体或个人）确定时间和始发地、目的地，为其商业、事务、行政等活动提供的无客票飞行服务。

湖南 ×× 通用航空有限公司注册成立于 2012 年，注册资本 5050 万元。公司是在国内通航市场需求日益旺盛、国家逐渐放开通航领域的大背景下，由自然人 ×××、××× 共同筹备成立，于 2013 年 9 月 25 日、12 月 5 日顺利取得了民航颁发的《经营许可证》和《运行合格证》，成为湖南首家具有合法运营资质的民营甲类通用航空公司。

该公司经营范围包括：医疗救护、航空器代管业务、航空探矿、空中游览、航空摄影、空中广告、城市消防、空中巡查、飞机播种、空中施肥、空中喷洒植物生长调节剂、空中除草、防治农林业病虫害、草原灭鼠、防治卫生害虫、航空护林、空中拍照等。

资料来源：http://www.hnhxth.com/gywm/&i=3&comContentld=3.html（有改写）。

（二）通用航空活动的类型

通用航空涉及的方面宽、应用的范围广，使用的飞机机型多，对其活动分类也有不同的标准，如ICAO组织的分类标准（将其分为GA-通用航空和AW-作业航空），英国标准，ACP（美中航空合作项目）标准等。结合我国通用航空实际，我们一般按下述标准分类。

1. 按航空活动性质分类

按照航空活动性质划分，通用航空可分为社会公益服务类、经济建设服务类、航空消费类和飞行培训类。

（1）社会公益服务类　该类通用航空活动不以营利为目的，主要发生在一些改进人类社会福祉的领域，除了抢险救灾、森林灭火等突发公共事件的通用航空飞行外，还包括航空气象服务、医疗救护、公益勘探、航空摄影、航空科研、政府飞行等以公益性为目的的通用航空活动。通用航空活动是否属于社会公益服务类，不以航空器常用状态和拥有者属性为标准，而应视单次飞行活动的目的而定。如果不以营利为目的，则属于该类。社会公益服务类航空活动的资金来源主要靠政府财政拨款以及社会公益组织及其他社会团体或企业与个人的捐赠。也有部分是航空器拥有者自费，但通常不是为了满足航空器拥有者自己的需要，而是满足于第三方需要。

（2）经济建设服务类　该类通用航空活动能够为通用航空器拥有者或使用者带来商业收益。例如，厂商企业使用通用航空器从事公务旅行、运送客户和产品或文件、邮件等。此外，海上石油服务、农业航空、林业航空、航空广告、航空观光、管线巡逻、直升机外载荷（吊挂、吊装）飞行等，以及属于商业航空运输中其他部分的商业性飞行活动，都属于该类。

（3）航空消费类　该类通用航空活动中，航空器一般为私人所有，功能如同家用汽车，是休闲娱乐或观光旅游的交通工具。

（4）飞行培训类　该飞行培训在各界各国状况都一致，即飞行培训学校使用通用航空器对学员进行航空飞行培训。在我国，飞行驾照培训的飞行小时数占所有通用航空飞行小时数的60%以上。

2. 按服务对象和飞行目的划分

按照服务对象和飞行目的，通用航空可分为作业航空、消费娱乐航空、公务航空和其他航空四大类。

（1）作业航空　作业航空是指使用航空器为工业、农业以及其他行业提供专业性操作的航空服务活动。作业航空在我国一度被称为专业航空，具体可分为如下几类。

① 工业航空　使用航空器为工矿业生产提供的各种专业航空服务活动，包括航空摄影、航空遥感、航空测绘、航空物探、航空吊装、海上采油、航空环境监测等。

② 农业航空　为农、林、牧、渔业生产提供的各种专业航空服务活动，包括航空护林、飞播造林、农林业病虫害航空监测与防治、航空鱼情观测等。

③ 管网巡查航空　利用航空器对电网、油气管网、高速公路网进行巡查的航空活动。

④ 航空科研和探险　对航空器或利用航空器对新技术/产品进行验证或从事的相关观测和探险活动，包括新飞机的试飞、新技术的验证、气象天文观测以及高山、峡谷、沟壑探险等。

⑤ 其他作业航空　使用航空器服务于其他领域和行业的航空活动，包括航空医疗、空中广告、航空搜寻与救援等。

（2）消费娱乐航空　消费娱乐航空是指利用航空器从事休闲娱乐、文化体育、观光游览等的航空活动。

① 文化体育与休闲娱乐航空　利用各种航空器从事飞行表演、飞行体验以及作为交通或娱乐工具的航空活动，包括航空竞技、休闲飞行，如特技飞行、航空模型运动、机场周边环行飞行、动力飞行、热气球飞行、滑翔伞/机飞行、空中冲浪等。

② 空中游览　利用航空器从空中游览自然风光或人文景观的商业性航空活动。我国《关于经营空中游览业务的暂行规定》将空中游览定义为"游客搭乘航空器（飞机、直升机、飞艇、气球）在特定地域上空进行观赏、游乐的飞行活动"。

（3）公务航空　公务航空是指企事业单位及政府利用自备或租赁的航空器为自身业务服务的航空活动。与公共航空运输不同，公务航空常常是根据业务需要而定，是非定期的航空活动。

（4）其他航空　包括机场校验飞行、飞行培训等。

① 机场校验飞行 为保证飞行安全，使用装有专门校验设备的飞行校验飞机，按照飞行校验的有关规范，从事检查各种导航、雷达、通信等设备的空间信号的质量及其容限以及机场的进、离港飞行程序的飞行活动。

② 飞行培训 为培养各类飞行人员（军事航空飞行人员除外）的学校和俱乐部所进行的飞行活动。

三、通用航空产业系统

基于全产业链视角，通用航空涵盖了通用航空器制造业、各种通用航空活动以及支撑保障通用航空活动的各种基础设施和商务服务等多个环节或细分领域。如图1-6所示，我们按照供需关系和价值流动将通用航空产业链分为上游的航空器制造环节、中游的通用航空运营环节和下游的通航支撑服务环节三个板块。按照三大板块的性质，又可以分为通用航空核心产业和关联产业。核心产业包括通用航空器制造、通航运营和运行所需的各类保障资源三大板块。关联产业则包含基础产业和应用产业：基础产业是通用航空的上游产业，为通用航空器制造提供资源保障和技术基础，包括电子、机械、化工、材料、能源工业等；应用产业是通用航空的下游产业，主要是通用航空作为生产工具或消费物品服务于国民经济三次产业。

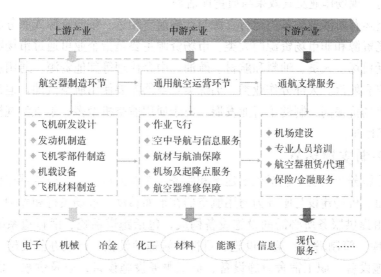

图1-6 基于全产业链的通用航空

（一）上游制造环节

通用航空的发展将直接催生航空领域的科技创新。通用航空的直接关联行业包括航空器的设计、制造，机载、空管、机场等设备和信息技术，航空器、空管和维修、机场建设运营等，这些领域高度密集了大量先进技术，通用航空的发展客观上将驱动航空领域的科技创新。

通用航空的发展将带动高科技产业发展。通用航空的间接关联行业包括航空航天、空间技术、先进材料、钢铁冶金、机械制造、自动控制、特种加工、电子信息等一系列高科技产业，通用航空的发展的联动作用将推动高科技产业发展。

通用航空将有力地促进地区经济结构转型升级。如美国堪萨斯州的威奇托市，在20世纪初还是美国主要的农产品和化工品产区。"二战"之后，威奇托抓住了美国通航大发展的机遇，转变经济发展方式，在本地区汇集了世界上最大的几家通用飞机制造企业、超过350家世界级通用航空供应商及十余家专业院校，生产了美国70%的通用航空飞机，成为世界通用航空高端制造之都。

通用航空拉动航空制造业向高端化发展。航空工业是国家战略性高技术产业，是国防空中力量和航空交通运输的物质基础，是科学技术和综合国力的重要标志。大力发展通用航空工业，打破民航业与航空工业分离的旧模式，是满足通用航空快速增长需要的根本保证，是引领科技进步、带动产业升级、提升综合国力的重要手段，是实现民用航空工业跨越式发展、推动国民经济结构调整和战略转型的现实路径。

（二）中游运营环节

通用航空运营是通用航空企业从事通用航空飞行运行及其保障支持活动的总称，其实质是为实现私人和经营目标而实施的过程，是通用航空系统最为核心的组成部分。具体包括通用航空生产计划的制订、生产任务的确定、通用航空与用户合同的签署、通用航空飞行组织与实施、现场作业及其效果与质量评估等。

通用航空运营所涉及的各类运行资源与运输航空相近。按照资源或服务的获取方式，可以分为市场资源和非市场资源两大类。市场资源主要是指企业可通过市场购买获取的运行资源，包括机场、人员、油料和航材、航油、中介代理等其他资源。通用航空器使用的燃料包括航煤和航汽。大部分作业类、训练类航空器需要使用航空汽油，但目前国内航汽供应不足，市场价格高，制约了行业发展。由于通用航空机型多、单机型规模少，造成了通航航材保障困难。

（三）下游支撑环节

通航支撑服务产业主要包括机场建设和服务、专业人员培训、航空器租赁和保险、金融服务等方面。机场建设与服务为通用航空器在地面移动、近场飞行和养护维修提供必要服务，主要由提供服务所必需的设施设备构成，包括跑道系统、滑行道系统、航站楼、停机棚/维修库、管制塔台、培训设施、目视导航辅助设施、行政办公设施、维护维修车间、储存设施设备、职工宿舍设施设备、员工服务设施设备，以及供水、供电设施设备系统等。

湖南株洲市将建国家通航产业综合示范区

当前，株洲市正以国家航空发动机和燃气轮机重大科技专项落户以及成功入选国家首批通航产业综合示范区为契机，打造通用航空发动机研发、制造与维修，通用飞机整机制造，通用航空运营及航空配套产业、衍生产业于一体的全产业链，把株洲建设成为世界一流的中小型航

四、通用航空特征与功能作用

（一）通用航空的基本特征

　　通用航空是民航运输的重要组成部分，因而通用航空首先具备民航运输的特点，即高速性、机动性、安全性、公共性、舒适性、国际性等。另外，通用航空的最大优势就是其通用性，它适用于工农业生产、交通运输、人民的文化生活等各个领域和各个方面。对工农业生产来说，它直接参与工农业生产活动，是工农业生产活动的重要组成部分；对交通运输来说，它以其高效便捷的方式，填补了陆路、水路及运输航空等交通方式的空白。对人民文化生活来说，它渗透于人民生活的各个领域，是其他任何交通运输方式无法替代的。通用航空除了具有民航运输的特点之外，和公共航空相比，一般还具有以下四个方面的特点。

　　1. 环境特点

　　通用航空在野外进行作业，点多、线长、面广，流动性大，高度分散，易受到气候和地理条件的制约和影响，表现出很强的季节性和突击性。作业人员的工作条件和生活条件相当艰苦。另外，多数通用航空飞行活动在民航航线和航路以外的低空空域进行，必须服从空军航空管理的要求。

　　2. 工作特点

　　通用航空专业技术性强，不同的作业项目有不同的技术要求和质量标准。没有熟练的飞行技术、丰富的专业知识和对各种特殊情况的处理能力，飞机的飞行安全和作业的质量是很难保证的。

　　3. 工具特点

　　通用航空一般使用小型飞机或活动翼飞机，大多进行低空或超低空飞行，加上在各种专业飞行过程中使用的仪器设备各不相同，需要通用航空人员对其实施的作业和使用的工具进行深入的了解和掌握。

4. 经济特点

通用航空的发展既受到经济发展的制约，又受到国家政策、措施的影响。通用航空不同于公共运输，它不但是生产的前提，价值实现的手段和桥梁，而且直接参与了各项生产活动。对通用航空的需求，取决于工农业的生产和社会发展的需求程度。

（二）通用航空的地位

通用航空是民用航空的重要组成部分。通用航空的发展水平，是一个国家科学技术发展水平、经济发展水平和人民生活水平高低的重要标志，在社会和经济发展中具有重要的地位。

1. 通用航空的发展水平，是一个国家科学技术发展水平的标志

在现代交通运输体系中，航空运输占有十分重要的地位。一个国家的科学技术水平越高，航空运输的水平就越高，航空运输的能力就越强。据资料统计，美国在通用航空发展鼎盛的20世纪80年代末，通用飞机拥有量曾达到约22万架，占整个航空机群的98%。年飞行小时上千万，接近美国民航机群总飞行小时的84%。伴随着美国通用航空几十年的发展过程，通用飞机从以轻型活塞式飞机为主体，发展到了今天具有高性能的喷气公务机，并且各种先进航电系统和新材料获得大量应用。

2. 通用航空的发展水平，是一个国家经济发展水平的标志

研究表明，一个国家的经济水平与通用航空的发展存在着正比关系。美国强大的国民经济为美国通用航空的发展奠定了坚实的基础，而通用航空的发展又进一步促进了美国经济的发展。这种联系表现在，一方面在经济发展水平高的国家中，可供人们支配的收入较多，使之有足够的经济实力去消费通用航空这种高消费的服务或娱乐项目；另一方面，国家也有足够的财力进行基础设施改善和基础技术研究投资。多年来，美国政府部门已经或正在为一系列通用航空业的发展计划投入大量资金。

3. 通用航空的发展水平，是一个国家人民生活水平高低的标志

一个国家的科学技术水平越高，经济水平越发达，人民的生活水平和生活质量就越高，这个国家的通用航空事业就越发达。通用航空不但要满足人们的生产、生活需要，同时还要满足人民的精神生活需要。

（三）通用航空的作用

通用航空广泛应用于社会管理和生产服务领域，是综合交通运输体系的重要补充，在推动社会经济、文化、教育、体育、卫生、旅游等事业发展中发挥着重要作用。在商务领域，通用航空有着无可替代的时间价值和空间价值；在综合交通运输体系中，通用航空以其高效便捷的方式，填补运输航空和支线航空不能到达的各个角落。此外，通用航空还为航空运输输送了大量的专业技术和管理人才，为航空运输事业的飞速发展奠定了坚实的基础。

国际上，已把通用航空作为衡量一个国家民航事业以及经济社会发展水平的重要标志。作为高前向、高后向及高侧向关联的行业，通用航空产业包括三条核心产业链和三个

关联产业集群。其中，通用飞机装备制造业是一个产业链较长的行业，涵盖了众多基础产业和高新技术产业。可以说，通用飞机是高技术、高附加值产品，对一个国家具有战略性影响。通用飞机的发展，既是当今高科技技术的综合体现，又可带动其他相关产业如机械、电子、冶金、化工等产业和新材料、新能源、电子信息等新兴科学技术的高速发展，是普及应用高新技术的领域，是社会生产力的延伸与再现。

1. 促进区域经济快速发展

从通用航空的产业链来看，处于上游的是通用航空器整机及发动机的研发制造。航空器的整机主要由机体、起落装置、动力装置、飞行控制系统、机载设备，以及其他系统组成。作为高端装备制造业的重要板块，航空器的研发和制造是大量技术、资金、人才的集合，必然会催生出新技术、新材料、电子工程、信息科技等相关产业链上的技术进步与发展创新。同时航空器的发展对机械、仪表、电子、材料、冶金、化工等上游产业发展有极强的带动作用，容易在区域内形成专业信息、专业技术、专业人才、资本等要素的聚集，最终形成产业集群效应，带动一批区域相关产业链企业迅速发展。

另外，航空器的发展也会促进区域产业结构升级，发展临空经济，实现区域内重点产业集群的培育。产业结构的调整升级有两个主要内容：一是三大产业的结构关系，尤其是工业与服务业的协调关系；二是工业结构的升级，主要是加快技术密集产业和高新技术产业的发展。通用航空产业具有连接工业和服务业的特点，其发展不仅可以带动相关工业，而且对相关服务业也具有很大的带动作用。通用飞机及零部件的生产、研发、销售、运营、服务、信贷、保险等诸多领域都可以成为城市经济增长的推动力量。

2. 推动消费结构升级

通用航空机场的运营会带动客货运输、地面运输、客货代理、航材航油供应等航空运输服务的需求，以及对通航飞机发动机、飞机零部件维修的需求。临近通航机场会在区域市场形成新的商业生态，会催生就业岗位、产值与税收，如高科技产业、商业、低空旅游业等。随着国民经济的发展和人们生活水平的提高，消费者对使用通用航空飞机进行观光旅游，通勤飞行、个人娱乐、培训飞行等的航空消费需求会日益增长，也必然会推动区域居民消费结构的全面升级和政策带动投资的迅猛增长。

3. 扩大就业

通用航空业的大规模生产与运营会为社会提供大量的就业机会，并且这种就业机会随着通用航空的发展和航空器普及率的提高而逐步提高。更重要的是，通用航空的发展会为众多的上游产业和航空器使用相关服务产业创造就业机会。

4. 有效改进公共安全保障能力

通用航空在历次重大自然灾害等突发公共事件的应急处理中发挥了独特的作用，为保护人们生命财产安全做出了重要的贡献。通用航空不仅能提供常规和紧急状态下的伤病员运输，而且能提供医药设备和物质的运输。以通用航空为重要组成部分的医疗救护体系，相对于没有通用航空的，能够有效地提高其医疗救护能力。通用航空机场作为重要的民防设施，在应对自然灾害、治安巡逻、国家防卫中的地位和作用显著。

2008年5月12日，四川省汶川县发生了里氏8.0级大地震。地震发生后，灾区房屋倒塌，道路断绝，通信、电力、供水完全中断。在山区、丘陵地带的重灾区，很多受灾民众都被困于山坡或狭窄的山谷。地震造成山体滑坡，导致道路堵塞或损毁，救灾工作开展非常困难。地震发生后，很快便集结了中国民航6家通用航空公司11种机型的30架直升机，成为我国航空史上最快、最大规模的调机。由于除了直升机，基本没有其他交通工具可以抵达灾区，直升机成为这次抗震救灾的"攻坚部队"。截至5月29日晚，30架民航直升机共执行飞行救援任务523架次，运送各类救援物资139.5吨，运送各类专家347人进入灾区，接出伤员和灾民1296人，为抗震救灾提供了有力支撑，充分体现了民航直升机在这次救灾中的战斗力。

　　发展通用航空可培养大量的飞行员和航空机械师，这将成为保卫国家安全的重要"战略预备役部队"。第二次世界大战中，美、英之所以能够很快地从民间直接招募大量有经验的飞行员来保障其空军的战斗力，就得益于其发达的通用航空业。此外，由于美国空域开放得早，其国内飞行驾照持有者现已达到70万~80万人，这是一种极大的"战略储备力量"。

　　在实现巨大人才储备的同时，通用航空还大大减少了国防开支。航空专业技术人员的培养花费巨大，目前我国培养一名民航飞行员的费用高达数百万元，更不用说军队飞行员。尽管通用航空飞行员要成为军用航空飞行员也存在着选拔淘汰和培训的问题，但其淘汰率要比从普通人群中选拔低，而且由于其本身已具有了一定的飞行相关知识和技能，也能减少培训费用。

第二节
通用航空发展简史

1. 能正确把握世界通用航空的起源及历史发展轨迹。
2. 能熟练掌握我国通用航空发展历程及其现状。

里约奥运会开幕式引争议:谁是动力飞行第一人

2016年8月6日的里约奥运开幕式上,一个场景和细节引发中国网友热议。在开幕式"都市"这一篇章中,饰演巴西人民心中的飞机发明者杜蒙的演员,驾驶着最原始的飞机出现在马拉卡纳体育场上空,场面十分震撼(见图1-7)。这是怎么回事呢?

　　原来,早在1906年10月23日,巴西人桑托斯-杜蒙特(见图1-8)在法国用一架名为"14bis"的复翼飞机进行了完整的起飞、飞行并降落,全程没有外部辅助,这一过程被建立于1905年的法国航空俱乐部(Aero-Club de France)全程见证。该组织确认桑托斯-杜蒙特是飞行先驱,由于莱特兄弟拒绝提供他们1903年在美国基蒂霍克(Kitty Hawk)进行了无辅助飞行的证据,该组织将"首次飞行"的奖杯授予了桑托斯-杜蒙特。在巴西,他是个民族英雄,每个人都相信他的这次飞行是人类历史上第一次。而开幕式当晚,"这架飞机"在马拉卡纳体育场起飞。巴西人用此举告诉世界,飞机是他们的桑托斯-杜蒙特发明的!而不是美国的莱特兄弟。

图1-7　里约奥运开幕式上的复刻14bis　　图1-8　飞机之父阿尔贝托·桑托斯-杜蒙特
（Alberto Santos-Dumont）

　　资料来源:http://news.163.com/air/16/0807/13/BTSCQGRL000 14P42.html。

 思考

1.怎样理解巴西和美国的"世界动力飞行第一人"之争?
2.我国的"飞行之父"是谁? 他又有哪些创举呢?

飞行是人类社会蓬勃发展的一个新起点，是生产力发展的必然结果，也是物质文明与精神文明协同发展的必然结果。在欧美发达国家，自从飞机发明以来，通用航空蓬勃发展，自由飞行得以实现。美国不光是车轮上的国家，也是机翼上的国家，通用航空是美国成为航空强国的重要基础。中华人民共和国成立以来，我国的通用航空产业发展主要集中在农林作业、地质勘探、应急救援等生产和公共领域，规模不大。

一、世界通用航空的发展历程

（一）通用航空起步与发展

通用航空是民用航空的重要组成部分之一，它是伴随着民用航空的产生与发展而诞生和成长起来的。1903年12月17日，美国莱特兄弟（见图1-9）发明的飞机飞行成功，开创了现代航空的新纪元，同时也揭开了世界通用航空发展的序幕。在莱特兄弟的飞机试飞成功之前，世界上许多人都曾进行过飞机的研制工作，但由于他们所采用的是笨重的蒸气机，没有采用科学、合理的机翼翼型，在研制、试飞过程中，由于飞机的重量过大、产生的升力不足而导致失败。莱特兄弟是在总结前人经验和教训的基础上，采用较轻的内燃机作为动力，并且采用升力大的双翼翼型，才使飞机"飞行者一号"（见图1-10）的首次飞行取得成功。

图1-9 美国莱特兄弟

帆布

轻木骨架

图1-10 飞行者一号

 特别提示

飞行者一号

1903年12月17日，来自美国俄亥俄州代顿的自行车制造商莱特兄弟在北卡罗来纳州的基蒂霍克岛试飞成功一架结构单薄、样子奇特的双翼飞机——飞行者一号。这是人类历史上第一架能够自由飞行，并且完全可以操纵的动力飞机。这一天就成了飞机诞生之日。

从1899年开始，莱特兄弟先后研制了三架滑翔机，其中第3号滑翔机性能优越，莱特兄弟用它共进行了700次滑翔飞行。飞行者一号就是在第3号滑翔机基础上研制的。

飞行者一号是一架双翼机，前面有两个升降舵，后面有两个方向舵，操纵索集中连在操纵手柄上。翼展达12.3米，机翼面积47.4平方米，机长6.43米，连同飞行员在内总重约360千克。没有专门的驾驶舱，飞行员必须趴在机翼上面操纵。发动机由莱特自行车公司技师查理·泰勒设计制造，输出功率9.7千瓦，重量77千克。

20世纪上半叶，世界发生了重大的变化，特别是两次世界大战的爆发，对世界航空技术的发展产生了深远、积极的影响。第一次世界大战期间，由于飞机在战争中的应用，使一些国家政府开始注意到了飞机的军事意义，相继成立了航空科学技术研究机构，航空工业体系初见端倪。从20世纪20年代开始，飞机的性能和构造发生了巨大的变化：由双机翼飞机发展到张臂式单机翼飞机；由木质结构飞机发展到全金属结构飞机；由敞开式座舱飞机发展到密闭式座舱飞机；由固定式起落架飞机发展到收放式起落架飞机。飞机发动机的功率也提高了5倍。这些科学技术的成果，使飞机的飞行速度提高了2~4倍。航空工业逐渐成为独立的产业部门。

（二）经历两次世界大战洗礼的通用航空

最早的运输飞机是美国道格拉斯飞机制造公司生产的DC产品系列。经过第一次世界大战的洗礼，美国的DC-2飞机在技术上已经比较成熟，基本上达到了安全、可靠、舒适和经济的要求。此时的飞机动力装置是活塞发动机，其功率随着飞机速度增长的需要而大幅度地提高，已从早先的12马力（1马力≈735瓦），增长到3500马力。喷气式发动机是利用反作用原理产生推动力的一种发动机。当空气（或氧化剂）和煤油在发动机燃烧室内混合燃烧后膨胀而获得加速度，从飞机发动机的后尾口高速喷出，根据牛顿第三定律，飞机受到一个相反方向的作用力，即推力。这就是喷气式飞机发动机的工作原理。

第二次世界大战的爆发，又一次推动了航空工业的发展。在战争期间，各国参战飞机的数量剧增，飞机的性能迅速提高，使军事航空对战争的影响越来越大，并起着举足轻重的作用。第二次世界大战结束后，世界航空科学技术得到进一步提升，特别是飞机气动外形的改进，涡轮喷气发动机及机载雷达的使用，进一步提高了飞机的各种性能，使飞机很快突破了声障和热障的限制，飞机的飞行速度达到声速的2~3倍，进入了超声速飞行时代。

随着科学技术的进步和航空器的发展，交通运输结构发生了改变，为人们提供了一种快捷、方便、安全的运输方式。特别是垂直起落飞机及直升机的产生和发展，推动了民用航空运输事业的发展，也推动了通用航空事业的开展。

1911年2月8日，英国飞行员亨利·佩开驾驶一架法国制造的"索默"式飞机，携带6500封信函，从印度的阿拉哈巴德起飞，飞往8000米外的奈尼，从而完成了人类历史上最早的空中邮政飞行，也是最早的通用航空飞行。

1914年，美国在佛罗里达州建立了世界第一条定期飞行的客运航线，但由于当时航空技术不发达，飞机的速度、载客量和航程都十分有限，很难与地面交通工具相竞争。

1919年1月，德国建立了第一条国内的商业航线——从汉堡到阿莫瑞卡。同年2月5日，又开通了从柏林到魏玛的航线，航程192千米，飞行2小时。

1919年，法国政府设立了主持航空运输的专门机构——法国航空局，负责法国航空技术的研究、飞机的生产、空中的导航等方面的工作，同年进行了2400次左右的商业飞行，建立了8条航线。

1921年，英国政府向经营英国伦敦至法国巴黎航线的英国汉德利佩季公司提供了25000英镑的资助。1924年，其他一些英国航空公司合并，成立了帝国航空公司，成为第一家得到政府支持、在英国占据垄断地位的航空公司。

除此之外，其他一些欧洲国家也纷纷发展自己的航空事业，特别是意大利，它的航空事业发展较快，在20世纪30年代其客运量仅次于德国和法国，位于欧洲的第三位。

世界各国在发展航空运输的同时，十分重视通用航空事业。最早的通用航空始于为农业服务。例如，为澳大利亚广大农牧业地区提供帮助，为阿拉斯加、太平洋上的岛屿提供医药、邮递、救援等服务。与此同时，开始出现了飞行训练学校和特技飞行队。1920年之后，在美国和欧洲出现了大量的私人飞机，有的大公司和企业开始用自己的飞机为高级员工提供交通服务，出现了公务航空。为了向私人和企业的飞机提供维修和燃油、买卖二手飞机、飞机租赁等服务，在美国出现了以机场为基地的通航服务站，形成了完整的通用航空供需市场。

（三）第二次世界大战后的通用航空发展

第二次世界大战后，由于航空技术的高速发展和大量军用飞机转为民用，通用航空得到迅猛发展，通用航空应用的领域更加广泛。除了在农业方面从事更多的工作之外，还发展了空中游览服务等业务。1950年，直升机进入了通用航空市场，大大拓宽了通用航空服务的范围，开始有了海上石油平台的服务、山区或无机场地区的救援、联络、空中吊挂等服务的内容。由于跨国公司的出现，公务航空也得到了巨大的发展。到了20世纪70年代步入繁荣时期。进入80年代，由于全球性的经济衰退、通用航空飞机数量的相对饱和、技术创新减少，导致通用航空开始下滑并陷入低谷。90年代以来，随着世界经济的持续增长、各国政府出台鼓励政策、航空产品推陈出新，通用航空又呈现复苏和重新崛起的态势，且有强劲后势。

全球范围来看，发达国家通用航空发展已经非常成熟。2016年全球通用航空飞机存量超过36.5万架，过去十年间通用航空飞机的年均销货量为2803.4架，年均产出值214.69亿美元。全球通用飞机市场主要集中在美国、加拿大、法国、德国等国家，其通用航空器存量合计为约31.4万架，占全球比例高达86%；此外加拿大、巴西和澳大利亚的通用航空发展也较为领先。

二、我国通用航空发展

中国通用航空是在世界通用航空发展的大背景下产生的，这其中我国航空业的先驱冯如先生做出了开创性的贡献。但是其后，由于外敌入侵和连年战乱，严重阻碍了当时通用航空在我国的进一步发展，直到中华人民共和国成立后，为了恢复国民经济和满足生产发展需要，通用航空又重新回到大众视野，迅速发展成为整个民航事业的重要一翼。

（一）通用航空发展历程

1. 1949年以前的发展过程

中国通用航空发展历程可以追溯到1912年。当时航空界的先驱冯如驾驶自制的飞机在广州燕塘进行的飞行表演，揭开了大陆航空事业发展的序幕。

 特别提示

冯如

冯如，原名冯九如，1884年出生在广东恩平牛江镇杏圃村一个贫困的农民家庭。12岁时跟随舅父漂

洋过海到美国谋生。他目睹了美国机器工业的强大，内心受到巨大触动，认识到机器工业对于国家富强的重要性，于是，他开始刻苦钻研机械。1903年，他得知美国莱特兄弟制造的飞机试飞成功后决心献身于新兴的航空事业。1908年，冯如和他的三位助手在奥克兰开设了中国人的第一家飞机制造厂——广东制造机器厂，并开始研制中国人的第一架飞机。

经过一番艰苦努力，冯如终于设计制造出中国人的第一架飞机——"冯如"1号（见图1-11）。

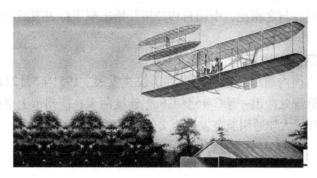

图1-11 "冯如"1号

1909年9月21日下午，冯如在媒体的见证下，在奥克兰兰尼学院进行首次公开试飞。飞机顺利完成滑跑、起飞，升至3~5米高度，绕着一个小山丘盘旋飞行，飞机操控性能良好，后来因螺旋桨突然断裂，飞机坠落地面。这是中国人的首次飞行，当地的美国媒体给予高度评价，华侨华人也备感振奋。

1910年10~12月，冯如驾驶第二架"冯如"1号，在奥克兰进行飞行表演大获成功。

1911年2月，冯如谢绝美国多方的聘任，带着助手及两架飞机回到中国。辛亥革命后，冯如被广东革命军政府委任为飞行队长。

1912年8月25日，冯如在广州燕塘的一场飞行表演中不幸失事牺牲，被尊为"中国首创飞行大家"。图1-12为1912年冯如和他制造的飞机在燕塘机场。

图1-12 1912年冯如和他制造的飞机在燕塘机场

2009年是中国航空百年暨空军建军60周年，时任中国空军司令员的许其亮称冯如为"中国航空之父"。

资料来源：http://www.360doc.com/content/18/0325/10/34637660_740004900.shtml。

1931年6月2日，浙江省水利局租用的德国汉莎航空公司的米赛什米特M18-D型飞机，在钱塘江支流浦阳江36千米河段进行的航空摄影，是大陆首次进行的通用航空商业活动。

从起步时间上看，1903年12月17日美国莱特兄弟首次完成世界上重于空气的航空器动力飞行，1908年美国空军购买了第一架飞机，1911年购买了5架飞机，用于训练飞行员、娱乐飞行、载客飞行。与之相比，中国自1912年开始出现飞行表演活动，通用航空事业起步较早。

2. 1949年以后的发展历程（图1-13）

自1949年以后，国内通用航空事业得到了快速发展。1951年5月22日，应广州市政府的要求，民航广州管理处派出一架C-46型飞机，连续两天在广州市上空执行了41架次的灭蚊蝇飞行任务，揭开了大陆通用航空发展历史的新篇章。

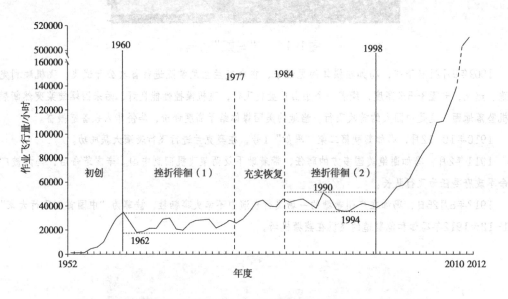

图1-13　中华人民共和国成立后我国通用航空作业飞行量

1952年我国组建了第一支通用航空队伍——军委民航局航空农林队，拥有10架捷克制爱罗-45型飞机，职工60余人，当年飞行总量为959小时，专供通用航空生产作业的机场或起降点约40个。

此后，在全国各地陆续成立了以农林业飞行为主的14个飞行队，后来又成立了专为工业、农业、海上石油等服务的通用航空公司，国内通用航空业逐步发展到现在的规模。

（二）通用航空发展现状

进入21世纪，我国通用航空开始逐步兴旺，展示出新的发展生机和希望。

1. 运营能力

（1）通用航空器总架数　截至2016年年底，中国通用航空器的在册总数为2595架（具），比上年增长16.1%。其中，固定翼飞机1705架（包含商务机264架），旋翼机825架，气球61架，飞艇4架。

由于部分老旧运力得到更新，设备更加先进，安全水平得到改善，通用航空运力总体性和实际生产能力比10年前有较大的提高，但是，与"十二五"规划的要求还相距甚远。

（2）通用航空器利用率　我国通用航空的航空器利用率从统计数据看并不是很高，以2002年的数据为例，飞机平均年生产小时总体平均为219小时，日平均生产小时还不到1小时。通用航空器利用率前几名依次为"超美洲豹"、EC155B、"凯旋"、CL-604、直11、S-76、A109和"豪客"800XP。

（3）机场和运行人员　截至2016年9月30日，中国颁证的通用航空机场达70个。目前中国已建并运行成熟的FBO（地面固定基地运营商）有13家，已建及在建的FSS（飞行服务站）共10个。截至2016年年底，中国境内的141部飞行学校共有20家。目前各类通用航空产业园区达140余家。截至2016年年底，受雇于91部H章公司的飞行员共2584名（全职2069人、兼职515人）。

2. 生产作业状况

新中国通用航空始于1951年，由于受到各部门的普遍欢迎，得到了较快发展。1980年通用航空飞行作业为42700小时。但从1980年一直到2000年，年作业量徘徊在40000小时左右。进入2000年以后，通用航空有了较大的发展。2016年，全国通用航空行业完成通用航空生产作业飞行76.47万小时，比上年降低1.8%。其中，工业航空作业完成8.29万小时，占作业总量的10.8%；农林业航空作业完成5.10万小时，占作业总量的6.7%；其他通用航空飞行63.08万小时。

在目前我国的通用航空服务业中，海洋石油开采和勘探是运营较成功的领域，主要得益于国家对国内近海石油开发的开放；其次是农林作业。我国地域辽阔，不同地区的传统习俗不同、经济基础不同、资源不同，发展速度也不同，由此使通用航空的地区性差异十分明显。如东北、西北的农林业航空发展较好，华东、华南沿海地区的海洋石油服务比较发达。通用航空开展较好的地区是广东（主要是海上石油服务）、新疆（陆上石油和农业服务）和黑龙江（农林牧业）。以2001年和2002年为例，在总飞行作业量中，工业航空作业量为21752小时，中南地区占总数的46.4%；农业航空作业量为30754小时，东北地区占总数的41.2%。

3. 通用航空市场规模

早期中国通用航空市场的主要服务对象为政府部门或国有企业，作业价格依靠政府制定的作业收费标准执行，作业费用由财政支付。从作业项目的发展看，20世纪50年代中期至70年代中期，通用航空作业多集中在工农业生产建设中一些靠常规手段难以达到时间和工作技术要求的项目，如农林化飞行、航空护林、航空摄影和航空磁法测量等。70年代后期至80年代中期，通用航空作业重点是适应国民经济建设中能源勘探和开发的需求，其最有代表性的项目为海上石油服务和陆上石油服务。80年代末至90年代中期，占通用航空作业比重大部分的仍是农林化飞行、能源勘探和开发中的直升机服务，但通用航空已出现向社会和公众提供服务的倾向，其最有代表性的项目为空中游览、短途运输和公务飞行。

近年来，随着国民经济的持续、快速发展，市场化进程的逐步推进，通用航空市场结构的变化更加明显，通用航空的作业项目已由两三种增加到7大类100多种，主要经营项目包括航空摄影、航空探矿、人工降水、航空护林、飞机灭蝗、农林化飞行等，服务领域涉及国民经济建设、科学研究和社会发展等10多个部门和行业，作业范围遍及全国除台湾和西藏外的所有省、自治区和直辖市。

目前通用航空的市场结构表现为，传统作业项目仍占相当比例，但份额已在逐步下降；自发的市场需求在逐年增长，其作业价格完全按照市场供需关系来确定，发展势头较好的经营项目有石油服务、公务飞行、医疗救护、培训飞行等。随着国家企事业单位购置自用公务机（含直升机）数量的不断增加，对直升机摆渡乘客，直升机医疗救护，以及对小型飞机用于近距离城市之间的旅客穿梭飞行的需求也日益突显。国民经济发展到一定水平后，通用航空的市场将越来越大，市场支付能力也将逐步提高。

2003年，中国民航总局把成立通用航空公司的经营许可审批权下放到民航地区管理局，给通用航空的发展创造了一个宽松的环境。截止到2016年年底，中国拥有获得通用航空经营许可证的通用航空企业320家，比上年增长13.9%。其中，拥有实际作业量的企业224家，拥有91部H章运营许可企业201家，拥有91部K章运营许可的企业32家，拥有135部运营许可的企业46家。在这些通用航空公司中，国有通用航空企业和骨干通用航空企业起着主导作用，它们为保证国家指令性抢险救灾和重大通用航空任务提供服务。

虽然通用航空的市场和收入有了一定的发展，但是，在中国民航业总体份额中仍处于相当低的位置，从收入水平看还不到全民航总收入的1%。

第三节
我国通用航空业管理体制及法规政策

能力培养

1. 了解我国通用航空行业管理主体。
2. 熟练掌握我国现行通用航空法规体系。
3. 了解我国通用航空法规体系的不足与改进思路。

通用航空是民用航空的重要组成部分，它直接为工农业生产、能源开发和科研服务，保证了国家重点建设的需要，对促进国家各行业的发展、提高人民生活水平起着不可替代的作用。为大力发展我国的通用航空事业，国家不仅需要出台支持通用航空发展的政策，也有必要对相关的法律制度进行修改和完善，建立一整套管理通用航空的法律法规和标准体系，为通用航空发展创造良好的法律保障环境。

一、通用航空业管理体制

通用航空业管理体制主要涉及空域管理、行业监管和国际规范。

（一）空域管理体制

根据《中华人民共和国民用航空法》（以下简称《民用航空法》）和《中华人民共和国飞行基本规则》，国家对空域实行统一管理。国务院、中央军事委员会空中交通管制委员会领导全国的飞行管制工作，空军负责具体管理工作，包括审批飞行计划、指定航路和飞行高度、制定飞行规则、管制空中交通、管理飞行禁区等。根据《中国民用航空空中交通管理规则》，中国民用航空局（简称中国民航局或民航局）空中交通管理局根据国家规定负责全国民用航空空中交通管理的组织实施。

（二）行业监管体制

《民用航空法》对我国民用航空各个方面的监管进行了规定，交通运输部下属的中国民用航空局是中国航空运输业的行政主管部门和行业监管机构。作为中国航空运输业的直接管理机构，中国民用航空局对航空运输业实施宏观管理，代表国家履行涉外民航事务职能。

根据《民用航空法》等法律法规，民航局具体监管内容包括：民用航空器国籍登记及适航管理，航空人员训练、考核、体格检查、颁发执照等管理，全国民用机场的布局和建设规划管理，民用机场使用许可证审批及颁发，民航无线电等。

根据《民用航空法》的相关规定，民航局负责通用航空企业经营许可证的审批。未取得经营许可证的，工商行政管理部门不得办理工商登记。从事非经营性通用航空的，应当向民航局办理登记。此外，民航局及其所属民用航空地区管理局还根据《关于引进进口通用航空器管理暂行办法》对进口通用航空器实施两级审批和管理。

（三）国际通用航空业的管理体制

由于通用航空器通常航程较短，较少进行国际飞行，除了公务航空之外，其他领域尚未有明确的适用于国际通用航空运输活动的公约、双边服务协定、管理制度。通常，公务机等固定翼飞机进行国际飞行，依据公共运输航空国际飞行公约、双边服务协定，以及途经国相关民航管理部门的具体规定展开飞行活动。直升机等航空器进行国际飞行，一般遵循途经国民航管理部门的具体规定展开飞行活动。

二、我国通用航空业的相关法律法规和政策

近年来，中国制定并颁布了一系列有关通用航空市场准入、运行标准以及外商投资通用航空业等方面的法规、规章等，包括国家法律（1部）、行政法规（2部）、民航规章（30多部）、作业标准（16部）。中国现行通用航空法律以《民用航空法》为核心，辅以《国务院关于通用航空管理的暂行规定》《通用航空飞行管制条例》等专门的行政法规以及一系列有关通用航空的民航规章。这些成为规范通用航空活动的法律依据，初步形成了通用航空法律法规体系。

（一）法律法规

1. 国家法律

《中华人民共和国民用航空法》，1995年10月30日颁布，1996年3月1日正式实施，2017年11月4日第十二届全国人民代表大会常务委员会第三十次会议修正。这部法律第十章第145条至150条对在我国从事通用航空活动须具备的法定条件做出了规定，设定了通用航空的定义以及从事通用航空活动的条件，明确提出保障飞行安全，保护用户、地面第三人以及从事通用航空活动的单位和个人的合法权益。

2. 行政法规

1986年1月8日，国务院发布《国务院关于通用航空管理的暂行规定》。该规定首次将"专业航空"更名为"通用航空"，明确了通用航空行业管理机构、从事通用航空活动需履行的报批手续、从事通用航空经营活动的审批管理程序等。在《民用航空法》出台之前，该规定为通用航空行业管理提供了法规依据。目前该规定仍作为实施通用航空企业赴境外开展经营活动的行政许可的法律依据。

2003年1月10日国务院、中央军委联合颁布《通用航空飞行管制条例》。该条例是管理通用航空飞行活动的基本依据，在通用航空飞行的空域管理、服务保障、审批手续等方面做了进一步调整，规范了从事通用航空飞行活动的单位或个人向当地飞行管制部门提出飞行计划申请的程序、时限要求；明确了一些特殊飞行活动所需履行的报批手续和文件要求。它是我国颁布的第一部有关通用航空方面的飞行管理条例，为我国长期处于瓶颈状态的通用航空事业注入了活力，也是对通用航空活动依法管理的重要举措，对于合理开发和充分利用国家空域资源，保障飞行安全和通用航空事业的发展产生了积极的促进作用。

3. 民航规章

目前涉及通用航空的民航规章共30多部，内容包括经济管理、安全运行、执照管理、作业标准等方面，主要有以下几部规章。

2004年6月1日发布《一般运行和飞行规则》（CCAR-91部）。该规章适用于在中国境内的所有民用飞行以及使用在中国登记的民用航空器所执行的所有运行。这部规则整合了各种复杂的飞行、运作等规定，形成了通用航空的一个基础性规章，标志着通用航空立法走上规范化轨道。CCAR-91部的发布对我国广泛分布和日益普及的通用航空和航空作业飞行运行提供了管理依据，为我国通用航空和航空作业飞行的系统化、法制化管理奠定了基础。

《通用航空经营许可管理规定》规范了行业管理部门对通用航空经营的行政许可行为，规定了设立通用航空企业的条件、经营项目、申报文件要求、审批程序等。

《非经营性通用航空登记管理规定》规范了行政管理部门对非经营性通用航空活动的行政许可行为，规定了申请登记的条件、内容、文件要求、登记程序等。

1996年8月1日发布《通用航空企业审批管理规定》，规范了从事经营性通用航空活动的企业的设立条件和审批程序、通用航空的经营项目、开办通用航空企业应当遵循的主要原则、企业的变更、终止和经营许可证管理等。

《外商投资民用航空业规定》等部门规章，规定了境外资本投资民用航空包括通用航空的具体条件和审批程序等。

《民用航空器驾驶员、飞行教员和地面教员合格审定规则》等规章明确了申请专业人员执照、资质的具体条件和要求。

案例引入

擅自从事经营性通用航空被停飞

2004年10月，方某花38万元购买了用于承揽梁子岛空中观光旅游业务的轻型水上飞机。方某是梁子岛上一个私营业主，一次偶然的机会，他获悉超轻型水上飞机获得准生证的消息，便萌发了在梁子岛开发水上飞机观光旅游的想法，并得到梁子岛管委会的支持。这一项目营运后，飞机每架次乘坐两名乘客，每名乘客收费100元，这吸引了不少来自武汉、黄石和鄂州市的游客，生意火红，成为了梁子岛旅游的一个亮点。

由于没有办理任何飞行手续，轻型水上飞机被有关部门责令停飞。责令其停飞的原因是该飞机未经民航和安全部门批准，存在严重的安全隐患。待办理有关手续并经有关部门作出安全评估报告后，政府部门再决定是否让该飞机重新上天。

思考

1. 案例中方某行为违反了哪些法律规定？

2. 私人飞机上天需要按规定办理哪些手续？

（二）通用航空业的主要政策

自2011年以来，各级政府和行业主管部门相继出台了诸多促进通用航空发展的政策措施，这些政策的出台大大激发了民间投资通用航空的热情。

1. 空域管理政策

近10年来，我国民航管理部门已将通用航空业作为民航发展重点，国家也不断推进与通用航空业发展最密切相关的低空空域管理改革。

2004年，我国召开首次全国空管工作会议，提出有计划地开放低空空域。

2009年，国务院、中央军事委员会空中交通管制委员会召开低空空域管理改革研讨会，明确指出"适时有序地开放低空飞行区域"，拟定《关于加快通用航空发展的意见》，并先后确立东北地区通用航空政策试点、内蒙古通勤航空试点、新疆通勤航空与飞行员培训试点、江苏通用航空应急救援试点等项目。

2010年7月，中国人民解放军空军副司令员赵忠新公布在黑龙江、广东两省进行低空开放试点工作。

2010年11月，国务院、中央军委联合下发《深化我国低空空域管理改革的意见》，确立了我国空域改革的总体目标、阶段步骤和主要任务，明确"十二五"期间我国将全面推广低空改革试点。根据该意见，中国将逐步放开低空空域，允许轻型固定翼飞机和直升机等一些小型飞机飞行。该意见提出在2011年前试点阶段的基础上，自2011年至2015年间在全国推广改革试点，并在2016年至2020年间进一步深化改革，建立先进合理的管理体制、法规标准和服务保障体系，使得低空空域资源得到科学合理的开放利用。

2. 行业政策

近10年来，我国民航管理部门已经将通用航空视作发展重点，国家也不断推进与通用航空产业发展最密切相关的低空开放政策改革。

2011年，民航局制定的《中国民用航空发展第十二个五年规划（2011年至2015年）》正式出台，规划首次提出"全面建设民航强国"的发展战略，并提出通用航空"规模快速扩大，基础设施大幅增加，作业领域不断扩展，运营环境持续改善，标准体系初步建立，作业量和飞机数量翻番"的发展目标。随着国家对于低空空域的逐步开放以及国家对于民用航空行业的政策支持，我国通用航空行业将迎来快速发展的良好时机。

2012年7月，国务院发布的《"十二五"国家战略性新兴产业发展规划》指出，要"大力发展符合市场需求的新型通用飞机和直升机，构筑通用航空产业体系"，到2015年，实现新型通用飞机、民用直升机发展和应用全面突破，到2020年，实现通用航空产业化发展。

2016年3月，交通运输部发布了《通用航空经营许可管理规定》。新规定对设立经营性通用航空企业持有放松市场管制、简化审批程序、激发企业活动、促进通用航空发展的态势。

2016年5月，国务院发布《国务院办公厅关于促进通用航空业发展的指导意见》对进一步促进通用航空业发展作出部署。到2020年，建成500个以上通用机场，基本实现地级以上城市拥有通用机场或兼顾通用航空服务的运输机场，覆盖农产品主产区、主要林区、50%以上的5A级旅游景区；通用航空器达到5000架以上，年飞行量200万小时以上，培育一批具有市场竞争力的通用航空企业；通用航空器研发制造水平和自主化率有较大提升，国产通用航空器在通用航空机队中的比例明显提高；通用航空业经济规模超过1万亿元，初步形成安全、有序、协调的发展格局。

1. 如何理解通用航空的定义及其特征的？
2. 通用航空有哪些活动形式？具体可分为哪些类型？
3. 如何理解通用航空产业系统的？国内众多的通航产业园在其中扮演了什么角色？
4. 现代通用航空在国民经济生活中发挥着怎样的作用？
5. 简述世界通用航空发展历程。
6. 我国通用航空发展经历了哪些阶段？现状如何？
7. 我国通用航空采用怎样的管理体制？
8. 我国通用航空相关的法律法规有哪些？

思考题

案例分析题

河南安阳内黄县何某因为拥有3架私人飞机，被网民称为河南"最牛农民"。何某喜欢飞机，2007年1月，他花费60多万元，从北京一家飞机厂购买2架小飞机，同年12月，又购买了一架小飞机，花了83万元。同时他还到北京学习飞机驾驶技术，学了一个多月，但是没有取得飞行驾驶执照。2008年10月6日下午，何某带上一大摞传单，开着飞机到内黄县城及周边各乡的主要街道上空散发传单，传单内容是防盗门优惠活动。事后，安阳市不少企业找他，也请他散发传单。

试分析何某存在哪些违法行为？

课后练习

第二章

通用航空器

微课

主要内容

　　本项目介绍了航空器的概念及其类别，使学习者了解通用航空器的概念和分类，明确小型航空器的内涵与典型机型；并对公务机、农林飞机、多用途飞机、直升机等通用航空器进行了详细介绍。

学习目标

1. 掌握通用航空器概念及其内涵。
2. 熟悉小型航空器的内涵与典型机型。
3. 熟悉公务机特征、类别及典型机型。
4. 熟悉农林飞机技术特征及典型机型。
5. 熟悉多用途飞机技术特征及典型机型。
6. 熟悉直升机特征、类别及典型机型。

2016国内通用航空器达2577架全年引进364架

截至2016年年底，中国（不含中国港澳台地区）通用航空器数量达到了2577架。2016年143家通航企业共引进364架飞机。

其中，引进飞机架数居前9位的通航企业分别为海直通用航空（15架）、上海金汇通用航空（13架）、北京金都通用航空（13架）、中航外企(廊坊)航空运动俱乐部（12架）、幸福通用航空有限公司（10架）、山东海若通用航空有限公司（8架）、亚捷通用航空无锡有限公司（8架）、幸福运通用航空（7架）、海南航空学校有限责任公司（7架）。

在2016年引进的364架飞机中，涉及机型共计81个，其中引进机型数量排名前10的分别为：RobinsonR44II（38架）、Cessna208BGrandCaravanEX（24架）、EurocopterAS350B3（22架）、DiamondDA40D（15架）、HafeiH425（14架）、AgustaAW119KX（13架）、DiamondDA20（13架）、Bell407GX（12架）、SunwardtechauroraSA601（12架）、Cessna172S（11架）。

在2016年引进的364架飞机中，涉及制造商共计46个。罗宾逊占比最高，为15%；赛斯纳占比为10%；空客直升机和钻石占比同为8%；贝尔和哈飞占比同为5%，阿古斯特占比为4%，其他为45%。

资料来源：http://news.163.com/air/17/0128/11/CBS6PU8Q00 0181O6.html。

 思考

1. 从通用航空器分类来看，2016年通航企业引进的三百多架飞机分别属于哪些类别？其中又以哪一类型航空器占比居多？

2. 我国通航企业为何每年从国外引进大量通航飞机？国内通用航空器研发制造现状如何？

第一节
初识航空器

能力培养

1.熟悉航空器的概念及类别。
2.掌握通用航空器的概念及分类。

一、航空器及其分类

（一）航空器的概念

很多人认为，航空器就是飞机，但是二者的概念并不一样。航空器是指在大气层中飞行的飞行器，包括飞机、飞艇、气球及其他任何借空气的反作用力，得以飞行于大气中的器物。

现代航空器的发展，得益于19世纪工业革命带来的科学技术的巨大飞跃。19世纪，不断有人试图突破空气的束缚，但都失败了。随着内燃机的发明和广泛应用，在空气中的飞行也逐渐成为可能。1903年，美国的莱特兄弟率先在美国制造出能够飞行的飞机，并且实现了飞行的梦想。随后，飞机及其相关的科学和技术得到了飞速发展。

（二）航空器的分类

根据产生向上力的基本原理的不同，航空器可划分为两大类：轻于空气的航空器和重于空气的航空器。根据航空器具体的结构特点，还可以进一步细分（图2-1）。其中，轻于空气的航空器靠空气静浮力升空，又称浮空器；重于空气的航空器靠空气动力克服自身重力升空。各种航空器在通用航空领域都有广泛应用。

1. 轻于空气的航空器

轻于空气的航空器的主体是一个气囊，其中充以密度较空气小得多的气体（氢或氦），利用大气的浮力使航空器升空，气球（图2-2）和汽艇（图2-3）都是轻于空气的航空器，二者的主要区别是前者没有动力装置，升空后只能随风飘动，或者被系留在某一固定位置上，不能进行控制；后者装有发动机、安定面和操纵面，可以控制飞行方向和路线。

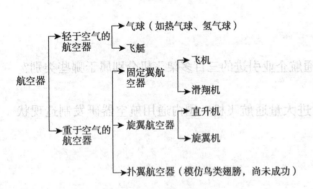

图2-1 航空器的类别

图2-2 热气球　　　　　　　　图2-3 汽艇

2. 重于空气的航空器

重于空气的航空器的升力是由其自身与空气相对运动产生的。根据构造特点还可进一步分为下列几种类型。

（1）固定翼航空器　主要由固定的机翼产生升力。飞机是最主要的、应用范围最广的固定翼航空器。飞机是指由动力驱动、重于空气的一种航空器，其飞行升力主要由给定飞行条件下保持不变的翼面上的空气动力反作用力取得。按级别等级，飞机的类别可分为单发陆地、多发陆地、单发水上、多发水上。

滑翔机与飞机的根本区别是，它升高以后不用动力而靠自身重力在飞行方向的分力向前滑翔。虽然有些滑翔机装有小型发动机（称为动力滑翔机），但主要是在滑翔飞行前用来获得初始高度。

（2）旋翼航空器　旋翼航空器由旋转的旋翼产生空气动力。按级别等级，旋翼机可分为直升机、自转旋翼机。其中直升机是指一种重于空气的航空器，其飞行升力主要由在垂直轴上一个或几个动力驱动的旋翼上的空气反作用取得；自转旋翼机是指一种旋翼机，其旋翼仅在启动时有动力驱动，在该旋翼机运动时旋翼不靠发动机驱动，而是靠空气的作用力推动旋转。这种旋翼机的推进方式通常是使用独立于旋翼系统的常规螺旋桨。

（3）扑翼机　扑翼机又名振翼机。它是人类早期试图模仿鸟类飞行而制造的一种航空器。它用像飞鸟翅膀那样扑动的翼面产生升力和拉力，但是，由于人们对鸟类飞行时翅膀的复杂运动还没有完全了解清楚，加之制造像鸟翅膀那样扑动的翼面还有许多技术上的困难，扑翼机至今还没有获得成功。

二、通用航空器及其分类

（一）通用航空器的概念

通用航空器可通俗地理解为用于通用航空飞行的航空器。与通用航空的定义类似，目前各国对通用航空器的定义也没有统一的标准。根据美国联邦航空局所作的飞机分类，通用航空器是指除用于定期航线的运输机和大型喷气飞机以外的所有民用飞机，它可运送与其航线要求相当的旅客或货物，而不要求必须为全客机型或全货机型飞机。因此，通用航空器又可定义为除航线航空器之外的民用航空器，主要用于非定期运送旅客与货物和航空作业。

通用航空器是航空器中数量和型号最多的机种，不仅包括小型飞机，还包括大型涡轮飞机、螺旋桨飞机和直升机。通用航空器的用途不仅极为广泛，而且相互交叉：同一型号的通用航空器可用于不同类型的通用航空活动，而不同类型的通用航空器又可用于同一类型的通用航空活动。无论是设计还是发动机和航空电子设备，无论是其可靠性、性能还是功能，现代通用航空器都可以与任何民航客机相抗衡，甚至在某些方面超越民航客机。

（二）通用航空器的分类

由于通用航空器的用途非常广泛，航空器的构型、特点各有不同，可按用途、航空器类型和驾驶员技术要求对通用飞机进行大致划分。

1. 按用途划分

通用航空器按用途不同可分为运动飞机、公务机、农林飞机、多用途飞机。

运动飞机主要是指用于娱乐飞行和私人旅行的飞机，这类飞机多为采用单发或双发活塞发动机的小型飞机，飞机价格便宜、数量众多。

公务机是指专门用于行政与公务飞行的飞机。这类飞机有可乘4~6人的小型机，也有载客20人左右的大型公务机。随着公务航空的快速发展，公务机已成为通用飞机中发展较快的一部分。

农林飞机是指经制造和改装后专门用于农业和林业服务的飞机，其最典型的用途为灭虫、施肥和播种。大部分的农林飞机是固定翼飞机，直升机也正在得到越来越多的应用。

多用途飞机是指用于各种工业航空服务、客货运输的飞机。此类飞机数量繁多、用途庞杂，其用途包括飞行培训、科研生产、客货运输、地质勘探、海洋监测、空中游览、医疗救护以及监护飞行等。多用途飞机包括固定翼飞机和直升机。

2. 按航空器类型划分

通用航空器按航空器类型可划分为固定翼飞机、旋翼机两类。固定翼飞机按采用的发动机类型包括活塞发动机飞机、涡轮螺旋桨发动机飞机、喷气飞机。旋翼机则包括直升机和倾转旋翼机，由于民用倾转旋翼机尚未投入使用，这里的旋翼机是指直升机。直升机按采用的发动机也可分为活塞发动机直升机和涡轴发动机直升机。

3. 按驾驶员技术要求划分

不同的通用航空器飞行对驾驶员的驾驶技术要求也有所不同，因此按驾驶员技术要求可将通用航空器划分为下述3类。

（1）个人 用于航空器拥有者个人使用的航空器。航空器的拥有者也是航空器的驾驶员。通常飞机的驾驶员按目视飞行规则（VFR）驾驶飞机，因而其飞行对本国空中交通管制系统造成的负担也较小。飞机拥有者一般不租用机库停放飞机，并且也不需定制民用天气服务。

（2）公务 航空器拥有者兼飞行员用于公务飞行且飞行过程中无专业空勤人员参与的航空器。典型的公务飞行活动如某个销售人员驾驶其自有飞机访问其销售区域的不同地点。一般来说，飞机拥有者与其他人共同租用机库停放飞机，购买保险并且会购买民用天气预报服务。一般来说公务机拥有者要比个人使用者更频繁地驾驶飞机飞行。

（3）行政、通用和其他 其飞行需要专业空勤人员参与的航空器。这些航空器的拥有者一般需要租用私人机库、支付保险并且雇用专业驾驶员。

第二节
小型航空器

1. 理解小型航空器定义及分类。
2. 熟悉小型航空器技术特点。
3. 了解小型航空器典型机型。

阿若拉SA60L

　　山河SA60L是山河智能装备股份有限公司自主研制的单发双座轻型运动飞机，其飞行性能、安全性均达国际先进水平，是我国第一款通过中国民航适航认证的民族品牌轻型运动飞机。

　　该机型主体结构采用碳纤维材料制作，质量轻，强度高，具备特技飞行性能，起降距离短，可在土路、草地等环境安全起降；使用95号车用汽油，每百公里油耗仅8升。飞机及衍生机型可以应用于不同的军事应用领域；可搭载双油门操纵、整机救生、夜航等系统，作为空军飞行员初次遴选和初级训练机应用；可搭载激光、爆闪灯等设备，应用于军用机场驱鸟；还可作为遥感航测飞机，执行军事侦察、地形测绘、公安缉毒、海关监视等任务。

 **思考**

1. 小型航空器的判断标准是什么？有什么技术特征？
2. 小型航空器的应用前景如何？

一、小型航空器介绍

　　2~6座的小型飞机是通用航空器市场中所占份额最大，也是最为活跃的一个部分，多数集中于经济发达的北美和西欧等地。制造商主要为小型独立公司，通常仅生产很少的几种飞机型别及衍生型别。这类飞机价格便宜，主要为私人拥有，少部分用于执行专门任务。常见的用途有私人飞机、教练、游览／观光／行政、航空运动、特技飞行、森林巡逻与执法等。此外，不少个人也自己制造这一级别的飞机。美国实验飞机协会（EAA）在威斯康星州奥什科什城举办的一年一度的"空中冒险"通用飞机展是这一级别通用航空器的盛会。

（一）小型航空器的定义及分类

在我国相关适航规章中，对小型航空器有专门的界定，它是指包括单发飞机、旋翼机以及实施定期载客飞行且最大起飞全重不超过5700千克和实施非定期载客或全货机运输飞行且最大商载不超过3400千克的多发飞机的总称。其中，实施非定期载客运输飞行的小型航空器的旅客座位数量（不包括机组座位）不超过30座。

小型航空器按照航空器的构型特征可以分为固定翼飞机、旋翼机、滑翔机、自由气球和飞艇等。按照重量、载人数量等来区分又可以划分为超轻型、轻型运动、甚轻型、初级类和CCAR-23/27部小型航空器[也即CCAR-23部正常类、实用类和特技类飞机（不含通勤类），CCAR-27部正常类直升机]，具体划分依据见表2-1。

表2-1　小型航空器按重量和载人数量分类

类别	重量限制	最大座位数	其它限制	依据
超轻型航空器（UV）	（a）如无动力驱动，空机重量小于71千克；（b）如有动力驱动，空机重量小于116千克；	1座（包括飞行员在内）	座舱不增压；有动力驱动时：（1）燃油量不超过20升；（2）全马力平飞校正空速小于100千米/小时；（3）发动机停车后的失速速度不超过校正空速45千米/小时	CCAR 91部O部分
轻型运动航空器（LSA）	最大起飞重量小于：600千克（不用于水上运动）；650千克（用于水上运动）	不超过2座（包括飞行员在内）	海平面V_H不超过120节校正空速，座舱不增压等，其它限制具体详见AC-21-AA-2015-25R1《轻型运动航空器适航管理政策指南》	AC-21-25R1；AP-21-37R1
甚轻型（VLA）	最大起飞重量不大于750千克	不超过2座（包括飞行员在内）	单发（火花点火或压缩点火）、着陆构型的失速速度不高于45节；座舱不增压	AC-21-05R1
初级类航空器	最大起飞重量小于：1225千克（不用于水上运动）；1530千克（用于水上运动）	不超过4座（包括飞行员在内）	单发，海平面失速速度不大于113千米/小时；如为旋翼机，主旋翼盘载荷限制值为29.3千克/平方米；座舱不增压	CCAR-21部21.24
CCAR-23/27部小型航空器	最大起飞重量不大于5700千克	不超过9座（不包括飞行员）	根据特技飞行允许程度，CCAR-23部小型航空器又可分为正常类、实用类和特技类	CCAR-23、27部

从表2-1按重量和载人数量来划分的小型航空器的分类可以看出，每类航空器仅给出了重量和载人数量的上限，并没有给出下限，也即它们之间基本是包含关系，低重量级别的航空器也属于高重量级别航空器的范畴。

（二）主要技术特点

这一级别的航空器主要采用常规布局。除去钻石公司的DA-42"双子星"采用双发下单翼布局外，小型飞机基本上都装一台活塞发动机。欧美主要活塞航空发动机厂商的产品全部为水平对置发动机，仅东欧国家有少量直列发动机及星形发动机型号。为满足不同级别飞机的需要，水平对置发动机主要有4缸、6缸两种形式。由于主要的小型飞机制造商均为美国公司，故主要的活塞发动机公司仅有：泰莱达因大陆（Teledyne Continental Motors）和德事隆·莱康明公司（Textron Lycoming）。为满足水对置活塞发动机冷却需要，这一级别小型飞机的显著特征是在机头开两个冷却气进口，螺旋桨为2叶或3叶可调螺距螺旋桨。

小型飞机单发机型布局主要有以下两种：上单翼和下单翼布局。其中，上单翼机型多数带有撑杆，起落架不可收放，部分机型起落架没有整流罩，或起落装置为浮筒；下单翼机型根据飞行速度和机翼厚度，起落架分为可收放和不可收放两种，不可收放的起落架基本都配有整流罩。但整体上，下单翼机型性能优于上单翼机型。通常大多数小型飞机为前三点式起落架，也可采用后三点式起落架。尾翼为传统的"十"字形尾翼或"T"形尾翼。

由于赛斯纳占据竞争优势地位并采用了上单翼布局，除去少量简易型上单翼飞机外，很少有其他上单翼机型。主要竞争对手均采取下单翼布局，并通过良好的气动布局以获得更好的飞行性能。如卷云设计公司和Columbia公司的机型。而钻石公司的机型则介于超轻型飞机和小型飞机之间，也实现了差异化。也有部分机型采用其他布局，如部分小型水上飞机将发动机装于机背。此外还有少数型号将发动机装于"T"形尾翼的前端，如Seawind 300C飞机。

小型飞机的座舱通常为并列座椅，这样可以方便地安排2、4、6座，同样并列座椅也适合作为民航初级教练机的使用需要，但也有部分简易机型采用串列座椅。

部分机型设计有行李舱，如DA-42，由于其独特的双发布局空出了机头，故将这一空间设计为行李舱，此外该机还在座舱后设有另一个行李舱。卷云设计公司的SR22则将行李舱设于座舱后部，值得注意的是其行李舱具有单独的舱门。

由于小型飞机的一个主要用途是作为民航机的初级教练机使用，故航电系统界面逐渐接近民航机面板风格。目前，部分小型飞机也开始使用大屏幕彩色液晶一体化航电仪表系统，如赛斯纳飞机公司1997年重新推出的"新一代"通用飞机开始使用大屏幕彩色液晶航电仪表系统（图2-4），这直接导致竞争对手的跟风行为。钻石公司DA-40/42及卷云设计公司SR20/22等主流机型均采用了先进的液晶一体化航电仪表系统。

（三）小型航空器的应用

从前述对小型航空器的定义可知，小型航空器按照重量、载人数量等来区分又可以划分为超轻型、轻型运动、甚轻型、初级类和CCAR-23/27部小型航空器。其中，初级类航空器是一种设计和制造相对简单，仅限于娱乐和私人使用的航空器，具有投入不大、价格低

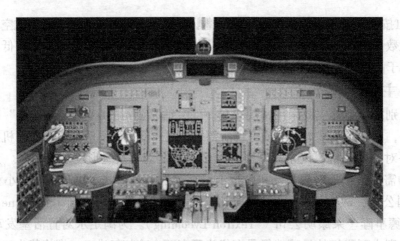

图2-4　赛斯纳CJ1的座舱彩色液晶一体化仪表面板

廉、使用维护简单等特点。随着经济和航空制造业的发展，初级类航空器在飞行培训、农林作业、航空物探、航空摄影、宣传广告等通用航空领域和个人用途、航空体育等方面有较大市场。

1. 飞行员培训

以北美为例，2005年，美国持有飞行执照的人多达60万。要培养出这么多的飞行员，靠大型飞机进行培训显然是不经济的，主要还是依靠小型飞机。此外，飞机制造商和部分经销商也将飞行员培训作为扩大销售的主要手段之一。如赛斯纳飞机公司在世界范围内建立了包括225个飞行员中心在内的飞行培训网。1977~2006年的20多年间，共培训出40万名左右的飞行员，极大地促进了飞机的销售。

2. 专门作业飞行

专门作业包括: 农业（喷洒药剂和播种等）、森林和野生动植物保护、航测（摄影、测绘、石油及矿藏勘探等）、巡查（管道、电力线和水渠的巡查等）、天气控制（人工降雨等）、空中广告等。

3. 休闲运动

私人航空，全世界用于休闲娱乐的小型飞机数以十万计，培养了数十万名飞行爱好者，并创造了巨大的市场空间。

4. 飞行员合格证书

美国联邦航空局（FAA）颁发给新飞行员的合格证书分为不同的类别，这要根据飞行员笔试和飞行测试结果而定，笔试和飞行测试都是在FAA代表的监督下进行。目前一共有四种不同类型的飞行员合格证书，最新的一种是娱乐飞行员合格证书，另外三种是私人飞行员合格证书、商业飞行员合格证书以及航线运输飞行员合格证书。值得注意的是，所有的飞行员到了一定时候都必须进行首次单飞。所有未来的飞行员都必须先从获得私人飞行员合格证入手，然后再去获取仪表等级证书。至于其他等级的证书，可以根据个人的生活方式或职业要求申请。

二、典型机型介绍

代表型号有中国航空工业集团有限公司的"小鹰"500，赛斯纳飞机公司的赛斯纳172/182/206，西锐飞机公司的SR20/SR22，钻石飞机工业公司DA20/DA40，派铂飞机公司的PA-34/PA-44。

（一）"小鹰"500

"小鹰"500飞机（图2-5），是中国自主研发的轻型多用途飞机，该机是我国目前唯一按CCAR-23-R2进行设计、生产、试验试飞和适航取证并开始交付用户的4～5座轻型多用途飞机，具有完全自主知识产权。该机于2003年10月26日首飞成功，填补了我国通用航用在4~5座轻型多用途飞机生产制造领域的空白。

图2-5　"小鹰"500

"小鹰"500飞机适应能力强，可以在20米宽、600米长的简易跑道，净空1000米的空域内安全起降，能抗12米/秒侧风。飞机维护通道开畅，使用维护简单。

"小鹰"500气动采用常规布局，下单翼，全动平尾，单台活塞发动机、螺旋桨驱动，前三点可收放式起落架。机身是全金属半硬壳式结构，发动机罩、尾锥和座舱部分侧蒙皮为玻璃纤维复合材料。封闭式非气密座舱，前机身左右设置有两扇向上开启的蝴蝶门，门后设有应急窗。动力装置采用美国莱康明公司6缸水平对置气冷活塞发动机，功率191千瓦。螺旋桨选用美国哈策尔公司生产的全金属恒速变距不可顺桨的双叶螺旋桨。

"小鹰"500在结构设计方面拥有自主知识产权，它的诞生将填补国内4~5座轻型飞机的空白，其综合性能达到国外先进水平，可替代进口。这一机型可广泛用于初、中级教练飞行，公务飞行和农牧林业、旅游、环保、巡逻、空中探测、摄影、航空俱乐部及军、警对轻型多用途飞机的需求，也是私人购买飞机的理想机种。

"小鹰" 500的主要性能数据见表2-2。

表2-2 "小鹰" 500的主要性能数据

主要性能数据——"小鹰" 500	
乘员	驾驶员1名+乘客3~4名
尺寸	翼展9.879米，机长7.743米，机高3.044米，机翼面积12.379平方米
重量	有效载荷560千克，最大起飞重量1400千克
性能	最大巡航速度300千米/时，设计航程1640千米，实用升限4200米
动力装置	1台莱康明公司IO-540-V4A5活塞发动机，单台功率191千瓦（260马力）

"小鹰" 500 教练机获南非民航局颁发型号认可证

经过近两年的申请认证工作，在中国民航局的大力支持下，航空工业通飞华北公司生产的 "小鹰" 500 教练机近期获得南非民航局颁发的型号认可证（TAC）。

2015 年 4 月，两国局方在南非签署双边适航合作意向书的基础上，南非民航局派组当年 12 月对 "小鹰" 500 完成现场审查，并提出完善意见。2016 年 8 月，补充噪声符合性试验完成后，向南非局方提交了符合性文件。2017 年 4 月 25 日，南非民航局正式签发了 "小鹰" 500 飞机 TAC 文件。

"小鹰" 500 教练机取得南非局方 TAC，为 "小鹰" 500 飞机交付南非艾维航校试用，并最终走向非洲市场，实现向 "一带一路" 国家市场的产能出口奠定了重要基础。后期，华北公司将与中航国际航发公司共同协调努力，早日实现 "小鹰" 500 飞机批量出口南非合同的落实，确保首批 2 架 "小鹰" 500 试用飞机的交付。

资料来源：http://news.carnoc.com/list/417/417285.html。

（二）赛斯纳172 "天鹰"

赛斯纳飞行器公司是全球知名的通用航空飞机制造商，从1927年起便开始生产私人飞机。目前，赛斯纳飞行器公司生产的小型飞机总量已经接近200000架，成为全球生产飞机数量最多的飞机生产商。赛斯纳生产过的机型繁多，产品跨度大，从简易的轻型运动类飞机到装备两台涡扇发动机的豪华公务机都有涉及。但在众多机型中，有一款机型对美国，甚至全球通航领域，都产生了极为重要的影响，那就是赛斯纳172（图2-6）。

图2-6 赛斯纳172R飞机

赛斯纳172"天鹰"系列是赛斯纳飞机公司研制生产的4座单发活塞发动机轻型螺旋桨飞机,是美国赛斯纳公司的经典之作,在美国常被用作飞行教练机、私人飞机和公务机。20世纪80年代,由于美国法律的限制,赛斯纳飞机公司不得不全面停产赛斯纳172,此时已生产了7万架。1996年,在新法规的推动下,赛斯纳重建单发活塞飞机的生产,按照FAR-23部标准对"天鹰"飞机进行改进设计后恢复生产,于1997年开始供应新一代"天鹰"飞机。4座位的172R、172S、182T、T182T飞机主要面向飞行学校和私人航空爱好者,172和182两型飞机的主要区别在于选装不同的发动机和螺旋桨,172为2叶,182为3叶。

它坚固耐用,性能优良,符合民航仪表飞行法规要求,容易驾驶和维护,起降场地要求很低,几乎可在海拔3000米以下的任何一片稍平坦的地面起降,它的购买和使用成本与一辆高级轿车相似,全世界几乎到处可以看到它的身影。

赛斯纳172机翼为流线型单撑杆上单翼,常规悬臂式全金属结构,尾翼则为悬臂式全金属结构。机身为常规全金属半硬壳式结构。后掠垂直尾翼和方向舵。起落架为不可收放前三点式。悬臂式弹簧钢主轮支撑结构,可转向前轮,带有油-气缓冲器。动力装置采用莱康明公司水平对置发动机。座舱是两排并列两座的4座布局。吸能座椅,可承受载荷26g,驾驶员和前排一名乘客座椅安装于一条座椅滑轨上,装有两套紧固栓,可上下调整和俯仰调整,其余座椅可俯仰调整。机载设备装有联合信号公司成套设备,包括带有指点标接收机的双通道通信/导航话音控制板、数字保密应答机和话音机内通话系统;下滑接收机、目视飞行规则GPS和自动驾驶仪。可选装包括仪表飞行规则GPS、自动定向器和双轴自动驾驶仪的成套导航设备。

在中国市场,赛斯纳172飞机获得了相当的成功。中国大多数的飞行培训学校都曾购买过赛斯纳172飞机。其中较为知名的有中国民航飞行学院、安阳航空运动学校和上海东方航空教育培训有限公司。同时广东省通用航空公司、中国远大集团有限责任公司、广东白云通用航空公司都曾购买过赛斯纳172飞机。

赛斯纳172的主要性能数据见表2-3。

表2-3 赛斯纳172的主要性能数据

主要性能数据——赛斯纳	
乘员	驾驶员1名+乘客3名
尺寸	机长8.28米，翼展11米，机高2.72米，机翼面积16.2平方米
重量	空重767千克，满载起飞重量1111千克
性能	巡航速度226千米/时，失速速度87千米/时，极限速度302千米/时，航程1289千米，实用升限4100米，爬升率3.66米/秒
动力装置	1台莱康明公司IO-360-L2A活塞4缸水平对置发动机，功率120千瓦（160马力）

（三）SR20/SR22

SR20/SR22是美国西锐设计公司（Cirrus Design Co.）采用活塞发动机的4座复合材料轻型飞机，该机是第一种装备了失速改出降落伞的生产型通用飞机（见图2-7、图2-8）。SR20首架飞机于1999年7月交付用户。西锐公司于2000年6月获得SR20的生产许可证。SR22是SR20升级改装后的产品，2000年11月30日获得FAA型号合格证。首架生产型机2001年2月交付。西锐公司仍在不断改进升级SR22产品，2007年4月已推出SR22-G3型机。

图2-7 SR20

图2-8 SR22-G2

R20飞机是一种小型活塞式飞机，采用下单翼设计，机身采用复合材料制造，可载4人，配备高明公司的航电系统，导航设备先进，操纵装置为侧杆方式，通过钢索连接各操纵面，配平通过电动实现，是一种高度电子化的小型飞机。该机还具有独特的整机降落伞系统，可以在紧急情况下保障机组生命安全。

SR22是在SR20基础上的改进，它的翼展更大、实际载荷更大且巡航速度更快，此项改进毫无疑问地填补了此类飞机的市场空白。自2000年以来，SR22已经成为行业中最畅销的机型，被用户誉为"空中宝马"。2007年4月，SR22的第三代机型（SR22-G3）面世再次震动了整个通用航空界。通过接近700项革新和系统改进，SR22-G3代表了西锐飞机公司成立以来在飞机的工程制造中最高的水平。

SR22装230千瓦（310马力）大陆IO-550-N发动机。2006年西锐飞机公司推出了涡轮增压型SR22，使用带有"龙卷风走廊"涡轮增压器的大陆IO-550-N发动机。2003年以前SR22座舱标准配置是常规飞行仪表和1台24.5厘米多功能显示器，2003年后交付的SR22首次使用了艾维达因主飞行显示器，后来成为了标准配置设备。2008年5月22日，西锐飞机公司与高明公司共同推出了一款新的"西锐视角"玻璃座舱系统，而艾维达因驾驶舱航电系统依然是标准配置装备，客户可自主选择配置。

2011年中国航空工业集团有限公司（简称中航工业）旗下的中航通用飞机有限责任公司宣布，以公司合并的形式，收购美国西锐飞机公司100%的股权。西锐飞机公司实际上成为了一家全资中资公司。SR20飞机也在中航通用飞机有限责任公司的珠海基地进行生产。

SR22-G3的主要性能数据见表2-4。

表2-4　SR22-G3的主要性能数据

主要性能数据——SR22-G3	
乘员	驾驶员1名+乘客3名
尺寸	机长7.92米，翼展11.68米，机高2.67米，机翼面积13.9平方米
重量	空重1009千克，满载起飞重量1542千克
性能	巡航速度343千米/时，航程1942千米，最大爬升率7.12米/秒
动力装置	1台大陆公司IO-550-N发动机，功率230千瓦（310马力）

再创纪录！中航通飞西锐 2016 年交付飞机 320 架

2017 年 2 月 22 日，美国明尼苏达州德鲁斯和田纳西诺克斯维尔、中航通飞西锐公司宣布 2016 年交付各型飞机 320 架，其中世界最畅销的高性能活塞飞机 SR2X317 架、愿景喷气机 3 架，再创近年来交付记录。这标志着西锐公司已连续三年交付量超过 300 架，并保持了自 2009 年以来连续 8 年近 20% 的稳定成长。

资料来源：http://news.carnoc.com/list/393/393145.html。

第三节
公务机

能力培养

1. 熟悉公务机的分类和技术特点。
2. 了解各类公务机代表机型。

公务机的发展历史并非一帆风顺。第一架公务机诞生于20世纪60年代初，它很快成为了达官贵人的交通工具。早期的飞机，如"喷气星""利尔喷气"等，纷纷被政府要人、大公司和富人购买。到1968年，公务航空已经产生了一个规模不大但可盈利的市场。但由于这些有钱的客户十分有限，这个市场很快便沉寂下来。20世纪60~70年代，全球公务机市场波澜不惊。但到1982年，由于大批"利尔喷气"飞机交付给美国政府，公务机市场出现了昙花一现式的增长，随后又恢复到原来的水平。1996年后，全球公务机市场开始迅速增长，很快便扩大了近4倍。1999年，制造商交付了636架价值98亿美元（按2001年币值计算）的喷气公务机，到2000年则进一步上升到107亿美元，交付741架飞机。如果把空客A319CJ和波音公务机（BBJ）两种专用的喷气公务机也算入的话，2000年的市场总值为115亿美元。正是由于这次突发性的增长，现在公务机市场的价值甚至比战斗机市场的还要大。有统计表明，2000年，全世界战斗机制造商交付了182架战斗机，总价值71亿美元。受到2001年"9·11"事件等一系列因素影响，2002~2003年，世界公务机市场出现大幅度下滑，但到了2004年公务机产量又开始回升，并保持增长态势，2005年，全球公务机产量攀上了750架的新高峰。目前，全球公务机机队约有11000架公务机，其中的大部分都在美国或由美国公司拥有。欧洲是第二大公务机市场，亚洲和中美洲的公务机市场正在蓬勃发展。

 思考

1. 公务机市场主要客户群体是什么？
2. 全球公务机的主要机型有哪些？有什么样的技术特征？

一、公务机介绍

公务机又称行政机，是企事业单位、政府部门或个人为办理公私人业务工作而用于业务出差旅行的飞机。公务飞行的特点是可以根据商务、公务活动的需要，自主确定起飞时刻和降落地点，是一种节省时间、方便灵活、安全、可靠、舒适、高效的运输方式。此外，公务机还被用于执行海岸巡逻、货物运输、医疗救护以及雷达校准等任务。

大部分公务机从一开始就从适用于出差旅行出发进行飞机设计，性能上追求快速、安全、高效。早期的公务机采用螺旋桨发动机的飞机，如雷神飞机公司的"空中国王"、意大利毕亚交公司的"前进"等飞机，这些飞机尺寸小、重量轻、载客少，用途广。现代先进的公务机均为喷气公务机，具有飞行速度快、航程远、乘坐舒适等特点。喷气公务机是

目前公务机市场的主流。

（一）公务机的分类

公务机按载客多少可粗略地分为小型、中型、大中型和大型等，近几年还出现了超轻型喷气机（VLJ）。

1. 航线型公务机

主要是由波音和空客两家公司提供，代表机型有基于波音737-300的BBJ和空客A319的ACJ，该机型能提供更远的航程，可进行洲际飞行，同时具备更高的巡航高度（12500米），可根据客户需求配置比传统公务机更多的座位设置余度，适合搭载企业员工、家庭成员和政府团队的出行。因机型不同报价存在较大差异，如ACJ市场参考价8000万美元，BBJ报价区间在0.47亿~3.1亿美元。

2. 远程型公务机

大型公务机多是售价超过1800万美元的飞机，主要代表是庞巴迪的"挑战者"604、达索的"猎鹰"900、巴西航空的"世袭"1000及"湾流"G550。它们为远程大型公务机，最大载客19人，航程在7000~8000千米之间。

3. 大中型公务机

这类机型有"奖状"X、"豪客地平线"和达索公司的"猎鹰"50、"猎鹰"2000，它们的售价为1500万美元左右。其中，"奖状"X和"豪客地平线"的载客量为12人，航程6000千米，"奖状"X还是飞得最快的公务机，巡航速度可达1127千米/小时。"猎鹰"50、"猎鹰"2000为洲际公务机。

4. 中型公务机

这些飞机的载客量为10人左右，航程达3500~4500千米，单价为600万~1000万美元。主要代表机型有"利尔喷气"家族的其他机型、豪客比奇的"豪客"800、"豪客"1000、赛斯纳的"奖状"V和"奖状优胜"等。

5. 小型公务机

一般载客4~7人，航程2500~3000千米，单价在350万美元左右。主要代表机型有赛斯纳飞机公司的"奖状喷气"、豪客比奇"首相"Ⅰ及装有单台和双台涡扇发动机的豪客比奇"空中国王"。

6. 超轻型公务机

近几年，一种单价低于500万美元甚至是100万~200万美元的轻型公务机成为了公务机市场的新增长点。这种飞机称为超轻型喷气机（VLJ），该机由一名飞行员驾驶，最大起飞重量低于4540千克，通常载客3~7名。VLJ采用玻璃座舱技术的先进航电系统。其运营成本比常规喷气机要低，并能在900米以下的跑道上起降。

（二）主要技术特点

1. 外观布局

公务机大部分为常规布局，也有个别的采用带有前翼的鸭式布局，如毕亚交（Piaggio）的"前进"和比奇的"星舟"，采用悬臂式下单翼，悬臂式"T"形尾翼。为确保安全性，多采用2台发动机，高级公务机多采用涡扇发动机，其噪声小，燃油经济性好，推重比大，而且为提高客舱乘坐舒适性，发动机常安装在机身尾部或飞机两侧机翼的短舱内。达索飞机公司的"猎鹰"系列公务机采用了3台发动机的构型。公务机配备自动驾驶仪、多功能系统显示屏、飞行管理系统等较先进的机载航电系统。客舱增压，内设办公舱、会议室和通信设施，供乘客使用。公务机一般有1～2名飞行员以及客舱乘务员，载客人数随飞机大小从3～20人不等。

2. 主要性能

现代先进喷气公务机采用更多的先进技术，追求舒适、高效、经济等性能。其技术特征向民用客机靠近，速度、航程和载客量不断增大，如"奖状"X高速远程公务机的巡航马赫数达到0.91（比大型客机还要快）。在布局上，先进的喷气公务机外形已越来越像民用客机，如"奖状"X的机翼后掠37°以提高巡航速度，整体机加壁板式蒙皮，所有的控制面、扰流板、减速板和襟翼均由复合材料制成。因此，大中型喷气公务机的技术特征基本可参照民用客机的技术特征。新型VLJ产品也开始采用复合材料结构。

3. 动力系统

目前使用和研制中的新一代公务机都采用涡扇发动机提供动力，如普惠加拿大公司的PW300和PW500系列发动机、罗罗公司的BR710发动机、霍尼韦尔公司的AS900和威廉姆斯公司的FJ44和FJ33等。在20世纪90年代研制的公务机发动机主要有PW300/500、BR710，现正研制的有AS900和FJ33，计划研制的有PW6XX和FJX-2，这些发动机将成为21世纪公务机的主要动力装置。虽然飞机制造商在为其研制的公务机选择发动机时也有一定的余地，但由于上述发动机处于不同的推力档次，因此它们之间的竞争不如大型商用发动机那样激烈。普惠加拿大公司的PW300和PW500系列发动机多使用在中型和大中型公务机上，如"豪客"1000、"奖状优胜"等，AS900使用在庞巴迪新型"全球"（Global）公务机上。BR710发动机主要装备在"湾流"V和"全球快车"大型公务机上。威廉姆斯国际公司的FJ44小型涡扇发动机在低端公务机上得到广泛应用，装备了"奖状喷气""首相"I等多种机型。

二、典型机型介绍

（一）远程型公务机

1. "环球快车"

"环球快车"（Global Express）是一款由庞巴迪宇航集团生产的远程公务机（见图2-9）。于1996年10月13日进行首飞，1998年7月31日获得加拿大适航证，同年11月获得美国适航证。1999年第一季度完成首架交付。"环球快车"的航程很长，它能在全球任意两个点之间飞行，并且最多只需一次加油。它能不停歇地完成例如悉尼—洛杉矶、纽约—东京、台北—芝加哥的远程国际航线。

"环球快车"与庞巴迪生产的支线客机具有相同的机身截面，机身长度也近似，但除了外形上的相似之外，两个系列却因承担的任务不同而有着很大的差异。"环球快车"采用先进的全新超临界机翼以及"T"形尾翼。装2台带有全权数字式发动机控制系统（FADEC）的罗·罗BR710涡扇发动机。先进的驾驶舱配备有6块显示屏，采用了霍尼韦尔公司Primus 2000XP电子飞行仪表系统，并可选装平视显示器和头部追踪显示器。机舱内可配备厨房、机组休息室、工作间、会议/休闲/餐厅区域以及一个大包房（配有折叠床、卫生间、浴室和衣橱）。如果采用高密度公务舱布局可容纳30名乘客。

图2-9 "环球快车"公务机

"环球快车"BD-700的主要性能数据见表2-5。

表2-5 "环球快车"BD-700的主要性能数据

主要性能数据——"环球快车"BD-700	
乘员	机组成员3~4名,典型布局能容纳18名乘客
尺寸	翼展(含翼梢小翼)28.5米,机长30.3米,机高7.57米,机翼面积94.9平方米
重量	运营空重22135千克,最大起飞重量43091千克,装配置情况下最大起飞重量43544千克
性能	巡航速度935千米/时,正常巡航速度904千米/时,远程巡航速度850千米/时,航程12400千米(远程巡航速度,有余油)/12040千米(正常巡航速度)/9860千米(正常巡航速度,满载)/10160千米(远程巡航速度,满载)
动力装置	2台罗·罗公司BR-710A-220涡扇发动机,单台推力66.1千牛顿

2."湾流"G550

"湾流"G550系列是湾流宇航公司于2003年投放市场的双发喷气式公务机(见图2-10),"湾流"G550是"湾流"V的一种改型,最初命名为"湾流"V-SP。由于减少了空气阻力航程显著加大,航程增至12500千米,"湾流"G550在同级公务机中拥有最大的航程。

作为世界上用途最广的喷气式公务机,"湾流"G550无论在哪方面提供的都是最完善的软硬件。就连传统飞机的最大敌人——高海拔机场及大风等特殊天气条件下起降,都很少能对"湾流"G550产生影响,作为交通工具"湾流"G550忠实地执行着它的本职工作,在任何时候都能把乘客安全快速地送到地球上的任何地方。

"湾流"V以"湾流"IV为基础,但进行了一系列重大改进。最明显的改变就是比"湾流"IV加长了机身,增加了2.49米。更重要的改进是采用最新设计的机翼并首次使用新型罗·罗公司BR-710涡扇发动机。诺斯罗普·格鲁门公司负责制造经过优化设计适于高速飞行的全新机翼,这种机翼是由美国国家航空航天局开发,使用了计算机辅助设计和流体力学计算机仿真技术。"湾流"V驾驶舱配备有6台显示器的霍尼韦尔电子飞行仪表系统。此外,该机采用了最先进的PlaneView驾驶舱。

图2-10 "湾流" G550

2009年11月，某公务航空有限公司引进了"湾流"G550公务机，这是中国大陆引进的首架"湾流"G550公务机，在飞机尚未引进到位时，就已经有5家客户要求使用该机型，显示出其极高的市场需求。此外，国内一些企业、个人也购买了"湾流"G550公务机。

"湾流"G550的主要性能数据见表2-6。

表2-6 "湾流"G550的主要性能数据

主要性能数据——"湾流"G550	
乘员	机组成员2名+乘客14～19名
尺寸	翼展28.5米，机长29.4米，机高7.9米
重量	空重21900千克，满载起飞重量24700千克，有效载荷2948千克，最大起飞重量41300千克
性能	巡航速度904千米/时，航程12500千米，实用升限15500米
动力装置	2台罗·罗公司BR710涡扇发动机，单台推力68.44千牛顿

（二）中远程公务机

1."猎鹰"2000

达索飞机公司的"猎鹰"2000（见图2-11）是"猎鹰"公务机家族中的最新成员，它具有洲际飞行的能力，是在三发"猎鹰"900的基础上发展而来。

图2-11 "猎鹰"2000

"猎鹰"2000继承了"猎鹰"900的机翼和机身前段，但在一些地方也有不少改进。"猎鹰"2000的设计航程为5560千米，低于"猎鹰"900的航程。尽管如此，为了能达到设计航程，飞机也必须要更换更高效的发动机，该型机最终选用了2台CFE738发动机，同时这款发动机的维修性和运营经济性都很出色。CFE738发动机是由 GE公司和联信公司共同为"猎鹰"2000开发的。"猎鹰"2000比"猎鹰"900缩短了1.98米，所以燃油、乘客和行李的装载量都会小一些。

"猎鹰"2000一个明显的改变是在机身尾部。由于"猎鹰"900是三发构型，所以尾部有较好的空气动力特性，但是"猎鹰"2000换成双发后，增加了一定的阻力。所以达索飞机公司通过CATIA三维建模、流场分析等技术找出了减少阻力的设计办法。"猎鹰"2000的机翼也做了部分修改，包括修改了机翼前缘和取消了内侧前缘襟翼。

"猎鹰"2000的主要性能数据见表2-7。

表2-7 "猎鹰"2000的主要性能数据

主要性能数据——"猎鹰"2000	
乘员	机组成员2名+乘客8名（典型布局）/12名（高密度布局）
尺寸	翼展19.33米，机长20.23米，机高7.06米，机翼面积49平方米
重量	空重9405千克，最大起飞重量16238千克
性能	最大巡航速度1016~1041千米/小时，最大认证升限14320米，最大航程5560千米
动力装置	2台CFE公司CFE738-1-1B涡扇发动机，单台推力25.6千牛顿

2. 莱格赛600

巴西航空工业公司莱格赛600（见图2-12）是由旗下的ERJ135支线客机衍生而来的一种喷气式公务机。其增加了机翼油箱容量，加大了航程，增加翼梢小翼以减少空气阻力。莱格赛600的市场竞争定位是比大型公务机稍小，而比中型公务机更大的机型，在同类产品中被誉为"超级中型公务机"，也是庞巴迪宇航集团制造的"挑战者"飞机强有力的竞争对手。

图2-12 莱格赛600

莱格赛600设计基础是ERJ135飞机，并在此基础上换上了EMB-145飞机的Mark I 驾驶舱。由于在行李舱后部以及机翼和翼梢小翼的前端增加了油箱，并经过降阻优化改进，使得莱格赛600的航程得到增加。该机型的取证飞行高度是12000米，也可根据不同选型设定在11000米。驾驶舱方面，莱格赛600采用霍尼韦尔公司最先进的Primus1000电子设备及全玻璃座舱。

莱格赛600公务机在其标准布局的三个独立客舱空间中可让13位旅客享受舒适飞行和私密空间。其精致的内饰包括皮革座椅、沙发、文件柜和用餐会议两用桌。该款飞机还配有一间宽敞的厨房，可准备冷热餐；一间位于后舱的宽裕的盥洗室；衣柜、储藏间和一套配备了DVD播放机和卫星通信设备的娱乐系统。飞机上还有高速数据传送（HSD）设备和无线网络（Wi-Fi）技术供选装，可使乘客在飞行中轻松浏览因特网、收发邮件和传送文件，不仅能享受更多娱乐功能，还可节省时间提高工作效率。莱格赛600喷气式公务机配有一个大型行李舱，在飞行途中可轻松进出行李舱。

自莱格赛600投入使用至今，巴西航空工业公司已经向20多个国家出售了150多架莱格赛600飞机。2012年2月3日，巴西航空工业公司在其位于圣保罗圣若泽杜斯坎普斯的总部基地迎来莱格赛650喷气式公务机的中国启动用户——国际著名影星成龙。该架莱格赛650飞机喷漆采用成龙为全球所熟识的龙标识图案。

莱格赛600的主要性能数据见表2-8。

表2-8　莱格赛600的主要性能数据

主要性能数据——莱格赛600	
乘员	机组成员3名+乘客13名
尺寸	机长26.33米，翼展21.17米，机高6.76米
重量	空重16000千克，最大起飞重量22500千克
性能	最大速度834千米/时，航程6060千米，使用升限12496米
动力装置	2台罗·罗公司AE 3007/A1P涡扇发动机，单台推力39.2千牛顿

（三）中型公务机

1."奖状君主"

赛斯纳飞机公司研发的赛斯纳680"奖状君主"中型公务机（见图2-13），是为了满足达索飞机公司的"猎鹰"10、以色列宇航工业公司的"西风"等公务机老化退役后的庞大市场需求而研发的。

"奖状君主"以"奖状优胜"的机身为基础，并具有与"奖状优胜"相同的系统，仅全新设计的机翼和其他修改的部分与"奖状优胜"有差异。为了节约成本并缩短制造时间，赛斯纳飞机公司只是对"奖状优胜"机身进行了加长（加长了1.5米）。即便如此，赛

图2-13 "奖状君主"

斯纳飞机公司仍宣称"奖状君主"的8座客舱是同级飞机中空间最大的。

"奖状君主"的动力是2台单台推力25.3千牛顿，装有全权数字式发动机控制系统的普·惠加拿大公司PW306C发动机，该发动机在维护和可靠性方面都有优势。安装霍尼韦尔公司Epic CDS航电系统。后掠机翼是在"奖状"Ⅲ、"奖状"Ⅴ和"奖状"Ⅹ型经验上的全新设计，平尾也采用后掠式。"奖状君主"具有良好的起降性能优势，能够以最大起飞重量在1220米长的跑道上起飞。另外一个特点是跪式缓冲的主起落架。

从2004年开始，赛斯纳飞机公司已经交付了300架以上的"奖状君主"公务机。中国民航飞行校验中心引进了数架"奖状君主"。"奖状君主"飞机不仅适合在中国用作校验飞机，同样也是大型企事业单位公务机的极好选择。

"奖状君主"的主要性能数据见表2-9。

表2-9 "奖状君主"的主要性能数据

主要性能数据——"奖状君主"	
乘员	机组成员2名+乘客8名（典型布局）/12名（最多）
尺寸	机长18.87米，翼展19.24米，机高5.85米，机翼面积47.4平方米
重量	空重8029千克，最大起飞重量13744千克，最大载荷1134千克
性能	最大巡航速度821千米/时，最大速度980千米/小时，最大升限14330米，航程5273千米
动力装置	2台普·惠加拿大公司PW306C涡扇发动机，单台推力25.3千牛顿

2. "空中国王" 300/350

比奇飞机公司研制的"空中国王"300（原称"超级空中国王"300）是一种双发涡桨式客货机和公务机（见图2-14）。它是"空中国王"B200型的改进型。

首架"空中国王"350于1988年9月首飞，1990年3月开始交付使用，后经升级改进，新一代"空中国王"350（见图2-15）凭借最大的多样性和能力，成为了当之无愧的舒适性最好的飞机之一。"空中国王"350的豪华客舱可以搭乘8名乘客，加温加压、飞行中可存取的行李区是同级别机型中最大的，油箱可携带足够飞行2400千米的燃油。

图2-14 "空中国王"300

图2-15 "空中国王"350

"空中国王"300在"空中国王"B200型基础上进行的改进项目包括：换装2台1065马力的普·惠加拿大公司PT6A-60A涡桨发动机，最大起飞重量和最大着陆重量增加到符合美国联邦航空局特别联邦航空条例（SFAR）41C的标准。内部布置和设备也做了大量修改。

"空中国王"350在"空中国王"300型基础上的改进包括：机身加长了0.86米，两侧各增加了2个窗户，在2名驾驶员时载客量为11名，1名驾驶员时载客量为12名。进一步改型的"空中国王"350C装有1个自携式登机梯和1个1.32米×1.32米货舱门。

中国民用航空总局飞行校验中心曾引进"空中国王"300和"空中国王"350，用于飞行校验。

"空中国王"300的主要性能数据见表2-10。

表2-10 "空中国王"300的主要性能数据

主要性能数据——"空中国王"300	
乘员	驾驶员1~2名+乘客11~12名
尺寸	机长14.22米，翼展（含翼梢小翼）17.65米，机高4.37米，机翼面积28.8平方米
重量	空重4105千克，最大起飞/着陆重量6804千克
性能	最大平飞速度582千米/时，巡航速度562千米/时，失速速度150千米/时，海平面最大爬升率15.13米/秒，实用升限10670米，航程1932~3776千米
动力装置	2台普·惠加拿大公司PT6A-60A涡桨发动机，单台功率783千瓦（1065马力）

（四）轻型及超轻型公务机

1."奖状喷气"/CJ系列

"奖状喷气"（见图2-16）是作为"奖状"和"奖状"Ⅰ的替代型号而被开发的。"奖状"CJ1（赛斯纳525）和"奖状"CJ2（赛斯纳525A）是在"奖状喷气"基础上分别进行了改进和机身加长的改型。

"奖状喷气"是全新的机型。采用与"奖状"相同的前机身，改用"T"形垂尾和新翼型的机翼，使用威廉姆斯国际公司FJ44涡扇发动机（带有叶片式反推装置）和跪式缓冲主起落架。"奖状喷气"的机身比"奖状"/"奖状"Ⅰ的机身缩短了27厘米，而客舱中央过道的高度却有所增加。该机型还安装了电子飞行仪表系统并获得了单驾驶员飞行认证。

图2-16 "奖状"CJ4

"奖状"CJ1是"奖状喷气"的替代型号，在该机型上安装了Pro Line 21电子飞行仪表系统并适当地增加了最大起飞重量。"奖状"CJ2是机身加长的改型，其速度更快、动力更强劲。"奖状"CJ2型于1999年第二季度首飞并在一年后获得认证，"奖状"CJ2将客舱和尾锥分别加长了89厘米和43厘米，以便使主客舱中的标准座位数达到6个。与"奖状"CJ1相同，"奖状"CJ2安装了Pro Line 21电子飞行仪表系统，并换装了推力更强劲的FJ44-2C发动机，加大了翼展，增加了尾翼面积，每侧客舱舷窗增加到6个，该机的航程更远，并同样获得了单驾驶员飞行认证。

"奖状"CJ3与"奖状"CJ4也是经过加长机身、更换发动机和提升航电系统的改型。

2005年，中国民航飞行学院引进多架"奖状"CJ1型飞机，曾作为学院的高级教练机。2010年，四川省使用中国民航飞行学院的"奖状"CJ1进行人工降水作业。

"奖状"CJ1的主要性能数据见表2-11。

表2-11 "奖状"CJ1的主要性能数据

主要性能数据——"奖状"CJ1	
乘员	驾驶员1名+乘客9名
尺寸	机长12.98米，翼展14.3米，机高4.19米
重量	空重3069千克，有效载荷1740千克，最大起飞重量4853千克
性能	巡航速度720千米/时，失速速度153千米/时，航程2408千米，实用升限12497米，爬升率1003米/分
动力装置	2台威廉姆斯公司FJ44-1AP涡扇发动机，单台推力8.74千牛顿

2. "飞鸿"100

"飞鸿"系列喷气式公务机项目于2005年启动。其中的超轻型公务机是"飞鸿"100（见图2-17）。"飞鸿"100具有易于操作的驾驶系统和温和稳定的飞行品质，使其能够实现单人驾驶。秉承巴西航空工业公司一贯出色的设计和工程经验，"飞鸿"100具有高可用性和高实用性的优势。为增加飞机的安全性和可靠性，该机还配备了具有防滑功能的电传刹车系统。"飞鸿"100喷气式公务机能够搭载4名乘客，座椅采用俱乐部式布局。该机后舱行

图2-17 "飞鸿"100

李舱容积为1.501立方米,足以存放高尔夫球具包、滑雪袋及各类设施等。此外,前舱的储存区域和机内的衣柜总容积达0.453立方米,这样飞机的总行李容积可达2.01立方米。

"飞鸿"100公务机采用了加装翼梢小翼的后掠翼、"T"形尾翼、尾吊式发动机布局。驾驶舱采用巴西航空工业公司的Prodigy 100驾驶舱航电系统。驾驶舱中配备了3台31厘米显示器,包括2台主显示器和1台多功能显示器,该系统集成了所有主要的飞行、导航、通信、地形、交通、天气、发动机仪表设备以及机组告警系统数据等信息,并将综合信息显示在上述3台日光环境下可读的高分辨率显示器上。

"飞鸿"100主要性能数据见表2-12。

表2-12 "飞鸿"100的主要性能数据

主要性能数据——"飞鸿"100	
乘员	驾驶员1~2名+乘客4名(标准)/6名(最大)
尺寸	机长12.8米,翼展12.3米,机高4.4米
重量	空重3235千克,最大起飞重量4750千克
性能	最大速度722千米/时,航程2182千米,实用升限12500米
动力装置	2台普·惠加拿大公司的PW617F-E涡扇发动机,单台推力7.2千牛顿

同步案例

巴西航空工业推出升级版"飞鸿"100EV 超轻型公务机

巴西航空工业公司 2016 年美国实验飞机协会(EAA)飞来者大会推出"飞鸿"100 超轻型喷气公务机。该机型在佳明 G3000 航电系统的基础上配备了新一代小神童触屏驾驶舱,以及改进的加拿大普·惠公司 PW617F1-E 发动机。相比现有一代机型,"飞鸿"100EV 高温高原性能更加优异,同时飞行速度更快。"飞鸿"100EV 已于 2017 年上半年投入市场。

"'飞鸿'100 公务机凭借其无与伦比的舒适性、卓越的性能和出众的运营成本,在同级别公务机中树立了标杆,"巴西航空工业公司公务机总裁兼首席执行官马尔科·图里奥·佩莱格里尼表示,"新型'飞鸿'100 EV 将在保持较低运营及维护成本的同时,带来更出众的飞行和运行能力。"

第四节
农林飞机

能力培养 ✈

1. 熟悉农林飞机概念及技术特点。
2. 了解农林飞机代表机型。

一、农林飞机介绍

（一）农林飞机概述

　　直接为农业（包括林业、牧业和渔业）生产服务的飞机称为农林飞机或农业飞机。作为通用航空飞机的一个主要型别，它可用于农业生产中的播种、施肥、除草、治虫、飞播造林、护林防火、人工降雨、防止霜冻等20多个作业项目，是提高农作物产量、减轻劳动和降低成本的重要工具。

　　1918年，美国农用飞机喷洒砷素剂防治牧草害虫成功，开创了农业航空的历史。随后加拿大、苏联、德国和新西兰等国也将飞机用于农业。战后大量小型飞机过剩，纷纷被改装成农林飞机，农林航空得到迅速发展。

　　20世纪50年代开始出现专门设计的农林飞机，如苏联的安-2、美国的"农用马车"、澳大利亚的PL-12"空中卡车"。20世纪50年代末，直升机也加入了农林航空行列，但使用数量不多。目前，全世界约有农林飞机26000架，年作业面积2.55亿公顷，约占全世界耕地面积的17%，其中70%以上集中于美国和俄罗斯。

　　世界农业航空领域经过多年的竞争和发展已形成由代表公司和代表飞机构成的市场格局：采用涡桨发动机的高性能农林飞机中有空中拖拉机公司AT系列飞机、艾尔斯公司S2R"画眉鸟"、PZL华沙工厂PZL-106"渡鸦"和梅莱茨工厂M-18"单峰骆驼"，采用活塞发动机的有中国洪都航空工业集团有限责任公司N5A、内瓦航空工业公司EMB-202和俄罗斯联邦前进/ROKS公司T-101"白嘴鸦"系列飞机。

（二）主要技术特点

　　农林飞机的使用基本要求是：土跑道起飞，超低空机动飞行（包括横向机动性），载重量大（大型药箱），农航作业对驾驶员、公众和环境是安全的（包括坠损安全性和触地安全性），有效果，高效率。药箱（可播撒固态物质、喷雾液态物质）、播撒管和喷嘴的设计是农林飞机的特色，决定了喷洒速度、液滴尺寸等喷洒关键数据。

1. 性能要求

　　农林飞机不同于其他型别的飞机，在防治农作物病虫害的过程中，往往需要充分利用受飞机扰动的气流形成的涡旋将农药喷洒到植物的茎部和背面，为了减少药剂的飘散或防止肥料或药粉停留在错误的区域，飞机的作业高度为1～10米（距作物顶端，即机轮几乎接触到作物），作业速度一般为100～180千米/小时，不超过300千米/小时，商载不低于800千克，喷幅一般不低于20~30米宽。飞机需要在作业区超低空往返飞行，不断爬升、盘旋、下滑、拉平，有时还要飞越周围的障碍物，因此作物撒粉器经常剐蹭竖管（水塔状结构，通常在乡村社区用于储存水）顶端、碰撞篱栏或拉起时缠绕电线或电话线（这对飞行员来说常常意味着伤害或死亡）。此外由于多在外场作业，飞机要在简易机场上频繁地起飞和着陆。

2. 动力系统

农林飞机多为轻型飞机改装而来，大多采用冷活塞发动机，功率在110～440千瓦之间；一名驾驶员；仪表和无线电设备比较简单。但由于市场需求逐年扩大，要装载的化学药剂增加，为减少补充药剂的往返飞行次数，载重量多有扩大，发动机功率也随之增加，新机型常采用涡轮发动机，短距起飞、较高的喷雾速度，并增加药剂容量，爬升率增大，拉起性能改善。农林飞机的低空性能好，操作灵活，维护简单，能在简陋的土质机场上起降；装有电线切割器和线偏导装置，以防飞机被作业区输电线阻挡而失事。多用途的农林飞机装有1~2台发动机，仪表和无线电设备比较完善，飞机总重近6000千克。现代的农林飞机开始使用全球卫星定位系统技术以追踪和记录其飞行路径。

3. 外形构造

农林飞机在构造方面大多采用下单翼，以便在全翼展上固定喷洒装置，且在离作物较近时可增强地面效应，改善低速性能，增强扰流对植物的作用；采用前缘缝翼、双缝襟翼或下垂副翼等增升装置，可改善飞机在简易机场起飞和着陆性能，且能提高超低空飞行时的安全性。单发动机飞机采用后三点式起落架，双发动机飞机多采用前三点式起落架；为减轻重量，采用蒙布或薄金属蒙皮结构，使用较轻的玻璃纤维材料，农林飞机的有效载重可达飞机总重的35%~40%。喷洒设备有喷液和喷粉两种，主要由药箱、风扇搅拌器和喷洒装置组成，锥形药箱通常置于飞机的重心处，喷液管道多安装在机翼的后缘或翼尖，鱼尾状喷粉装置则固定于机身下方。设计观点主要是提高座椅位置以极大改善视野，增强座椅减振并加强座舱结构以承受低速坠毁，在充分认识农作物撒粉固有的危害基础上，将机体骨架涂有聚氨酯以减少腐蚀和除尘。

二、典型机型介绍

（一）农5

农5系列农林飞机是中航工业洪都航空工业股份公司按照中国民用航空CCAR-23部适航条例及型号合格审定程序研发的农林专用飞机。该机主要用于农作物的飞行作业，森林防火及农林业病虫害防治，经简单改装后还可以进行地质探测、空中摄影、航空体育训练和航空旅游等作业，具有使用成本低、适用范围广、作业能力强、操作性好、安全性高等特点。

农5A飞机为单发动机、单驾驶、下单翼、固定式前三点起落架飞机。装莱康明公司的400马力IO-720-D1B活塞式发动机和美国哈策尔公司的恒速变距3桨叶金属螺旋桨。农5A飞

图2-18　农5B

机备有喷洒液体和播撒粉状或颗粒物料等两种农业设备，可进行播种、施肥、除草、农林业病虫害防治、森林防火等。

农5B型飞机（见图2-18）是一款新型农林专用飞机，既继承了农5A飞机操纵灵活、维护方便、使用经济、安全可靠等众多优点，又针对用户的实际需求，在结构、药箱载量、舒适度和作业设备等方面有了重大改进。农5B型飞机于2008年7月9日成功实现首飞。农5B型飞机采用后三点固定起落架布局，装捷克产的777马力M601F型涡桨发动机，满载升限6000米，无论在平原、丘陵，还是在高原、次高原地区作业，性能优良。

农5A的主要性能数据见表2-13。

表2-13　农5A的主要性能数据

主要性能数据——农5A	
乘员	机组人员2名
尺寸	机长10.487米，翼展13.418米，机高3.733米，机翼面积26平方米
重量	空重1328千克，最大起飞重量2450千克
性能	最大速度205千米/时，巡航速度170千米/时，实用升限3750米，转场航程979千米
动力装置	1台400马力莱康明公司的IO–720–D1B活塞式发动机

（二）"空中拖拉机"AT系列

美国空中拖拉机公司研制的"空中拖拉机"AT-400系列飞机（见图2-19）是入门级专用农业机，于1979年9月开始试飞，1980年4月获得适航证。AT-500"空中拖拉机"系列是由美国空中拖拉机公司生产的下单翼后三点式飞机，1986年4月25日首飞。由于"空中拖拉机"飞机执行任务的效率很高，视野开阔，且总体运营费用较低，因此获得较多订单。

图2-19 空中拖拉机AT-402B

AT-400系列采用下单翼后三点式构型，药箱位于发动机防火隔板与驾驶舱之间。AT-500与AT-400系列相似，药箱位于发动机防火隔板与驾驶舱之间。但该机的翼展增加到15.84米，机身也延长了56厘米，可以容纳更大的药箱。部分AT-500系列在驾驶舱内增加了1个座椅，可携带1名乘客或观察员。AT-500飞机每架次飞行载药量达1.2吨，每次"飞防"面积可达到1万~1.2万亩（1亩=666.67平方米）。AT-600、AT-800系列则是进一步加大翼展，更换更大功率发动机的性能提升改进型。

AT-504的主要性能数据见表2-14。

表2-14 AT-504的主要性能数据

主要性能数据——AT-504	
乘员	1名驾驶员+1名学员或1名乘客
尺寸	机长10.21米，翼展15.84米，机高2.99米，机翼面积29.01平方米
重量	空重2109千克，满载起飞重量4754千克，1900升化学药品
性能	最大速度243千米/时，失速速度105千米/时，航程978千米
动力装置	1台普·惠加拿大公司PT6A-34AG涡桨发动机，功率550千瓦（750马力）

（三）S2R"画眉鸟"

"画眉鸟"农林飞机（见图2-20）最初是美国罗克韦尔国际公司设计制造的，20世纪60年代中期开始研制，1968年原型机首次试飞。1977年11月，艾尔斯公司从罗克韦尔国际公司购买了"画眉鸟"飞机的生产经营权。艾尔斯公司生产几年后，于2003年6月将生产经营权转手给画眉鸟飞机公司。画眉鸟飞机公司接手后，所生产的飞机不再使用传统的型号命名方式，而是采用了更加适合市场营销的产品编号办法，它的编号方式是"画眉鸟"+"百位数字"，其中"百位数字"是指飞机所携带药箱容量的美加仑数。

图2-20　S2R "画眉鸟"

　　"画眉鸟"农林飞机采用悬臂式下单翼，不可收放后三点式起落架。与S2R "画眉鸟"基本型相比，"涡桨画眉鸟"改装了更先进的涡桨发动机，改善了起飞和爬升性能，提高了商载重量，使用航空燃油或柴油为燃料，拉长了大修间隔时间，可低噪声飞行。

　　"画眉鸟"农林飞机是一种产量相当巨大的飞机，从开始生产到现在，交付总量超过2500架，用户遍及世界80多个国家。

　　"画眉鸟" 510的主要性能数据见表2-15。

表2-15　"画眉鸟" 510的主要性能数据

主要性能数据——"画眉鸟" 510	
乘员	1名
尺寸	机长10.06米，翼展14.48米，机高2.79米
重量	空重2177千克，典型使用重量4400千克，1931升化学药品
性能	最大平飞速度256千米/时，作业速度145~241千米/时，转场航程1239千米
动力装置	1台普·惠加拿大公司PT6A-34AG涡桨发动机，功率550千瓦（750马力）

第五节
多用途飞机

能力培养　✈

1. 熟悉多用途飞机概念及技术特点。
2. 了解多用途飞机代表机型。

一、多用途飞机介绍

（一）多用途飞机概述

多用途飞机是指可用于客货运输及其他社会服务的6~10座左右的通用飞机。多用途飞机数量繁多、用途庞杂。这类飞机的特征是，外形尺寸不大，飞行速度低，技术不复杂，一般加装了专用设备，并且飞机还具有经济性和可靠性高、维护简便等特点。由于其改装方便、适用性强，因而得到了广泛应用。如运12（Y12），既可用于客、货两用运输，也可用于地质勘探、海洋监测、空中游览等。又如赛斯纳公司的F406"凯旋"Ⅱ，可用于空中灭火、边境巡逻、跳伞训练、海洋侦察、医疗救护以及监护飞行等。

按照发动机的类型，多用途飞机可大致分为活塞式飞机和涡桨飞机。早期的多用途飞机多为活塞式飞机，飞机性能有所限制，一般承担小型客货运输、社会服务等任务，使用灵活性强。有些型号换装涡桨发动机后又获得了新的活力，典型飞机如"探险家"（Explorer）、GA-8等。

涡桨飞机的典型飞机有赛斯纳飞机公司的208"凯旋"、瑞士派士公司的PC-12、中国哈尔滨飞机工业集团有限责任公司的运12等。这些飞机多为较新机型，飞行性能较活塞式飞机有较大提高，同时乘坐舒适性也大大改善，因而用途广泛。

（二）主要技术特点

多用途飞机大多采用悬臂式上单翼，机身宽敞以便承受更多载荷，高、后掠垂直尾翼，以方便货物装卸或进行航空作业。飞机采用单发或双发涡桨发动机，少数使用活塞发动机。装备前三点式起落架，有些飞行高度低、飞行距离短的飞机起落架不可收起，许多飞机可在简易跑道甚至沙地、草地上起降。新研制的多用途飞机装备了先进的航电设备。带防冰和除冰系统。飞机的客舱设计注重多功能化，后舱门和客舱地板易于根据不同用途需求进行改装，多采用1名驾驶员。

（三）多用途飞机的应用

多用途飞机最常用于中短途客货运输。由于飞机可以在多种简易条件下起降，因而可执行小型包裹/货物运输以及搜索与救援等专门任务。多用途飞机承担的其他任务还有飞行员培训、地质勘探、海洋监测和空中游览等。

鉴于多用途飞机的通用性和使用简便等特点，许多飞机都有军用改型，承担了大量军事任务。如赛斯纳"凯旋"的军用型U-27A，可用于军民用客运、货运、空投物资、电子侦察、前线空中指挥、海上巡逻、搜索与救援等多种任务，在许多国家的陆军、空军、警察部队和其他政府部门中获得广泛使用。

二、典型机型介绍

代表机型有中航工业的运5、运12，赛斯纳飞机公司的赛斯纳208"大篷车"、赛斯纳400"科瓦利斯"TT、"奖状优胜"/"奖状"XLS、"奖状"X，加拿大德·哈维兰飞机公司的DHC-6"双水獭"，皮拉图斯飞机公司的PC-6、PC-12，派珀飞机公司的PA-42"夏延"，湾流宇航公司的"湾流"G150等。

（一）运5

运5飞机（见图2-21）是中国第一种自行制造的多用途运输机，最初由洪都机械厂（今洪都航空工业股份公司）生产，其原型为苏联20世纪40年代设计的安-2运输机。目前运5广泛应用在训练、跳伞、体育、运输和农业多种任务中。尽管运5服役已有40年之久，但它飞行稳定、运行费用低廉，至今仍是中国最常见的运输机。运5的另一个优点就是它可以以非常低的速度稳定飞行，且起飞距离仅仅只有170米。

图2-21 运5

运5采用单支柱不等长翼展的双翼。上、下翼均有上反角。全金属双梁骨架，前梁以后为布蒙皮。机翼平面形状为矩形。机身为全金属半硬壳式结构，外形呈流线型。尾翼为斜撑杆式金属蒙皮结构，位于机身的后上部，包括带有斜撑杆的水平安定面、升降舵、垂直安定面和方向舵。起落架是后三点固定式。

运5舱内有通风和加温装置，可对风挡玻璃加温防冰。舱罩两侧突出于机身，向下视界良好。两侧装有10个简易座椅，壁上各有4个320毫米圆窗。在左侧11号和15号隔框间有一大货舱门，门上装有旅客登机门。货舱内部可进行不同改装。

至2010年年底，运5共生产了1140架，其中改进型的运5B系列飞机191架，这些飞机广泛应用于军用及民用的各个领域。目前，运5系列飞机还装备了民航飞行学院、航空运动学校和通用航空公司，用于飞行执照培训、航空运动、救援抢险、跳伞训练等领域。

运5B的主要性能数据见表2-16。

表2-16 运5B的主要性能数据

主要性能数据——运5B	
乘员	驾驶员1～2名+乘客6名（客运型）/12名（伞兵）
尺寸	机长12.688米，翼展18.176米，机高5.35米，机翼面积71.526平方米
重量	最大载重1500千克，最大起飞重量5250千克
性能	最大速度256千米/时，巡航速度160千米/时，实用升限4500米，航程845千米（满载）
动力装置	1台波兰产735千瓦（1000马力）ASz-62IR-16活塞式发动机，驱动AW-2变距4叶螺旋桨

（二）赛斯纳208 "大篷车"

赛斯纳208 "大篷车"（Caravan）系列（见图2-22）是赛斯纳飞机公司研制生产的10座（最多可布置15座）单发涡桨式多用途轻型通用飞机，广泛用于客货运输。赛斯纳208经过不断改进衍生出多种不同的改型。赛斯纳208以其优良的适应能力著称，该机可采用不同形式的起落架，以适应不同的起降场地的作业要求，也可换装浮筒式起落架实现水面起降作业。

图2-22　赛斯纳208 "大篷车"

该机采用全金属半硬壳式结构，撑杆式上单翼，低平尾翼，单垂尾和前三点不可收放式起落架或水上起降的浮筒式起落架以及适于冰雪场地的滑橇式起落架。该系列型号飞机可靠性、经济性和灵活性较好，可使用简易跑道，具备足够的载荷能力。加装专业设备后具有多用途的优势。该机配装1台功率505千瓦的普·惠加拿大公司生产的PT6A-114涡桨发动机，美国哈策尔公司生产的4桨叶恒速螺旋桨。

赛斯纳208在我国主要用于短途支线包机客货运输。中国境内有46架正式注册的赛斯纳208 "大篷车"系列飞机。

赛斯纳208B "华丽大篷车"的主要性能数据见表2-17。

表2-17　赛斯纳208B "华丽大篷车"的主要性能数据

主要性能数据——赛斯纳208B "华丽大篷车"	
乘员	驾驶员1名+乘客9名（标准）/14名（最大）
尺寸	机长12.67米，翼展15.88米，机高4.32米，机翼面积26.0平方米
重量	空重2073千克，满载起飞重量3970千克
性能	巡航速度317千米/时，航程2000千米，爬升率3.9米/秒
动力装置	1台普·惠公司PT6A-114涡桨发动机，功率505千瓦（675轴马力）

（三）PC-12

皮拉图斯飞机公司的PC-12（见图2-23）是 "空中国王"级别的涡桨式飞机，主要针对公务飞行和支线飞行的用户。它是装单台PT6发动机的皮拉图斯飞机公司系列产品中的最新产品。

图2-23 PC-12

PC-12采用悬臂式下单翼、"T"形尾翼布局，机翼为梯形平直翼带有翼梢小翼，平尾安装角可调，垂尾后掠，有面积较大的背鳍和两片腹鳍。可收放式前三点起落架，适合在草地或简易跑道上起降，主起落架向内收，前起落架向后收。机身为全金属半硬壳结构，主要为铝合金材质，发动机整流罩部分玻璃纤维／蜂窝夹层结构有钛合金防火壁。动力装置为1台普·惠加拿大公司PT6A-67发动机。

2012年12月，云南瑞峰公务机航空有限公司和新疆通用航空公司宣布采购瑞士产PC-12飞机，用于贵宾公务飞行、通勤载客飞行、货物运输以及医疗救援飞行。这是中国首次引入PC-12飞机。

PC-12/45的主要性能数据见表2-18。

表2-18 PC-12/45的主要性能数据

主要性能数据——PC-12/45	
乘员	机组人员1名或2名，乘客9名（支线客机布局），6名（公务机布局），4名（客货运混装布局）
尺寸	机长14.4米，翼展16.23米，机高4.27米，机翼面积25.8平方米
重量	空重2600千克，最大起飞重量4500千克
性能	最大巡航速度500千米/时，经济巡航速度430千米/时，初始爬升率8.53米/秒，实用升限9140米，最大航程4187千米（经济巡航速度下目视飞行规则，有余油）/2965千米（最大巡航速度下仪表飞行规则，有余油）
动力装置	1台895千瓦普·惠加拿大公司PT6A-67B涡桨发动机，4桨叶定速哈策尔螺旋桨

公务机和运输型飞机的用户。考虑单台涡轮发动机维修间隔无须大修公司或者所有权的限制。

第六节
直升机

1. 熟悉直升机的概念及分类。
2. 理解直升机的技术特点。
3. 了解直升机的代表机型。

一、直升机介绍

（一）直升机概述

直升机装有一副或几副类似于大直径螺旋桨的旋翼。旋翼安装在机体上方近似于垂直的旋翼轴上，由动力装置驱动，能在静止空气和相对气流中产生向上的升力。旋翼还可以在操纵下产生各个方向的水平分力。有机轮的直升机可以做超载滑跑起飞。当发动机在空中停车时，直升机可利用旋翼自转下滑，安全着陆。

直升机的发展首先是为军事目的服务的，由于直升机的军民通用性很强，一些军用型号经过必要的改装或改进，很容易在民用方面得到应用。因此，在20世纪70年代以前，民用直升机都是从军用直升机改型而来的，如世界上第一架取得适航证的贝尔47直升机就是军用型的改型。进入20世纪70年代初，民用直升机开始呈现快速发展的势头，苏联专门研制的民用直升机卡-26开始在农田和果园大量使用。世界能源危机促进了近海石油和天然气的开发，直升机应用于支援近海油田作业的迫切需求有力地推动了民用直升机的发展。20世纪80年代，医疗救护和警务等方面的需求扩大了民用直升机的市场，民用直升机的增长比较平稳，但增长速度比70年代有所放缓。进入21世纪，对民用直升机来讲，速度、采购和使用费用、安全性和舒适性仍是人们关注的焦点。直升机产业界将为研制通用性更强、速度更快、更安全可靠和舒适且使用维护费用更低的民用直升机而努力。

（二）直升机分类

民用直升机按用途大致分为以下几类。

1. 旅客运输直升机

机舱内设有较舒适的座椅及先进的隔声、减振和其他所需设施，专用于旅客运输。在该类机中，座舱内经过专门设计，可作为要人专机或公务机。

2. 通用运输直升机

可内装或外挂货物，也可用于人员运输，并且装上必要的任务设备后可用于救援、空中摄影等任务。

3. 公共服务直升机

安装所需的任务设备后，可用于公安执法、巡逻、观察、消防救火、抢险救灾、医疗救护等任务。该类机与通用运输直升机的不同之处是机上安装有固定的任务设备，专门执行上述某一或某些任务。

4. 特种作业直升机

机上装有任务所需的设备，专门执行各种空中特种作业任务，如地球物理勘探，高压输电线、石油和天然气管路巡检，农业及渔业。

5. 起重直升机

具有很强的外部吊挂能力，可用于建筑、大型设备安装、原木运输等起吊任务。

6. 教练直升机

主要用于民用直升机飞行人员和私人驾驶员的培训。

（三）主要技术特点

直升机一般由七个主要部分组成：旋翼和尾桨、动力装置及其附件、传动系统、操纵系统、起落架、机身和机载设备。

1. 旋翼与尾桨

旋翼系统由桨叶和桨毂组成。旋翼形式是由桨毂构型决定的，已实际应用的旋翼形式有铰接式、跷跷板式、无铰式和无轴承式。

旋翼系统中，桨叶是提供升力的重要部件。按桨叶发展的先后顺序，已大量使用的可分为木质桨叶、钢木混合桨叶、金属桨叶和复合材料桨叶四种。智能旋翼桨叶正在研究中，尚未投入使用。常见的桨叶平面形状有矩形、梯形和矩形加后掠形桨尖等。近年来桨尖的形状变化较多，目前已从第一代矩形、第二代简单尖削加后掠、第三代曲线尖削加后掠发展到下反式三维桨尖。桨叶剖面形状与飞机机翼剖面形状相似，为了具有良好的旋翼性能，往往要把桨叶翼型设计成沿桨叶展向变化，采用成套的翼型族去分别满足桨叶不同半径处在不同方位角的不同要求，使桨叶在不同气动环境中发挥不同翼型的性能。

尾桨是用来平衡旋翼扭矩和对直升机进行航向控制的部件。另外，旋着的尾桨相当于一个垂直安定面，能起到稳定直升机航向的作用。尾桨的结构形式有跷跷板式、万向接头式、铰接式、无轴承式以及涵道尾桨和"无尾桨"（NOTAR）式。

目前，新型旋翼系统被广泛采用，包括新的高效三维变化翼型、全新型复合材料桨叶、球柔性或无轴承桨毂，改善直升机旋翼的气动特性，实现视情维护，并使桨叶达到无限寿命。

2. 动力装置及其附件

直升机动力装置主要有两种：一种是活塞发动机，一种是涡轮轴发动机。直升机发展初期，都采用当时技术上比较成熟的活塞发动机作为动力装置，但这种发动机存在振动大、功率重量比和功率体积比小、控制复杂等许多问题。为解决上述问题，人们研制了直升机用涡轮轴发动机。

涡轮轴发动机和活塞发动机相比，其最大的优点是功率重量比大，同时，涡轮轴发动机的使用、维护也简单，所以目前涡轮轴发动机使用非常广泛，基本上取代了活塞发动机。但活塞发动机具有耗油率低、价格便宜的优点，因此仍在轻小型直升机上使用，如R22和贝尔47直升机。

3. 传动系统

直升机的传动装置是发动机驱动旋翼和尾桨旋转不可缺少的部件，它与发动机、旋翼系统共同构成了一个完整的机械运动系统。对传动系统的基本要求是：工作可靠、扭转与弯曲振动小、传动效率高、结构与制造简单、重量轻、容易安装拆卸和维护、有自由行程离合器和自转离合器、运转噪声小等。传动系统的主要部件有：主减速器、中间减速器、尾减速器、传动轴、旋翼刹车装置、离合器和联轴节等。

4. 操纵系统

直升机操纵系统一般由周期变距操纵杆、脚蹬、油门总距变距杆、自动倾斜器、液压助力器、加载机构、卸载机构、旋翼刹车以及连杆、摇臂等组成（见图2-24）。整个操纵系统分为油门总距变距系统、脚操纵系统和周期变距操纵杆操纵系统三大部分。操纵油门总距变距杆，可以使直升机垂直升降；操纵脚蹬，可以使直升机转弯；操纵周期变距操纵杆，可以使直升机向任意方向飞行。直升机操纵系统中一个独特的部件是自动倾斜器，它是操纵系统中最复杂的部件。直升机是利用自动倾斜器改变旋翼桨叶总距和周期变距来实现操纵的。

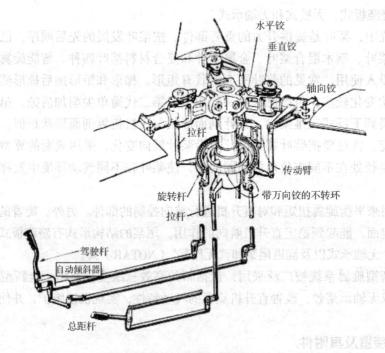

图2-24 直升机操纵系统

对直升机操纵系统的基本要求是：重量小、刚度大，由摩擦、活动间隙和变形引起的操纵系统滞后时间应最短，驾驶杆和脚蹬上的反作力要缓和，纵向操纵、横向操纵、方向操纵和总距操纵应互不干扰，在机体发生变形时操纵系统不应出现卡死和夹住现象，附件应便于检查、安装和拆卸。

5. 起落架

直升机起落架的形式有多种，用于地面降落的轮式起落架和滑橇式起落架，用于水上降落的浮筒式起落架，也有同时装有浮筒和机轮的两用起落架（水陆两栖直升机用）。由于直升机的飞行速度都不高，所以大多数起落架是不可收放的、固定式的，通常只是在起落架的支柱和斜支柱上安装整流罩以减小阻力。在飞行速度较高的直升机上已采用可收放起落架。在单旋翼带尾桨式直升机上的尾梁和尾斜梁的连接处通常装有尾撑，以防止尾桨叶打地或尾梁和中间减速器与地面相撞。直升机在摇晃厉害的小型舰只上起降时，为了防止直升机滑移和翻倒，要采用辅助着舰装置。目前使用的辅助着舰装置主要有"鱼叉"着舰装置和拉降装置两种。

6. 机身

直升机的构型对机身外形和受力方式有很大影响。按构造来分，直升机机身有构架式、梁式和混合式。对机身的主要要求是：便于安装空勤人员的座位并有良好视界；容易安置乘客座椅并且舒适；内部容积利用率高；各种附件容易接近并便于安装、拆卸和维护；要有足够的强度和刚度；外形成流线型；制造简单并且重量轻。过去机身结构多是用铝、镁等轻金属材料制造，现在复合材料已大量应用于机身结构。复合材料的比强度、比刚度比铝合金的高，能大大减轻机身结构重量，而且破损安全性能好、制造工艺简单。

7. 机载设备

直升机机载设备是指直升机上保证飞行和完成各种任务的设备。目前，直升机大都采用先进的综合航空电子系统和任务设备，特别是数据总线、任务计算机和综合的多功能显示器以及信息数据融合技术，实现了信息共享和多路传输，加上先进的夜视传感器和探测系统，使得这些直升机具备了全天候使用的能力。保证飞行有各种仪表、电气、供氧、通信、导航、防冰、加温、灭火等设备，这些设备与普通固定翼飞机上的设备差不多。直升机根据执行任务的不同将安装不同的任务设备。救护直升机可安装救援吊车、担架、医疗设备等；农用直升机可安装农药箱、喷雾杆等。

总之，随着材料、电子信息等技术的快速发展，目前世界直升机技术已达到一个新的水平。

二、典型机型介绍

（一）轻型直升机——R22/R44

自从20世纪70年代末投入使用以来，R22（见图2-25）已经成为世界上最受欢迎的轻型直升机之一，它由罗宾逊直升机公司的奠基人法兰克福·罗宾逊设计。该机被认为是一种有效适用、价格便宜、性能可靠和经济性强的多用途双座轻型直升机。R22的设计开始于20世纪70年代，原型机装有1台85千瓦（115马力）莱康明公司O-235活塞发动机。生产型换装O-320-A2B或A2C发动机。旋翼系统采用2片桨叶的半刚性旋

图2-25 R22

通用航空概论

翼，尾桨为2片桨叶，安装在尾梁左侧。机身座舱旋翼塔座和发动机架为焊接钢管和轻合金主结构，有硬壳式尾锥，机身蒙皮为轻合金和玻璃钢结构。

R22市场参考价为27万美元。到目前为止，R22系列直升机生产数量已达4500架左右。R22的使用范围包括直升机驾驶员训练、牛羊群放牧、交通状况监测和警用空中执勤等。

R22的主要性能数据见表2-19。

表2-19　R22的主要性能数据

主要性能数据——R22	
乘员	2名
尺寸	机长8.7米，机高2.7米，旋翼直径7.7米，旋翼桨盘46.2平方米
重量	空重389千克，满载起飞重量417千克，最大起飞重量635千克
性能	极限速度189千米/时，巡航速度177千米/时，航程2386千米，实用升限4267米，爬升率6.1米/秒
动力装置	1台莱康明公司O-320-A2B或A2C活塞发动机，单台功率124马力（93千瓦）

图2-26　R44

R44（见图2-26）虽然与早期的R22都是采用活塞发动机为动力，但是R44是更大的4座布局，几乎和采用涡轴发动机的贝尔206"喷气突击队员"机体长度一样。

R44也同先前的2座R22一样，使用了相同且简单的设计、制造和经营理念。该机装1台194千瓦（260马力）莱康明公司O-540水平对置6缸活塞发动机，减功率至165千瓦（225马力），用于起飞、驱动双桨叶旋翼和尾桨。动力系统还包括1个电子油门调速器、旋翼制动和自动离合器。

R44市场参考价为42.5万美元（2011年）。R44一经上市立刻受到了市场的欢迎，至今罗宾逊直升机公司在加利福尼亚州的托兰斯工厂已经为全世界客户生产了2000多架R44直升机。

R44"雷鸟"Ⅱ的主要性能数据见表2-20。

表2-20　R44"雷鸟"Ⅱ的主要性能数据

主要性能数据——R44"雷鸟"Ⅱ	
乘员	机组人员1~2名+乘客2~3名
尺寸	机长9米，机高3.3米，旋翼直径10.1米
重量	空重657.7千克，有效载荷408千克，满载起飞重量1134千克
性能	最大速度240千米/时，巡航速度200千米/时，航程560千米
动力装置	1台莱康明公司IO-540-AE1A5活塞发动机，功率183千瓦（245马力）

（二）小型直升机

1. 贝尔407

贝尔407是贝尔206 "喷气突击队员" 和贝尔206L "远程突击队员" 的换代机型，1993年贝尔直升机公司开始新型轻型飞机的研发工作，该机是贝尔206的大航程改进型，见图2-27。

图2-27　贝尔407

贝尔407采用主旋翼加尾桨的总体布局，采用4桨叶无铰复合材料主旋翼，复合材料无铰桨毂，双桨叶跷跷板复合材料尾桨。其基本型装有1台采用全权数字式发动机控制系统的艾利逊公司250-C47B涡轴发动机。铝合金、金属蜂窝材料、复合材料等多种材料用于制造机身，尾梁为碳纤维复合材料，水平安定面装于尾梁中段，两端有箭头形端板，尾梁末端右侧装有箭头形垂直安定面，尾桨布置在尾梁末端左侧。固定滑橇式起落架，尾鳍下端装有尾橇。

2012年，中国的金汇通用航空公司和华彬天星通用航空公司均购买了贝尔407直升机，同时贝尔直升机公司在金汇通用航空公司基地建立了中国首个贝尔飞机维修中心。

贝尔407的主要性能数据见表2-21。

表2-21　贝尔407的主要性能数据

主要性能数据——贝尔407	
乘员	驾驶员1名+乘客7名
尺寸	机长12.7米，机高3.56米，旋翼直径10.67米，旋翼桨盘89平方米
重量	空重1210千克，有效载荷1065千克（机内）/1200千克（吊挂），最大起飞重量2722千克
性能	最大速度260千米/时，巡航速度246千米/时，航程598千米，实用升限5698米
动力装置	1台艾利逊公司250–C47B涡轴发动机，功率606千瓦（813轴马力）

2. EC120

EC120直升机（见图2-28）是中国、法国、新加坡三国合作研制的。中航工业哈尔滨飞机工业集团有限责任公司（简介哈飞）总装的该直升机编号为HC120，民用型称"蜂鸟"。EC120直升机是一种面向21世纪的多用途轻型直升机，它采用带有3片高性能复合材料桨叶的球柔性主旋翼和新式低噪声涵道尾桨，安装有性能可靠的大功率发动机，配备了先进的电子设备。滑橇式起落架、旋翼桨叶、尾桨桨叶、滑橇式起落架及大部分机身均为复合材料结构，中机身为金属结构。装有抗坠毁座椅和燃油系统。

图2-28 EC120

EC120直升机选装1台透博梅卡公司TM319阿赫尤2F涡轮轴发动机，燃油总量为416升，可载1名驾驶员和4名旅客，行李舱在发动机下面，并和座舱地板平齐，从座舱够得着行李，装有侧门和后门。EC120装有直升机和发动机故障显示器（VEMD），VEMD是一个双余度3模块的数据处理系统，可通过显示器来显示性能和维修信息。

该机具有油耗低、噪声小、乘坐舒适、使用维护成本低等特点，可广泛用于治安巡逻、公务运输、通用航空、航空医疗运输和训练，是目前国际上最先进的轻型直升机之一。

EC120的主要性能数据见表2-22。

表2-22 EC120的主要性能数据

主要性能数据——EC120	
乘员	驾驶员1～2名+乘客4名
尺寸	机长9.6米，机高3.4米，旋翼直径10米
重量	空重724千克，最大起飞重量1715千克
性能	巡航速度223千米/时，航程710千米，实用升限5182米，爬升率5.84米/秒
动力装置	1台透博梅卡公司TM319阿赫尤2F涡轮轴发动机，功率376千瓦

（三）中型直升机

1. AW139

AW139（见图2-29）是阿古斯塔·韦斯特兰公司生产的15座中型双发直升机。AW139是一种传统布局的双发直升机，装有5片复合材料桨叶全铰接式旋翼，钛合金桨毂4桨叶尾桨，可收放式起落架。机组人员2名，最大载客15名，客舱有3排座椅，每排可坐5人。动力装置为2台普·惠加拿大公司PT6C涡轴发动机。

图2-29　AW139

　　该直升机可担负多种任务，包括警务巡逻、医疗急救、公务运输、搜索救援、海事和海上石油作业。北京市公安局和深圳市公安局曾购入AW139直升机作为警用直升机。

　　AW139的主要性能数据见表2-23。

表2-23　AW139的主要性能数据

主要性能数据——AW139	
乘员	驾驶员1～2名+乘客15名
尺寸	机长13.77米，机高3.72米，旋翼直径13.8米，旋翼桨盘149.57平方米
重量	空重3622千克，满载起飞重量6400千克
性能	最大速度310千米/时，航程1061千米，实用升限6098米，爬升率10.9米/秒
动力装置	2台普·惠加拿大公司PT6C-67C涡轴发动机，单台功率1142千瓦（1531马力）

2. EC135

　　空客直升机公司的EC135直升机是MBB公司BO108直升机的新编号，BO108是BO105直升机的替代发展型。EC135直升机见图2-30。

图2-30　EC135

EC135采用主旋翼带涵道尾桨的总体布局，采用4桨叶无铰、无轴承FVW主旋翼，不均分布10桨叶涵道尾桨。装有2台阿赫尤2B系列或2台PW206B系列涡轴发动机。机舱地板、侧壁、尾梁构件为铝合金材料，其余部件为凯芙拉／碳纤维复合材料蜂窝结构。尾梁后部尾桨涵道前装有复合材料水平安定面，水平安定面两端有箭头形端板，尾桨下方有辅助垂尾。采用固定滑橇式起落架。

2000年6月，青岛直升机航空有限公司为青岛海尔集团购买并执管1架EC135型直升机，为其提供公务和宣传飞行服务。中信海洋直升机股份有限公司和北京首都直升机通用航空公司等单位都引进过EC135直升机。

EC135的主要性能数据见表2-24。

表2-24　EC135的主要性能数据

主要性能数据——EC135	
乘员	驾驶员1名+乘客7名（最大）或2副担架
尺寸	机长12.16米，机高3.51米，旋翼直径10.2米，旋翼桨盘81.7平方米
重量	空重1455千克，最大外挂1455千克，最大起飞重量2910千克
性能	极限速度287千米/时，巡航速度254千米/时，航程635千米，实用升限6096米，爬升率7.62米/秒
动力装置	2台透博梅卡公司阿赫尤2B2涡轴发动机，单台功率473千瓦（634马力）或2台普·惠加拿大公司PW206B涡轴发动机，单台功率498千瓦（668马力）

（四）大型直升机——AC313

AC313是中国在20世纪90年代在法国SA321"超黄蜂"直升机的基础上测绘研制的一款大型直升机，见图2-31。2010年3月18日，AC313大型多用途民用直升机在江西景德镇首飞成功。AC313实际上就是直-8F100的商业化新编号。AC313是我国第一个完全按照适航条例规定的要求和程序研制的大型运输直升机，也是我国自行研制生产的唯一一种大型直升机，填补了我国大型民用直升机生产的空白。

图2-31　AC313

AC313具有优化的机体气动外形、先进的旋翼桨叶翼型和配置，旋翼悬停效率高、尾桨抗侧风能力强，突破了我国大型运输直升机飞行性能限制瓶颈技术，具备了高原飞行能力，能更好地满足山区等复杂地区对直升机飞行性能的苛刻要求。该机采用先进的涡轴发动机、大功率传输能力的传动系统、球柔性复合材料旋翼系统以及综合化的航电系统，改进使用维护性和舒适性，结构及系统安全性全面升级。旋翼系统采用先进复合材料桨叶和钛合金球柔式主桨毂，机体为金属+复合材料结构，复合材料使用面积占全机的50%，航电系统采用国际通行的429数据总线，实现了数字化综合显示控制。整机性能达到国际第三代直升机水平。

AC313可用于人员运输、近海支援、搜索救援、空中摄影、海上巡逻、空投跳伞、护林防火等，并可作为舰载机使用。2008年汶川地震后，有多架直8直升机被派往地震灾区参与人员和救灾物资运送。

AC313的主要性能数据见表2-25。

表2-25　AC313的主要性能数据

主要性能数据——AC313	
乘员	驾驶员2名+乘客27名
尺寸	机长23.035米，机高6.66米，旋翼直径18.9米，旋翼桨盘280.5平方米
重量	空重7550千克，满载起飞重量13800千克
性能	巡航速度266千米/时，航程900千米，实用升限6000米
动力装置	3台普·惠加拿大公司PT6-67A涡轴发动机，单台功率1448千瓦

航空工业昌飞（航空工业昌河飞机工业集团有限责任公司）
AC313直升机首飞8周年，可搭载27名乘客

《民航事儿》通讯员何欢讯：2010年3月18日的上午，中国首架大型民用直升机AC313在江西省景德镇成功首飞。

AC313直升机最大起飞重量为13吨，可一次性搭载27名乘客或运送15名伤员，最大航程为1000公里，具有高安全性、可靠性和舒适性，可广泛用于运输、搜索营救、抢险救灾、森林消防、反恐维稳、石油和天然气开采、医疗救护、旅游观光、公务飞行等领域。AC313整机达到国际第三代直升机水平，是中国民用直升机研制历史的重大突破，标志着中国基本形成了从1吨到13吨系列化自主产品的格局。

AC313自适航取证以来市场反响较好，迅速获得了数十架的订单，在森林灭火、应急救灾及反恐维稳等领域以优异性能、高出勤率和高任务完成率，赢得了用户的高度赞誉，树立了国产直升机良好品牌形象。

资料来源：http://www.sohu.com/a/225812098_128409。

1. 简述航空器的概念及类别。
2. 简述通用航空器的概念及分类。
3. 何谓小型航空器？如何分类？
4. 小型航空器技术特点是什么？有哪些典型机型？
5. 公务机的特征有哪些？
6. 简述公务机的分类及代表机型。
7. 简述农林飞机的技术特征及典型机型。
8. 简述多用途飞机技术特征及典型机型。
9. 直升机的技术特征是什么？
10. 简述直升机的类别及代表机型。

思考题

课后练习

chapter 03

第三章

空域管理与飞行服务

微课

主要内容

　　本项目由空域概念及属性入手，介绍了我国空域管理及划设情况，使学习者了解通航飞行一般规则，明确飞行计划内容与空中交通管理的概念；并对我国低空空域改革试点及运行保障技术发展成果进行了梳理和分析。

学习目标

1. 熟悉空域概念及属性。
2. 掌握我国空域管理及划设。
3. 了解通航飞行一般规则。
4. 掌握飞行计划内容和空中交通管理要素。
5. 熟悉我国低空空域改革试点及运行保障技术发展。

国务院、中央军委印发《关于深化我国低空空域管理改革的意见》

2010年，国务院、中央军委印发《关于深化我国低空空域管理改革的意见》（以下简称《意见》），对深化我国低空空域管理改革作出部署。

《意见》确定了深化低空空域管理改革的总体目标、阶段步骤和主要任务。总体目标是，通过5~10年的全面建设和深化改革，在低空空域管理领域建立起科学的理论体系、法规标准体系、运行管理体系和服务保障体系，逐步形成一整套既有中国特色又符合低空空域管理规律的组织模式、制度安排和运作方式，充分开发和有效利用低空空域资源。具体实施分3个阶段：2011年前为试点阶段，在局部地区进行改革试点，探索低空空域管理改革的经验做法，为全面推进低空空域管理改革奠定基础；2011年至2015年年底前为推广阶段，在全国推广改革试点，逐步形成政府监管、行业指导、市场化运作、全国一体的低空空域运行管理和服务保障体系；2016~2020年为深化阶段，进一步深化改革，使低空空域管理体制机制先进合理、法规标准科学完善、运行管理高效顺畅、服务保障体系完备可靠，低空空域资源得到科学合理开发利用。

 思考

1. 如何理解我国低空空域管理改革的总体目标和阶段任务？
2. 近年来我国低空空域改革做出了怎样的探索？成效如何？低空空域改革对通航发展起着怎样的作用？

第一节
空域管理及规则

 能力培养

1. 正确理解空域的概念及属性。
2. 熟练掌握我国空域划设及低空空域分类。
3. 熟悉通用航空飞行规则。

一、空域概念及属性

（一）空域的概念

空域是指地球表面以上可供飞机以及火箭、气球、滑翔机等航空器和浮空器飞行运行的三维空气空间资源。因此，空域是一国领土与领海上方的国家资源，一个国家对其领空享有完全的和排他的主权；空域以其所富含空气的载体功能而使人类脱离地球表面、延展活动空间成为可能；对空域的开发和利用，有利于促进国家经济社会的整体发展。

在日常的航空活动中，为了提高空中交通的服务运行效率，空域被划分为不同的种类，用来规范航空器的飞行，便于空中交通服务人员管理，同时空域也被赋予了丰富多样的属性。

（二）空域的属性

空域具有诸多的自然属性和社会属性，其自然属性是在自然力的作用下空域形成的固有物理、化学特性；其社会属性特征表现为人类对空域资源的占有、分配、使用及相关的制度安排，这也是空域区别于空间的根本属性。

1. 空域的自然属性

（1）总量的不确定性与使用量的相对确定性　由于空域使用范围的上限可不断延伸，就数学角度而言，空域总量是不定的。空域不像矿藏等资源，随着时间的积累、自然力的作用，可以增加或减少。尽管空域使用上限没有明确，但人类技术能力所达到的使用范围，在相当长时间内是确定的，而且各国领空有主权界线，各国对空域的使用量相对确定，全球可使用的空域总量也相对确定。因此，随着空中飞行密集程度的增加，空域资源使用紧张是必然的，在有限的空域总量基础上，围绕空域结构和运行方式的优化调整，将成为空域管理工作的一项常态化任务，且不断反复持续下去。

（2）使用过程的可再生性　航空器飞过某一空域，即完成了对空域的使用过程，该空域仍保持原有的资源特性，可再生使用，而且空域总量并无损耗。但是，航空活动不可能在同一时刻占用同一空间位置，只能在保证安全间隔后才能再生利用，因此空域是有条件的可再生资源，重复利用的过程必须遵循时序规则。这就决定了空域使用的过程，是一个使用次序不断优化调整的过程，是一个围绕需求的迫切性和重要性进行使用次序迭代安排的过程。

（3）不可储存性与不可替代性　空域以其特殊的形态存在，闲置过程并不造成空域资源的损耗，也不存在这一时刻不用而储存至下一时刻更多使用的可能。但是，由于各地区运输航空、军事航空、通用航空等的发展不平衡性，空战场规划的实际要求等，使得空中飞行流量分布呈现不均衡性，常常造成某时段、某空间的空中交通拥挤，而其他时段或其他空间闲置的现象。此时，就需要对空中飞行流量进行优化配置，实现空域容量同飞行流量的匹配，实现空中交通运行效率的最大化。

2. 空域的社会属性

（1）主权属性　实际上，空中交通管理领域所讲的空域特指航空器飞行的空间，该空间在物理范围上同一个国家领空具有重叠性，从而决定了空域具有主权属性，且该属性决定了空域归国家所有，要求制定统一的空域管理法规和政策，制定统一的空域开发、使用及控制计划等。它包括领空所有权、领空辖治权和空域管理权等三个方面。

实际上，从军事角度看，空域是国家空防活动的潜在主战场，空战场规划必然对国家空域的使用做出一定安排及约束。从维护国家主权的需要看，仅把空域看成资源，把空域开发利用看成资源的开发利用，忽视了空域的主权属性，是片面的、不准确的。因此，依据空域的主权属性，需要在空域管理中准确把握平时空域使用与战时的自然延伸关系。

什么是防空识别区？它和领空有什么区别？

一个主权国家不仅仅只有陆地的主权，还有领空的主权，领空就是一个国家陆地和领海上部 100 千米之内的空域，是一个主权国家不可分割的一部分，该国对这片空域具有无可争辩的绝对主权，简单点说，领空和领土一样重要。领空的主权在以前是不存在的，后来随着飞机成为战争的交战工具，国家领空主权逐渐形成，国际条约规定，如果不经允许，外国飞机不能飞越一个国家的领空，如果发现领空被侵犯，这个国家有权对入侵的飞机进行警告、驱逐甚至击落，所以领空是非常神圣而不可侵犯的。

2013 年，中国为了捍卫国家主权和领土领空安全，在中国东海设立了东海防空识别区。东海防空识别区囊括了整个东海以及黄海部分地区，这个决策让"防空识别区"这个概念深入人心。中国之所以设计东海防空识别区就是为了捍卫国家主权和安全，这个功能其实"国家领空"也具备，于是很多人都觉得"防空识别区"和"国家领空"一样，是一个国家的主权。其实不是这样的，从本质上来讲，"防空识别区"和"国家领空"有着非常大的差别。

所谓"防空识别区"就是一个国家为了提前防范可能来临的空中威胁，在靠近自己领空以外设立的一个空防区域，主要是用来及时监视、处置进入这个识别区的飞行器，为国家领空安全提前预警。虽然国家在防空识别区具有监视、处置的权利，但是它并不是这个国家的领空，而是一片国际空域，任何国家的飞行器都有权利在这片空域飞行，"防空识别区"与"国家领空"的主要区别在于，一个国家可以对侵入领空的外国飞机采取驱逐、击落的措施，而在"防空识别区"只能采取监视或者伴飞等行为。

（2）管理属性　从空域使用角度看，必须制定相应的管理策略，才能实现空域资源的优化配置及空域安全、经济、高效和公平使用。空域管理的安全性，包括国家安全、公共安全和航行安全。其中航行安全涉及航空器、航空法规、航空管制和空中交通管理设施设备等，是一个技术水平高、安全隐患大的复杂系统。航空运行也处在时间、空间的不断变换中，影响安全的不可预料因素很多，这就要求安全管理必须具有良好的动态响应能力。

空域的经济性重点表现为使用价值与投入可增值上，通过向空域使用者提供空域保障服务，实现了空域资源向各种使用价值的转化，体现出空域使用价值特征。

需要说明的是，空域的安全性和经济性，从形式上讲是一对相互影响、相互制约的矛盾，如果一味追求空域的经济性，必然要求国家领空范围的空域全部配置成公共开发空域，提高全部空域使用的自由度，但这必然是以降低空域使用的国家安全、公共安全为代价的。

（3）技术属性　为保障空域管理工作的有效开展，必须建立复杂的系统性标准，包括对空域运行的各类综合性要求。实际上，空域区别于空间的根本特征，是其在物理空间上定义了系列标准和系统运行的软硬件框架集合，包括人员、设施、设备、法规制度等的综合要求，使其具备复杂的技术属性。因此，在空域管理中基于空域的技术属性要求，应统筹规划空域使用的航空通信、导航着陆、监视、机载航电、空中交通管理、航空气象等设施设备建设，开发空域的相关服务操作概念，制定技术标准与规范，建设各类空管运行保障设施设备，这样才能保障空域使用的安全和效益，确保空域得到安全、合理、充分、有效的利用，获取最大效用。

二、空域管理与划设

（一）空域管理的概念

空域管理活动包含的内容很广，涉及国家空防的空域管理、国家空中交通的空域管理、对空射击与航天发射的空域管理、重要目标（如核电站设施）空中防护的空域管理、空战场空域管理等。

本书所讲的空域管理，一般指的是空中交通管理中的空域管理，它实质上是国家空域管理的一个重要组成部分，其概念是基于航空运输体系发展提出的，是从服务运输航空、军事航空、通用航空等飞行衍生出的空域资源使用组织管理，涉及部分空域资源的使用，并通过空域规划、运行、使用、监督、评估等活动，对有限的空域资源进行优化配置，维护国家空域的权益和飞行秩序。

（二）空域管理模式

国际上空域资源管理主流模式有三类：政府管理、军队管理、军队政府联合管理。但无论哪种模式，协调军民航矛盾是空域管理的核心所在。

1. 美国空域管理模式

美国在1958年对空域实行立法管理，空域管理权由国家立法局交给FAA负责。空域是国家资源，属全民所有，国家有责任满足每个公民的航空需要和进出空域的权力，保证军方和民用的需要。美国的空域使用和航行管理服务对国内用户是免费的。FAA与美国军方有密切的协调，军方空域不使用时，还给民航使用，通用航空机场多数没有塔台和空域管制。美国FAA有广泛权力监督民用航空飞行和军事飞行，促进空中交通安全，有效地使用国家空域，发展并经营一个民用和军用航空器共同使用的空中交通管理系统。

在美国，通用航空比商业航空有更大的灵活性，通用航空可以安全地运营而不需要严格限制。当然，这有赖于美国很早对国家现代化空管系统做出了长期而系统的规划。1998年，FAA制定了"自由飞行"和国家空域系统（National Airspace System，NAS）发展战略，详细规划了1998~2002年、2003~2007年和2007~2015年三个阶段全美空域系统现代化任务，旨在通过运用新技术、新程序和新概念，满足国家空域使用者和服务者的具体需要，具有概念新颖、陆基与星基系统融合、服务覆盖全面无缝隙、数字化技术和低空数据链应用广泛、数据共享与分系统自动化水平高、空域整体管理能力强等特点。

2. 欧洲国家空域管理模式

法国空域管理由空域委员会统一管理。英、俄两国采取军民航分管，并成立协调机构对军民航矛盾进行协调。即通过各自设立的空中交通管理机构依据法律和制度实施统一协调。为了求得更彻底地解决，欧洲各国都进一步将协调机构改进为统筹机构，其作用不仅仅限于协调军民航矛盾，而是要求其统筹双方的利益，站在国家整体高度来处理空中交通问题。

欧控是欧洲空中交通管理的核心组织，为其成员国空管事业的发展提供战略规划、组织协调、行业指导及技术支持。早在20世纪80年代，欧洲空域管理组织已经认识到，不灵活的空域结构和空域保留会造成空域的低效利用。1990年，欧洲民航理事会颁布航路战略，并启动欧洲空中交通管制协调和一体化项目（European Air Traffic Control Harmonization and Integration Programme，EATCHIP），在多个不同领域进行建设。欧控根据欧洲空域特点，提出了统一的空域发展战略（Airspace Concept & Strategy），对成员国空域实行统一的发展规划和技术研发。随着欧控空域建设不断深入，在空域规划、空域运行、空域评估、空域建模等方面建立了一系列决策支持系统，对欧洲空域实行有效的运行管理，其目的是实现欧洲空域无缝连接，实现欧洲空域一体化。

3. 巴西空域管理模式

在巴西，空军对国家空域进行管理，在空军下设有一个部门，专门负责空域的使用和空中交通管制等。全国空域类别与国际民航组织建议的标准完全一致，在主要地区和城市使用雷达全部覆盖，雷达信号供空防和全国航行管制共同使用，雷达信息全部联网，并可对空中交通服务电报（aeronautical fixed telecommunication network，AFTN）信息和雷达信息进行综合处理，既方便管制又可以起到空防识别的目的。在主要繁忙地区设进近管制中心。一些飞行量不大的机场不设塔台，没有空地联络的收发讯息设施。在特定区域，如非管制区，飞行采用目视飞行规则，不提交飞行计划，不事先申请；如需要进入管制空域，在飞进管制区域前与管制部门联系，通常可以批准。

（三）我国空域的管理体制

我国空域管理的最高议事决策机构是国务院、中央军委空中交通管制委员会（简称"国家空管委"）。国家空管委代表国家对全国空域和空中交通管制实施领导工作。国家空管委下设办公室，负责国家空域的总体规划和空中交通管理的组织与协调等日常事务。但国家空管委没有真正运行机构存在，而是将职责和权力分配到空军、海军和民航局等机构，由这些单位具体履行管辖范围内的职责。

我国民航使用空域是由国家空管委划设的空域。民航使用空域由中国民用航空局空中交通管理局（以下简称"民航空管局"）调配和管理，主要包括提供全国民用航空空中交通服务以及民用航空通信、导航、监视、航空气象、航行情报等工作。我国民航空管系统现行行业管理体制为民航空管局、地区空管局、空管分局（站）三级管理（图3-1）；运行组织形式基本是以区域管制、进近管制、机场管制为主线的三级空中交通服务体系。民航空管局领导管理民航七大地区空管局及其下属空管单位。驻省会城市（直辖市）民航空管单位简称"空管分局"，其余民航空管单位均简称为"空管站"。

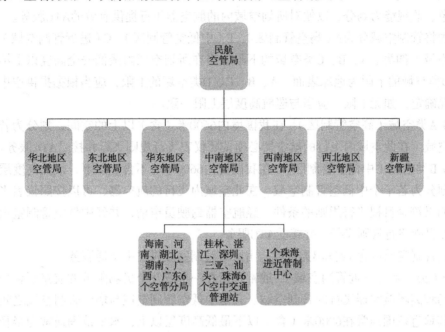

图3-1 民航空管局组织结构图

（四）我国空域的划设

我国的空域结构在考虑了国际民航组织关于空域划设的建议和标准后，结合自身实际情况进行了修改，分为飞行情报区、管制区、特殊飞行区域（空中禁区、空中限制区、空中危险区等）、航路和航线。

各类空域的划分，应当符合航路的结构、机场的布局、飞行活动的性质和提供空中交通管制的需要。

1. 飞行情报区

飞行情报区是为了提供飞行情报服务和告警服务而划定范围的空间。为便于对在我国境内和经国际民航组织批准由我国管理的境外空域内飞行的航空器提供飞行情报服务，全国共划分沈阳、北京、上海、广州、三亚、昆明、武汉、兰州、乌鲁木齐、香港和台北11个飞行情报区。

飞行情报区包含我国境内上空，以及由国际民航组织亚太地区航行会议协议，并经国际民航组织批准由我国提供ATC（空中交通管制）服务的，毗邻我国公海上空的全部空域以及航路结构。根据提供服务的飞行情报单位进行命名，最终由民航局通报国际民航组织亚太地区办事处进行协调并确定其代码。飞行情报区的名称、代码、范围以及其他要求的信息应当按照航行情报发布规定予以公布。

为了及时有效地对在我国飞行情报区内遇险失事的航空器进行搜寻援救，在我国境内及其附近海域上空划设了搜寻援救区。搜寻援救区的范围与飞行情报区相同。搜寻援救工作的组织与实施按照《中华人民共和国搜寻援救民用航空器规定》执行。

2. 管制区

管制空域是一个划定的空间，管制空域应当根据所划空域内的航路结构和通信、民航、气象、监视能力划分，以便对所划空域内的航空器飞行提供有效的ATC服务。

我国将管制空域分为A（高空管制区）、B（中低空管制区）、C（进近管制空域）、D（塔台管制空域）四类。A、B、C类空域的下限应当在所划空域内最低安全高度以上第一个高度层；D类空域的下限为地球表面。A、B、C、D类空域的上限，应当根据提供空中交通管制的情况确定，如无上限，应当与巡航高度层上限一致。

（1）A类空域（高空管制区） 在我国境内6600米（含）以上的空间，划分为若干个高空管制空域。在此空域内飞行的航空器必须按照仪表飞行规则飞行并接受ATC服务。

（2）B类空域（中低空管制区） 在我国境内6600米（不含）以下，最低高度层以上的空间，划分为若干个中低空管制空域。在此空域内飞行的航空器，可以按照仪表飞行规则飞行。如果符合目视飞行规则的条件，经航空器驾驶员申请，并经中低空管制室批准，也可以按照目视飞行规则飞行，并接受ATC服务。

区域管制空域包含A类和B类空域，由区域管制室提供空中交通服务。

（3）C类空域（进近管制空域） 通常是指在一个或几个机场附近的航路汇合处划设的便于进场和离场航空器飞行的管制空域。它是中低空管制空域与塔台管制空域之间的连接部分，其垂直范围通常在6000米（含）以下最低高度层以上；水平范围通常为半径50千米或走廊进出口以内的除机场塔台管制范围以外的空间。在此空域内飞的航空器，可以按照仪表飞行规则飞行；如果符合目视飞行规则的条件，经航空器驾驶员申请，经进近管制室批准，也可以按照目视飞行规则飞行，并接受ATC服务。

机场附近进场和离场航线飞行比较复杂，或者一个或几个邻近机场全年总起降架次超过36000架次，应当考虑设立终端或者进近管制区，以便为进离场飞行的航空器提供安全、高效的ATC服务。年起降超过60000架次的机场，应当分别设置进场管制席和离场管制席。

（4）D类空域（塔台管制空域） 通常包括起落航线、第一等待高度层（含）及其以下地球表面以上的空间和机场机动区。在此空域内运行的航空器，可以按照仪表飞行规则飞行。如果符合目视飞行规则条件，经航空器驾驶员申请，经塔台管制员批准，也可以按照目视飞行规则飞行，并接受ATC服务。塔台管制空域由塔台管制室提供空中交通服务。各类空域对空中交通服务和飞行的要求见表3-1。

表3-1　各类空域对空中交通服务和飞行的要求

管制空域类别	下限	上限	允许的飞行种类	接受ATC服务的航空器
A	6600米（含）	巡航高度层上限	IFR	所有
B	最低飞行高度层	6600米（不含）	IFR、VFR	所有
C	最低飞行高度层	6000米（含）	IFR、VFR	所有
D	地面	第一等待高度层（含）	IFR、VFR	所有

3. 特殊飞行区域

（1）空中禁区、空中限制区、空中危险区　空中禁区、空中限制区、空中危险区是指根据需要经批准划设的空域。飞行中的航空器应当使用机载和地面导航设备，准确掌握航空器位置，防止航空器误入空中禁区、限制区、危险区。

① 空中禁区，是指一个国家的陆地或领海上空划定的禁止航空器飞行的空域范围。分为永久性和临时性禁区两种，是在各类空域中限制等级最高的空域，用来保护关系到国家利益的重要设施或一些敏感区域。

② 空中限制区，是指一个国家的陆地或领海上空根据某些规定条件而划定的限制航空器飞行的空域范围。限制约束等级低于空中禁区，建立的原因往往是因为一些特殊活动，例如导弹试验等，不同的限制区生效时间会有所不同，有的为24小时，有的为部分时段，视具体情况而定。

③ 空中危险区，是指在规定时间内，此空域中可能存在对飞行有危险的活动而划定的空域范围。空中危险区可以在本国陆地和领海上空建立，也可在无明确主权的地区建立，其限制约束等级比空中禁区和限制区要低。

（2）其他特殊空域　特殊空域还包括空中放油区、预留区等。

① 放油区　多数情况下，如果飞机在起飞后因故障要求立即着陆，那么此时的着陆重量就会超过飞机的最大着陆重量。为了减轻飞机重量，达到安全降落的重量，就要进行空中放油。一般放油地点都选在海洋、山区、荒原的上空。

② 预留区　预留区一般分为两种：固定性空域，即参照地面相互位置不动的空域；活动性空域，即相互位置移动的空域。前者往往涉及这样一些飞行活动，如军事训练、飞行表演等，后者会涉及空中加油等。预留区外一般都会留有缓冲区，便于管制人员给其他飞机留有足够的余度。预留区随着相应活动的结束而撤销。

特殊空域运行时，应当与周边的航路和航线、空域等保有水平和垂直间距，同时在通信导航和监视方面予以保障。

4. 航路和航线

（1）航路　航路是指以走廊形式建立的管制区域或其中的一部分；为提供必要的空中交通服务、规划通道式交通流而指定的航路，称为空中交通服务航路（ATS Route）。

航路上会有用以标定ATS航路或航空器飞行航径以及为其他航行和空中交通服务目的而规定的地理位置点，这些点被称为重要点，航路各段的中心线便是从一个重要点开始，至另一个重要点结束。

在我国，航路的宽度为中心线两侧各10千米，某一航段受到限制时，可以减少宽度，但不得小于8千米。

 特别提示

什么是小微航路？

"小微航路"是"小航路"和"微航路"的统称。"小"和"微"，是相对于民航运输航空的航路来讲的。运输航路主要遍布于各城市之间，短则几百千米、长则数千千米，航路宽通常20千米、高通常6千米

以上。本文提出的"小微航路",是航线相对固定、经常反复使用的低空飞行航线,由于其长、宽、高总体上与运输航路相比,很小,甚至很微小,不在一个数量级上,故冠以"小""微"字样。通航的直升机、小型飞机、一些大型无人机等通常在小航路上,飞艇、热气球、绝大多数无人机等通常在微航路上从事飞行作业。

小微航路概念是怎么来的?

2017年8月,中航协通航分会一行应邀到京东集团进行交流,了解到京东的"干线、支线、末端"三级航空物流体系。其干线运输主要依托民航,支线运输主要靠通用航空,末端运输主要是用无人机。货物到达末端后,经派送人员送达消费者。其特点是:

所有航空运输均在上下级站点之间进行,故所有飞行航线均相对固定;通航航空器的支线运输,航程几百千米,高约千米,水平范围几千米;无人机的末端运输,航程十千米数量级,高约百米,水平范围几百米;飞行周期性强,航线反复使用。

由此得到启示:这种航线相对固定、短途或超短途、低空或超低空、限宽窄或很窄,且反复使用的飞行模式,其实就是"航路"的模式,准确说,是一种"小航路"和"微航路"的模式,可概括描述为:"京东物流+通航+无人机"="小微航路"。

资料来源:http://www.sohu.com/a/213933611_288274。

（2）航线　飞机飞行的路线称为空中交通线,简称航线,是根据空域的使用要求,在机场和机场之间或机场与航路之间以及航路与航路之间建立的航迹线。分为固定航线和临时航线。

航路与航线的主要区别在于:航路有宽度,且飞行任务繁忙,承担了主要的交通流量。航路飞行时由于飞机较多,会采用侧向偏置飞行,且不需要报告;而航线飞行则必须报告偏置。

（五）我国低空空域的划分

我国对于低空空域的划分与国际民航组织划分不同,是按照管制空域、监视空域和报告空域来进行划分的。

① 管制空域　允许VFR飞行及IFR飞行,使用前须进行飞行计划申请,空中交通管制部门必须掌握飞机飞行动态,对空域内的所有飞机提供ATC服务、飞行情报服务及告警服务,管制部门与航空器能保持连续双向地空通信。

② 监视空域　供飞行情报和告警服务,根据低空飞行用户请求和飞行安全需要提供ATC服务,管制部门与航空器能保持连续双向地空通信。

③ 报告空域　允许VFR飞行,航空用户报备飞行计划,并向空中交通管制部门通告起飞和降落时刻,自行组织实施并对安全负责,空中交通管制部门根据用户需求,提供航行情报服务,组织飞行的单位或个人与航空器保持双向地空通信畅通。

在空中禁区、空中危险区国境地带、全国重点防空目标区和重点防空目标周围一定区域上空,以及飞行密集地区、机场管制地带等区域,原则上不划设监视空域和报告空域。

各类低空空域垂直范围原则为真高1000米以下,可根据不同地区特点和实际需要,具体划设低空空域高度范围,报批后严格掌握执行。

民航局会同空军研究论证在现行航路内、高度4000米（含）以下,按监视空域管理办法为通用航空飞行提供空中交通。

三、飞行规则

（一）通用飞行规则

通用飞行规则是指各类航空器共同遵守的飞行规则。通用飞行规则是飞行的基础。

1. 保护人身和财务安全

民用航空器除经特殊允许或紧急情况不得在稠密居民区上空飞行。不允许从飞行中的航空器上投放任何可能对人员或财产造成危害的物体。但不禁止已经采取了合理的预防措施，能够避免对人员或财产造成危害的投放。

2. 避免碰撞和航行优先权

（1）避免碰撞　任何人不得驾驶航空器靠近另一架航空器达到产生碰撞危险的程度。除非特殊允许，不得到禁区飞行。

（2）航行优先权（又称"航路权"）

① 水面航行优先权。驾驶水上航空器的驾驶员在水面上运行过程中，必须与水面上的所有航空器或船舶保持一个安全距离，并为具有航行优先权的任何船舶或其他航空器让出航路。

当航空器与航空器或船舶在交叉的航道上运行时，在对方右侧的航空器或船舶具有航行优先权。

当航空器与航空器或船舶相对接近或接近于相对运行时，必须各自向右改变其航道以便保持足够的距离。

当超越前方航空器或船舶时，被超越的航空器或船舶具有航行优先权，正在超越的一方在超越过程中必须向右侧改变航道以便保持足够的距离。

在特殊情况下，当航空器与航空器或船舶接近将产生碰撞危险时，双方必须仔细观察各自的位置，根据实际情况（包括航空器或船舶自身的操纵限制）进行避让。

② 除水面运行外的航行优先权。当气象条件许可时，无论是按仪表飞行规则还是按目视飞行规则飞行，航空器驾驶员必须注意观察，以便发现并避开其他航空器。当另一架航空器拥有航行优先权时，驾驶员必须为其让出航路，并不得以危及安全的间隔在其上方、下方或前方通过。

遇险的航空器享有优先于所有其他航空器的航行优先权。

在同一高度上对头相遇，应当各自向右避让，并保持500米以上的间隔。

在同一高度上交叉相遇，驾驶员从座舱左侧看到另一架航空器时，应当下降高度；从座舱右侧看到另一架航空器时，应当上升高度；但下列情况除外：

a. 有动力装置重于空气的航空器必须给飞艇、滑翔机和气球让出航路；

b. 飞艇应当给滑翔机及气球让出航路；

c. 滑翔机应当给气球让出航路；

d. 有动力装置的航空器应当给拖曳其他航空器或物件的航空器让出航路。

从一架航空器的后方，在与该航空器对称面小于70°夹角的航线上向其接近或超越该航空器时，被超越的航空器具有航行优先权。而超越航空器无论是在上升、下降或平飞均应当向右改变航向给对方让出航路。此后二者相对位置的改变并不解除超越航空器的责任，直至完全飞越对方并有足够间隔时为止。

当两架或两架以上航空器为着陆向同一机场进近，高度较高的航空器应当给高度较低的航空器让路，但后者不能利用本规则切入另一正在进入着陆最后阶段的航空器的前方或超越该航空器。已经进入最后进近或正在着陆的航空器优先于飞行中或在地面运行的其他航空器，但是不得利用本规定强制另一架已经着陆并将脱离跑道的航空器为其让路。

一架航空器得知另一架航空器紧急着陆时，应当为其让出航路。

在机场机动区滑行的航空器应当给正在起飞或即将起飞的航空器让路。

3. 飞行前准备

在开始飞行之前，机长应当熟悉本次飞行的所有有关资料。这些资料应当包括：

① 对于仪表飞行规则（instrument flight rules，IFR）飞行或离开机场区域的飞行，起飞机场和目的地机场天气报告和预报，燃油要求，不能按预定计划完成飞行时的可用备降机场，以及可用的航行通告资料和空中交通管制部门的有关空中交通延误的通知。

② 对于所有飞行，所用机场的跑道长度以及下列有关起飞与着陆距离的资料：

a. 要求携带经批准的飞机或旋翼机飞行手册的航空器，飞行手册中包括的起飞和着陆距离资料；

b. 其他民用航空器根据所用机场的标高、跑道坡度、航空器全重、风和温度条件可得出有关航空器性能的可靠资料。

4. 滑行的一般规定

航空器不得在机场的活动区滑行，除非操作人员。

① 已由航空器所有人，或者如果航空器是租用的则由承租人或指定机构正式授权。

② 对滑行航空器完全胜任。

③ 需要无线电通信时，有资格使用无线电通话设备。

④ 曾接受过合格人员关于机场布局以及根据适当情况，有关路线、符号、标志、灯光、ATC（空中交通管制）信号与指令、术语及程序等情况的培训并能够遵守机场航空器安全活动所需的运行标准。

5. 航空器速度

① 除经局方批准外，航空器驾驶员不得在修正海平面气压高度3000米（约10000英尺）以下以大于460千米/小时的指示空速运行航空器。

② 除经空中交通管制批准外，在距机场中心7.5千米（约4海里）范围内，离地高度750米（约2500英尺）以下不得以大于370千米/小时（约200海里/小时）的指示空速运行航空器。

③ 如果航空器的最小安全空速大于上述最大速度，该航空器可以按最小安全空速飞行。

6. 最低安全高度

除航空器起飞或着陆需要外，任何人不得在低于以下高度上运行航空器：

① 在任何地方应当保持一个合适的高度，在这个高度上，当航空器动力装置失效应急着陆时，不会对地面人员或财产造成危害。

② 在人口稠密区、集镇或居住区的上空或者任何露天公众集会上空，航空器的高度不得低于在其600米（约2000英尺）水平半径范围内的最高障碍物以上300米（约1000英尺）。

③ 在人口稠密区以外地区的上空，航空器不得低于离地高度150米（约500英尺）。但是，在开阔水面或人口稀少区的上空不受上述限制，在这些情况下，航空器不得接近任何人员、船舶、车辆或建筑物至150米（约500英尺）以内。

④ 在对地面人员或财产不造成危险的情况下，直升机可在低于②、③中的高度上运行。此外，直升机还应当遵守局方为直升机专门规定的航线或高度。

7. 空中交通管制许可和指令的遵循

① 当航空器驾驶员已得到空中交通管制许可时，除在紧急情况下或为了对空中交通警戒与防撞系统的警告做出反应外，不得偏离该许可。如果驾驶员没有听清空中交通管制许可，应当立即要求空中交通管制员予以澄清。

② 除紧急情况外，任何人不得在实施空中交通管制的区域内违反空中交通管制的指令驾驶航空器。

③ 每个机长在紧急情况下或为了对空中交通警戒与防撞系统的警告做出反应而偏离空中管制许可或指令时，必须尽快将偏离情况和采取的行动通知空中交通管制部门。

④ 被空中交通管制部门给予紧急情况优先权的机长，在局方要求时，必须在48小时内提交一份该次紧急情况运行的详细报告。

⑤ 除空中交通管制另有许可外，航空器驾驶员不得按照雷达管制员向另一架航空器驾驶员发出的许可和指令驾驶航空器。

7分钟6次拒绝避让指令　吉祥航空涉嫌违规

2014年8月13日，上海浦东机场因雷雨造成20架飞机盘旋等待。卡塔尔航空公司多哈至浦东的 QR888 航班在等待过程中机组报告油量紧张，申请备降虹桥机场，并在备降途中申请优先着陆，管制员随即启动优先落地程序，按空中流量情况对 QR888 航班进行了优先安排。QR888 航班机组接着报告仅有 5 分钟的续航能力（意指离剩下最后 30 分钟燃油还有 5 分钟），管制员立即要求空域中相关的航班进行避让。已建立航道的南航 CZ3525 航班立即做出了避让，而正在建立航道的吉祥航空 HO1112 航班称油量紧张拒绝执行管制员指令。在 QR888 航班机组发出遇险（MAYDAY）呼叫、称油量不足再次请求优先着陆后，管制员启动紧急状态下优先落地程序，再次向 HO1112 航班发出避让指令，该机组仍拒绝执行指令。在整个事件中，管制员在 7 分钟时间内 6 次指令 HO1112 航班避让，但该机组均拒绝执行，迫使管制员采取其他措施指挥 QR888 航班安全落地。

资料来源：http://shizheng.xilu.com/20140104/100015000050 5350.html。

8. 其他

① 未经允许，任何人不得驾驶航空器进行编队飞行。

② 任何人不得驾驶载客的航空器进行编队飞行。

（二）航空器在通用机场空域内的运行规则

除非机场另有规定或指令，航空器驾驶员应当采取左转弯加入机场起落航线，并避开前方航空器的尾流。

除经空中交通管制同意外，航空器在设有管制塔台的机场起飞、着陆或飞越时，应当与机场管制塔台建立双向无线电通信联系。在通信失效的情况下，只要气象条件符合基本目视飞行规则的最低天气标准，机长应当驾驶航空器尽快着陆。如果无线电失效发生在仪表飞行规则条件下，并且不符合目视飞行条件，航空器驾驶员应当根据以下规定继续飞行：

（1）按照下列规定确定飞行航线

① 按照最后接到的空中交通管制许可所指定的航线继续飞行。

② 如果航空器正在被雷达引导，从无线电失效点直接飞向雷达引导指令所指定的定位点、航线或航路。

③ 在没有指定航线时，按照空中交通管制曾告知在后续指令中可能同意的航线飞行。

④ 如果不能按照上述航线飞行时，则按照飞行计划所申请的航线飞行。

（2）按照下列高度或高度层中最高者飞行

① 无线电失效前最后一次空中交通管制许可中所指定的高度或飞行高度层。

② 仪表飞行规则运行的最低高度或高度层。

③ 空中交通管制曾告知在后续指令中可能同意的高度或高度层。

（3）离开空中交通管制许可界限

① 在空中交通管制许可界限是起始进近定位点的情况下，航空器驾驶员如果已收到空中交通管制给出的发布下一许可的时刻，应当在接近此时刻时开始下降或下降和进近；如果未曾收到发布下一许可的时刻，则尽可能按照提交的飞行计划所计算出的预计到达时刻或（与空中交通管制一起）修正的航路预计到达时刻下降或下降和进近。

② 许可界限不是起始进近定位点的情况下，航空器驾驶员如果已收到过空中交通管制给出的预计发布下一许可的时刻，应当在此时刻离开许可界限。如果未曾收到过发布下一许可的时刻，应当在到达该许可界限上空时继续飞向起始进近定位点，并尽可能按照提交的飞行计划所计算出的预计到达时刻或（与空中交通管制一起）修正的航路预计到达时刻开始下降或下降和进近。

（三）农林喷洒作业的飞行许可与限制

在实施喷洒作业时，应当采取适当措施避免喷洒的物体对地面的人员和财产安全造成伤害。

1. 私用农林喷洒作业飞行的限制

① 私用农林喷洒作业不得在人口稠密区上空作业实施。

② 除非得到允许，否则不得在其他人员或单位拥有、支配或管理的财产或土地上空作业。

2. 偏离机场起落航线的飞行

对于农林作业飞行的航空器，机长在取得管制塔台同意后，可以偏离该机场正常起落航线进行起飞和着陆，但是应当避让该机场正常飞行的航空器。

3. 在非人口稠密区实施超低空作业的飞行规则

在非人口稠密区实施超低空农林作业飞行时，当航空器机长确认作业飞行不会对地面人员和财产造成危害时，可以驾驶航空器进行低于离地高度150米，或接近人员、船只、车辆和建筑物少于150米的飞行。

4. 在人口稠密区实施超低空作业的飞行规则

（1）飞行许可　航空器以农林作业所需的飞行高度在人口稠密区上空进行超低空农林作业飞行，不仅应对地面人员和财产的安全采取足够的保护措施，而且应当符合下列要求：

① 应当取得作业飞行区域的政府部门的书面批准。

② 通过有效的方式，如报纸、电视或电台等，向公众发出作业飞行通知。

③ 应当向对作业区域有管辖权的地方飞行标准机构递交完整的作业飞行计划并获得批准。该计划应当包括障碍物对飞行的影响、航空器紧急降落能力和与空中交通管制的协调等方面内容。

（2）单发航空器的飞行限制

① 除直升机外，任何人不得在人口稠密区上空做载重起飞和拉升转弯。

② 除实际喷洒作业（包括进入和离开作业区）需要外，在人口稠密区上空不得低于在其600米（约2000英尺）水平半径范围内的最高障碍物以上300米（约1000英尺）飞行高度飞行。

③ 在人口稠密区上空作业飞行（包括进入和离开作业区）时应当保持适当的航迹和高度，使航空器在应急着陆时不会危及地面人员和财产安全。

（3）多发航空器的飞行限制

① 在人口稠密地区驾驶多发飞机起飞时应当符合下述条件，在该条件下，当飞机以所有发动机工作在正常起飞功率起飞时，从起飞开始到某一时刻的任何一点，都能使飞机在跑道的有效长度之内完全停止，如加速-停止距离数据所证明。上述某一时刻是指飞机到达105%的一台关键发动机停车最小操纵速度，或者115%的起飞形态无动力失速速度，两者中较大者的那一时刻。为满足上述要求，起飞数据可以基于静风条件，并且在跑道上坡坡度小于1%（含）时，可以不作修正。此处跑道坡度是指跑道两端标高的差值除以跑道总长度所得的值。当跑道上坡坡度超过1%时，跑道的有效长度应当按每1%的上坡坡度减少20%计算。

② 在人口稠密地区驾驶多发飞机起飞时的重量不得大于下述重量，在该重量下，当一台关键发动机失效时，在高于作业地区最高地面或最高障碍物之上至少300米（约1000英尺），或修正海平面气压高度1500米（约5000英尺），两者中取大值，还能以至少0.254米/秒（约50英尺/分钟）的上升率上升。在进行上述计算时，可以假定失效发动机的螺旋桨处于最小阻力位置，襟翼和起落架处在最有利位置，失效之外的其他发动机以可用的最大连续功率工作。

③ 除进行实际喷洒作业（包括拉升转弯、进入和离开作业区）的需要外，任何人不得操作多发航空器在人口稠密地区上空以低于在其600米（约2000英尺）水平半径范围内的最高障碍物以上300米（约1000英尺）的高度飞行。

（四）超轻型航空器的飞行许可与限制

超轻型航空器是指由单人驾驶、仅用于娱乐或体育活动、不需要任何适航证的航空器。对于无动力驱动的，空机质量小于71千克（约155磅）。有动力驱动的，除在遇险时使用的飘浮和安全器械外，空机质量小于116千克（约254磅）；燃油容量不超过20升（约5美制加仑）；全马力平飞中，校正空速小于100千米/小时（约55海里/小时）；发动机停车后的失速速度不超过校正空速45千米/小时（约24海里/小时）。

1. 超轻型航空器运行时间限制

① 除非装有工作良好的防撞灯，超轻型航空器只允许在日出至日落之间的时间内运行。

② 如果超轻型航空器装有工作良好的防撞灯，且至少在5千米可见，仍可在公布的日出时间前30分钟和公布的日落时间后30分钟的黎明和黄昏运行该航空器。

2. 超轻型航空器运行空间许可与限制

① 任何人不得在城市、集镇、居民区的人口稠密区或任何露天人群集会上空运行超轻型航空器。

② 在管制空域内运行超轻型航空器，需经空中交通管制事先批准。

③ 在空中危险区、禁区或限制区内运行超轻型航空器，需经使用或控制空中危险区、禁区或限制区机构的批准。

④ 在不能看清地面目视参考的情况下，任何人不得运行超轻型航空器。

⑤ 任何人不得在飞行能见度或距云距离小于基本目视飞行规则最低天气标准时运行超轻型航空器。

3. 在其他航空器附近的运行限制

① 运行超轻型航空器的人员应当保持警觉，观察并避开其他航空器，并且将航行优先权让给所有航空器。

② 任何人不得以可能对其他航空器产生碰撞危险的方式运行超轻型航空器。

③ 有动力的超轻型航空器应当将航行优先权让给无动力的超轻型航空器。

第二节
飞行计划与空中交通服务

能力培养

1. 正确理解飞行计划及其构成。
2. 掌握通用航空飞行计划及其申请。
3. 熟悉空中交通服务内容。

2014年4月8日10时左右，四川北川经济开发区一家生产通用飞机的企业，聘用一名外籍试飞员驾驶一架由该企业生产的两人座飞机进行试飞。在试飞调试过程中，外籍飞行员发现飞机油料不足，便违规降落在公路上，并在附近一家加油站加完油后，飞回该企业。按照现行低空空域管理的相关规定，此次飞机的起降行为已涉嫌违规。事件发生后，成都军区空军、民航西南地区管理局、民航四川监管局立即会同绵阳市政府有关部门组成联合调查组，通过现场查看、质询当事飞行员、召开现场调查会，对此次违法飞行进行了详细核查。

经查，该公司目前尚未取得飞机生产许可证、飞机型号认可证，当事飞机尚未取得适航证、国籍登记证、无线电执照，当事飞行员无中国民航飞行员驾驶执照，此次飞行未办理任何飞行任务审批手续，未申报飞行计划，属于典型的擅自生产、擅自飞行的违法行为，已违反我国《民用航空法》《飞行基本规则》《通用航空飞行管制条例》等法律法规。民航西南地区管理局已就此事件作出处理决定，责令该公司立即停止飞行、停止生产组装，并处以50万元罚款；对当事飞行员陈某处以10万元罚款。

资料来源：http://news.carnoc.com/list/282/282582.htm。

1. 该公司如果要合法合规试飞，需要怎样办理飞行任务审批手续？
2. 通用航空飞行计划包含哪些内容？

一、飞行计划

（一）飞行计划及其基本构成

1. 飞行计划概念

飞行计划是指向空中交通服务单位提供的关于航空器一次或部分预定飞行按规定格式填写的资料。飞行计划是用于计划飞行、飞行管制及导航目的的书面文件或电子数据文件。根据飞行类型的不同，分为目视飞行计划和仪表飞行计划。按仪表飞行计划规则运行的航空器，应当按空中交通管制部门的要求提交飞行计划的申请，并获得相应的空中交通管制许可。

2. 飞行计划的基本构成

飞行计划是根据飞机性能、运行限制、计划航路与预计着陆机场条件，为安全组织及实施飞行而制订的，主要包括航班号、航段、飞行类型、注册号、计划航路、计划高度、备降机场及航程所需燃油量等。一个飞行计划基本部分包括：

①起始机场和目的机场。

②航路点，包括伏尔导航点、无线电罗盘导航点、机场参考导航点、航线中导航点、终端导航点、跑道导航点、飞行员自定义导航点。

③标准出发、标准到达、进近、目视进近。

④航路。

⑤飞行高度和油量。

⑥初始机场位置。

（二）目视飞行计划

1. 制订目视飞行计划的基本条件

本场空域符合目视气象条件时，可以在本场按目视飞行规则飞行；当前气象报告或当前气象报告和气象预报的组合表明，本场、航路和目的地的天气符合目视气象条件，可以按照目视飞行规则进行航路飞行。

2. 目视飞行计划的内容

目视飞行计划的内容包括：

①航空器国籍登记号和无线电呼号。

②该航空器的型号，或者如编队飞行，每架航空器的型号及编队的航空器数量。

③机长的姓名和地址，或者如编队飞行，编队指挥员的姓名和地址。

④起飞地点和预计起飞时间。

⑤计划的航线、巡航高度（或飞行高度层）以及在该高度的航空器真空速。

⑥第一个预定着陆地点和预计飞抵该点上空的时间。

⑦装载的燃油量（以时间计）。

⑧机组和搭载航空器的人数。

⑨局方和空中交通管制要求的其他任何资料。

（三）仪表飞行计划

1. 仪表飞行计划的基本内容

除经空中交通管制部门同意外，仪表飞行规则飞行计划应当包括下列内容：

①航空器国籍登记号和无线电呼号（如需要）。

②该航空器的型号，或者如编队飞行，每架航空器的型号及编队的航空器数量。

③机长的姓名和地址，或者如编队飞行，编队指挥员的姓名和地址。

④起飞地点和预计起飞时间。

⑤计划的航线、巡航高度（或飞行高度层）以及在该高度的航空器真空速。

⑥第一个预定着陆地点和预计飞抵该点上空的时间。

⑦装载的燃油量（以时间计）。

⑧机组和搭载航空器的人数。

⑨局方和空中交通管制要求的其他任何资料。

⑩备降场。

2. 与目视飞行计划的差异

对比目视飞行规则飞行计划的内容，可以发现仪表飞行计划与其存在下述两点差异：

（1）燃油要求　航空器驾驶员在仪表飞行规则条件下开始飞行前，必须充分考虑风和预报的气象条件，在航空器上装载足够的燃油，这些燃油能够：① 飞到目的地机场着陆；② 若需要备降机场，还需能从目的地机场飞到备降机场着陆；③ 在完成上述飞行之后，对于飞机，还能以正常巡航速度飞行45分钟，对于直升机，备降起降点上空450米（约1500英尺）高度以等待速度飞行30分钟，并且加上附加燃油量，以便在发生意外情况时足以应付油耗的增加；④ 当没有适合的备降机场时，飞至本次飞行所计划的起降点然后以等待速度飞行2小时。

（2）备降场要求　飞机可以不选用备降机场的条件为：① 预计着陆的目的地机场具有局方公布的标准仪表进近程序；② 天气实况报告、预报或两者组合表明，在飞机预计到达目的地机场时刻前后至少1小时的时间段内，云高高于机场标高600米，能见度至少5千米。

直升机不选用备降机场的条件为：① 云高高于机场标高300米或高于适用的进近最低标准之上120米（以高者为准），能见度3千米或高于程序规定的最低标准1500米（以高者为准）；② 预定着陆起降点地处孤立，无适当的目的地备降机场；该孤立的预定着陆起降点规定有仪表进近程序；当目的地为近海起降点时，确定了一个不能返航点。

（四）通用航空飞行计划及其申请

从事通用航空飞行活动的单位、个人实施飞行前，应当向当地飞行管制部门提出飞行计划申请，按照批准权限，经批准后方可实施。

1. 飞行计划的内容

通用航空飞行计划应当包括下列内容：

① 飞行单位。

② 飞行任务性质。

③ 机长（飞行员）姓名、代号（呼号）和空勤组人数。

④ 航空器型别和架数。

⑤ 通信联络方法和二次雷达应答机代码。

⑥ 起飞、降落机场和备降场。

⑦ 预计飞行开始、结束时间。

⑧ 飞行气象条件。

⑨ 航线、飞行高度和飞行范围。

⑩ 其他特殊保障需求。

某通航公司（即通用航空公司）飞行计划样例如图3-2所示。

当出现如下情况时，从事通用航空飞行活动的单位、个人必须在提出飞行计划申请时，提交有效的任务批准文件：

① 飞出或者飞入我国领空（公务飞行除外）。

② 进入空中禁区或者国（边）界线至我方一侧10千米之间地带上空。

③ 在我国境内进行航空物探或者航空摄影活动。

④ 超出领海（海岸）线。

××××通用航空有限公司

签发人：×××　　　　　　　飞来音通航字【×××××】

关于在×××周边进行演示飞行/航拍/农林喷酒的空域申请请示

××××航管处：

我公司计划于2016年01月20日至2016年05月30日在×××周边进行演示飞行，现将计划申报如下：

一、飞行单位。
××××通用航空有限公司。

二、飞行任务性质
演示飞行/航拍/农林喷酒。

三、机长姓名和机组人数
机长：×××；
人数：10人。

四、航空器型号、架数
罗宾逊R44II直升机一架，机号：B-7539。

五、预计作业时间
自2016年01月20日至05月30日，每周周六、周日飞行活动时间为：上午8时至12时、下午16时至18时。

六、飞行气象
目视能见飞行。

七、作业飞行高度和飞行范围
飞行高度：真高100米以下。
飞行范围：以欢乐堡停车场中心（N35°02′55.62″　E118°24′26.51″）半径5千米范围内。

八、飞行保障及其他
1. 我公司自备直升机运输平台车、加油车、指挥电台，负责作业和起飞指挥。安全工作由我公司自行负责。
2. 飞行计划由我公司专人负责。飞行前一天向管制部门申报飞行计划，做好各相关单位协调工作，在直升机预计起飞前1小时提出申请，得到批复后执行，并及时通报起飞、着陆时刻及动态。当否，请批示。

××××通用航空有限公司
2015年12月25日

主题词：××××航管处　　演示飞行　请示
××××通用航空有限公司
联系人：×××　联系电话：×××××××××××　传真：0531-××××

图3-2　某通航公司飞行计划样例

⑤外国航空器或者外国人使用我国航空器在我国境内进行通用航空飞行活动等情况时。

2. 飞行计划的审批

使用机场飞行空域、航路、航线进行通用航空飞行活动，其飞行计划申请由当地飞行管制部门批准或者由当地飞行管制部门报经上级飞行管制部门批准。使用临时飞行空域、临时航线进行通用航空飞行活动，其飞行计划申请按照下列规定的权限批准：

①在机场区域内的，由负责该机场飞行管制的部门批准。
②超出机场区域在飞行管制分区内的，由负责该分区飞行管制的部门批准。
③超出飞行管制分区在飞行管制区内的，由负责该区域飞行管制的部门批准。
④超出飞行管制区的，由中国人民解放军空军批准。

飞行计划申请应当在拟飞行前一天15时前提出；飞行管制部门应当在拟飞行前一天21时前作出批准或者不予批准的决定，并通知申请人。

执行紧急救护、抢险救灾、人工影响天气或者其他紧急任务的，可以提出临时飞行计划申请。临时飞行计划申请最迟应当在拟飞行1小时前提出；飞行管制部门应当在拟起飞时刻15分钟前作出批准或者不予批准的决定，并通知申请人。

使用临时航线转场飞行的，其飞行计划申请应当在拟飞行两天前向当地飞行管制部门提出；飞行管制部门应当在拟飞行前一天18时前作出批准或者不予批准的决定，并通知申请人，同时按照规定通报有关单位。

3. 飞行计划时效

在划设的临时飞行空域内实施通用航空飞行活动的，可以在申请划设临时飞行空域时一并提出15天以内的短期飞行计划申请，不再逐日申请；但是每日飞行开始前和结束后，应当及时报告飞行管制部门。飞行管制部门对违反飞行管制规定的航空器，可以根据情况责令其改正或者停止其飞行。

二、空中交通服务

空中交通服务是指为飞行中的航空器提供各种信息和交通管制等方面的技术支持。空中交通服务一般由空中交通管制单位提供，主要包括空中交通管制服务（air traffic control，ATC）、航行情报服务（aeronautical information service，AIS）和告警服务（alarm service，AS）。

（一）空中交通管制服务

空中交通管制就是利用通信、导航技术和监控等专业手段对飞机飞行活动进行监视、控制与指挥，从而保证飞机飞行安全和使飞机按照一定线路秩序飞行。空中交通管制服务是空中交通服务的主要部分，其目的是防止航空器与航空器及障碍物相撞，并且要使空中交通有序高效地运行，主要包括：在航路上的区域管制服务；在飞机离场或到场时的进近管制服务；在机场空域内的机场管制服务。

空中交通管制方法有程序管制和雷达管制（见图3-3）两种。

1. 空中交通管制服务的内容

① 为航空器提供其他航空器的即时信息和动态信息（将要运动的方向和变化）。

② 由航空器的即时信息确定各航空器之间的相对位置。

③ 发出管制许可，使用许可和信息防止航空器相撞，保障空中交通畅通。

④ 用管制许可来保证在控制区域内各航空器的间隔，从而保障飞行安全。

⑤ 从航空器的运动和发出许可的记录来分析空中交通状况，从而对管制方法和间隔的使用进行改进，使空中交通的流量提高。

图3-3　雷达管制

2. 机场管制服务

机场管制服务是指在机场塔台管制区内提供的空中交通管制服务。机场塔台管制区是指机场起落航线和最后进近定位点之后的航段以及第一个等待高度层（含）以下至地球表面的空间和机场机动区。机场塔台管制区内运行的航空器，可以按照仪表飞行规则飞行，并接受空中交通管制服务；对于符合目视气象条件的，经飞行员申请，并经塔台管制室批准，也可以按照目视飞行规则飞行，并接受空中交通管制服务。

机场管制服务内容主要包括监视和控制航空器在机场塔台管制区的空中飞行、航空器的起飞和降落、航空器在机坪上的运动等活动。在繁忙机场，航空器地面活动由机场现场指挥中心提供服务，跑道和空中部分由机场管制塔台提供管制服务；在不太繁忙的机场，机场管制塔台既负责航空器的地面运动，又负责跑道和空中运动。

3. 终端（进近）管制服务

终端（进近）管制服务是针对按仪表飞行规则飞行的航空器的起飞后进入航路和着陆前由航路到机场管制区的管制服务。机场附近进场和离场航线飞行比较复杂，或者一个或几个邻近机场全年总起降架次超过36000架次，可设立终端或者进近管制区，以便为进场、离场飞行的航空器提供安全、高效的空中交通管制服务。

通常情况下，在终端管制区内同时为2个或者2个以上机场的进场和离场飞行提供进近管制服务，在进近管制区内仅为一个机场的进场和离场飞行提供进近管制服务。

（二）航行情报服务

1. 航行情报与航行情报服务

航行情报是指收集整理、审校编辑和出版发布为保障航空器飞行安全和正常所需的各种航行资料。航行情报服务是指为所有飞行运行、飞行机组及负责飞行情报服务、空中交通服务的单位提供有关空中航行的安全、正常和效率所必需的情报和资料的服务。

航行情报服务的主要内容包括：

① 出版航行资料汇编。

② 编绘出版各种航图。

③ 收集、校核和发布航行通告。

④ 向机组提供飞行前和飞行后航行资料服务。

⑤ 向飞行中的机组提供飞行情报服务。

2. 航行情报服务部门

航行情报服务部门是一个完整的系统，和空中交通管制部门协同。在我国，各机场有航行情报服务人员或航行情报室，各大航行情报区都设有航行情报服务中心，定期或连续地向外发布航行情报，民航局设有全国性的情报中心。在北美，有专门为通用航空器运行提供航行情报的飞行服务站（flight service station，FSS）。

整个航行情报服务系统保证驾驶员在飞行情报区覆盖范围内任何一点都可以通过电信或互联网得到需要的航行情报。航行情报服务系统不控制空中交通，而是把各航行情报站和航行情报中心联系在一起，形成一个提供信息的网络，将各种信息提供给管制员和驾驶员。

（三）告警服务

告警服务旨在当民用航空器需要搜寻救援时，通知有关部门，并要求协助该有关部门进行搜寻救援。告警服务不是一项孤立的空中交通服务，也不是某一专门机构的业务，而是当紧急状况如发动机故障、无线通信系统失效、座舱失压等出现或遭遇空中非法劫持时，由当事管制单位直接提供的一项服务。

西南空管局编写通航目视飞行机场信息采集规范

随着改革的深化、政策的支持、民航的发展，通用航空迎来了发展的机遇期。通用航空产业在我国起步晚、发展快，通用航空机场存在基础数据零散、精度标准不统一等诸多问题。西南空管局飞行服务中心在2017年11月赴驼峰通用航空洛带机场调研收集原始数据时，就意识到情报部门在通用机场数据规范和技术支持方面有较大滞后和不足。在这种局面下，一部面向全国通用航空机场的目视飞行机场信息采集规范，成为后续业务开展和系统建设的迫切需求。

2017年12月，西南空管局飞服中心应民航局空管局情报中心要求，承接编写通用航空目视飞行机场信息采集规范工作。飞服中心航行资料室牵头承担具体的业务展开。无前路经验可寻，几乎所有的工作都是从零开始，规范的每一条、每一项在编写的时候，都需要查阅大量情报相关资料；每一个数据都需要群策群力的讨论，并结合实际飞行运行需求敲定；表格模板为了更加简洁精炼，更有利于将来通用航空用户使用，修改重做数次。这项工作也得到了民航局空管局情报中心的高度重视和全力支持，情报中心在规范编写的各个阶段都给予了专业指导和修改意见。

2018年1月，在北京举行的通用航空原始数据收集、处理和发布系统项目工作组第一次研讨工作会上，情报中心领导高度认可了采集规范的初稿，激励飞服中心将后续工作精益求精，圆满完成任务。

资料来源：http://news.ifeng.com/a/20180206/55817460_0.shtml。

第三节
低空空域的管理与使用

能力培养

1. 了解我国低空空域需求与发展。
2. 熟悉我国低空空域问题及改革探索成果。
3. 理解并掌握我国低空空域运行保障体系。

低空空域开放何时才能实现?

近几年来,只要是低空空域管制改革有点风吹草动,都会招来无数次的评论,动辄就贯之以"通航发展的春天已经来临"。可是,事实并非如此,通航只是不温不火地向前发展着。

没办法,通航是靠天吃饭的行业。这里的"天",一方面是指天气,另一方面,是指我们头顶上的那块天空——低空空域。低空空域通常是指真高1000米(含)以下的空间范围,是通航飞行作业的主要活动区域。像国土资源、海洋资源一样,空域也是资源,蕴藏着极大的经济、国防和社会价值。在过去,低空空域主要是军航的活动空间,随着国内通航产业的不断发展,通航对低空空域的使用需求也日益提高。由于同一空域在单位时间内对航空器的容量有限,因空域使用问题带来的矛盾和冲突也随之增多。低空空域也逐渐成为通航发展的瓶颈之一。

为促进国内通航产业健康快速有序发展,积极推动空域集约化管理使用,2010年8月,国务院、中央军委颁发了《关于深化我国低空空域管理改革的意见》,拉开了低空空域管理改革的大幕;2013年11月,总参谋部、民航局下发《通用航空飞行任务审批与管理规定》,在通航飞行任务审批方面算是迈出了一大步;2014年7月,《低空空域使用管理规定(试行)(征求意见稿)》出台,开始征求社会意见。在低空空域管理改革的试点、推广阶段(2010~2015年),尽管在国家管理层面出台了上述不少的利好政策,但对通航企业来说,却感觉不到大的变化。按原民航局李家祥局长的话说,就是"想飞起不来、想飞管得严"的问题还没有得到根本的解决。

资料来源:http://www.cannews.com.cn/2015/1022/137443.shtml(有改写)。

1. 我国低空空域改革至今存在哪些问题?
2. 我国低空空域改革做出了哪些努力?成效如何?

一、低空空域需求与发展

(一)低空空域飞行活动现状

低空空域为通用航空的作业区,不管工业飞行、农业飞行、空中旅游等,都运行于低空空域，低空空域的开放将对通用航空的发展起到很大的促进作用。低空空域的开放可以促成通用航空产业链的形成，从传统的农林服务、抢险救灾、航拍业务向多元化业务发展，如提供空中游览观光、培养飞行员、教学飞行、飞行表演、空中跳伞等可持续发展项目。

随着我国经济的快速发展，低空空域飞行活动的需求越来越大，开展飞行活动的项目越来越多样，涉及经济社会生活的各个方面；覆盖范围较多，依据不同飞行项目覆盖不同区域；使用的航空器包含固定翼飞机、直升机和轻型航空器。低空空域飞行活动汇总见表3-2。

表3-2 低空空域飞行活动汇总表

需求主体	飞行项目	覆盖范围	使用航空器
通用航空	农、林、渔业（飞播、护林灭火、农林化、植草）	山区、林区和大面积耕种的农场地区	固定翼；直升机
	工业（石油、物探、航空摄影、电力、管道巡视、建筑、遥感测绘、科学试验、人工影响天气）	覆盖范围内低空空域，包括城市上空	固定翼；直升机
	教育训练	适合飞行训练的通用机场	固定翼；直升机
	旅游观光	适合飞行的旅游景点	以直升机为主，兼有动力伞、三角翼
	航空俱乐部体验飞行	通用机场上空	以直升机为主，兼有固定翼、动力伞、三角翼
	应急救援飞行	不确定区域（城市、山区、高原、海上）	以直升机为主，还有固定翼、动力伞
	航空爱好者的个人飞行	不确定区域（城市、山区、高原、海上）	以直升机为主，还有固定翼、动力伞
	体育飞行运动项目	可开展体育飞行的地区	动力伞、三角翼、滑翔机、热气球
警用航空	治安巡逻、抓捕任务	主要城市上空	以直升机为主
军队训练	部队日常训练	部队机场上空	固定翼；直升机

可以看出，通用航空是低空空域的主要使用者，其飞行活动具有使用的空域随意性大，飞行作业项目多样化，使用机型较多，飞行时间不确定等基本特征。截至2015年年底，全行业完成通用航空作业飞行73.2万小时。各类飞行使用的空域时间分别表现为：工业、飞行训练和其他飞行不分季节，只要天气允许就可飞行；农林业飞行季节性强，主要集中在4~10月；应急救援是全天候飞行，有时也在恶劣的气象条件下飞行。

2011年，中国国家空域技术重点实验室公布的研究报告表明，中国目前实际可用空域面积为998.50万平方千米。其中，民航日常使用空域面积319.53万平方千米，占32%；军航日常使用空域面积234.72万平方千米，占23.51%。此外，临时航线占用空域面积约为54.97万平方千米，占5.51%。还有部分空域未被有效利用，主要集中在我国西部人烟稀少地区。

通用航空活动的高度范围比较广泛，一般集中在相对高度3000米以下的低空空域，尤其是相对高度600米以下的低空空域占绝大多数。例如，我国农林类航空作业飞行高度一般在相对高度15～300米；航空摄影、物探、遥感等飞行主要在标准气压高度3000～7000米，有时也达到9000米；航空运动、训练及旅游观光飞行一般在高度1500米以下；跳伞飞行通常在2400米以下；广告飞行一般在相对高度3000米以下。

长期以来，我国实行严格的空域管理体制，低空空域不开放已经成为制约我国通用航空产业发展的瓶颈。通用航空公司飞行作业点多面广、任务流动分散、单机作业等行业特点迫切希望得到各方面的关注。根据现在的管理措施，运行中每个环节都要经过民航局和空军的双重审批，空域管制又捆住了通用航空的手脚，这些已然成为通用航空发展滞后的重要原因。天空开放是通用航空大发展的前提。空域使用要最大化，限制要最小化，是航空发达国家所遵循的一条空域开发和使用的原则，也应成为我国空域管理和使用的目标。

若未来全面推开低空空域管理改革，将加速推进通用航空产业发展，通用航空基础设施如通用机场、地面飞行服务站、空管系统等有望迎来建设热潮，并带动通用航空制造、运营、维修、培训等各环节发展，相关产业链公司也有望直接受益。

（二）低空空域飞行活动发展趋势

1. 通用航空经常性作业项目缺口巨大

通用航空作业具备机动灵活、快速高效的特点，在社会公共服务领域中有着地面机械和人工作业无法比拟的优越性和不可替代的作用。随着我国经济的发展，低空空域飞行活动日益增加，通用航空市场对各项飞行作业的需求极大，而目前通用航空的供给情况却与巨大需求极不匹配，有很大缺口。

例如，我国是一个农业大国，农业是经济发展、社会安定和国家自立的基础。农业航空的快速发展对加快我国农业现代化具有举足轻重的作用。然而，在农业作业领域也应该看到存在巨大的缺口。截至2009年，我国拥有20.89亿亩农田，每年使用飞机进行农业作业仅有4000多万亩，其中进行病虫害防治面积1000多万亩，小麦叶面施肥2000多万亩。仅有农业飞机不足200架，可执行任务的飞机为72.8%，在我国耕地中采用飞机作业的仅占耕地面积的2.6%，而美国、俄罗斯等国则高达40%~50%。

中华人民共和国成立初期，我国通用航空作业的主要领域就是农药喷洒、空中播种、空中施肥、飞播造林、森林防护等农林领域，但自2010年以来，我国通用航空农林业作业飞行小时数复合增长率为6.6%，处于低速增长状态。以2012年为例，通用航空农林化飞行主要集中于黑龙江（11394小时）、山东（2648小时）、青海（1286小时），我国东南部、南部和西南地区的农林作业较少。航空护林作业主要分布于黑龙江（2571小时）、内蒙古（1750小时）、新疆（1206小时）等地区。从市场份额来看，农林化飞行作业主要分布于12家通用航空企业，其中大部分企业位于东北地区；航空护林作业分布于23家企业，其中作业量最大的为新疆通用航空有限责任公司（1233小时，13.4%）。2013年，我国通用航空农业作业完成3.41万小时，比上年增长7.0%，占全年通用航空飞行小时数的6.0%。尽管通用航空农林作业飞行已经发展了近60年，但规模一直很小，增长缓慢。农林作业受到地域的限制，区域性非常突出。比如2013年，北大荒通用航空公司农业作业飞行6600小时，东北通用航空公司2500小时，新疆通用航空有限责任公司3000小时，三家公司占全国农业作业飞行的36%。

2. 通用航空服务于社会应急救援和公益飞行能力严重不足

随着科学技术的发展，抢险救援工作在西方已有半个世纪的时间，成为继银行、邮电、保险之后的第四大产业。为了适应这一形势的变化，将中国的抢险救援工作发展成为科技产业，已经成为社会发展的必然趋势。

2008年1月，中国华东、华南及西南地区遭受了50年一遇的特大暴风雪灾。此次雪灾强度大，波及范围广，损失惨重，有21个省7786万人不同程度受灾。南北交通大动脉京广线中断达5天之久。大量的乡村公路无法通行。供电系统破坏严重，最多时有17个省停电。雪灾还造成通信中断，直接经济损失达5690多万元。鉴于通用航空器机动灵活的运行特点，特别是直升机能够垂直起降，具有其他交通工具无法比拟的优势，2月2日13时，空军某部派出6架直升机分赴四川宜宾长宁县地震灾区和达州万源雪灾区空投5500床棉被。2月3日15时，空军某部两架直升机成功向车田乡空投食品和御寒棉衣。与此同时，还有一架直升机执行供电网络的紧急抢修任务。2月12日，电力部门特地租用直升机开始对一些高山峻岭和无人区的受灾线路进行特别巡视，以收集准确的电网受损数据，为大规模电网抢修打下基础。

在雪灾中，通用航空发挥出了难以替代的救援作用，直升机也在这次暴风雪救援飞行活动中初露锋芒。但是，纵观年初抗击暴风雪灾的全局，传统的地面作业方式仍占主流，通用航空的运输和作业活动在救灾总体活动中所占的比例较小。

2008年"5·12"汶川大地震，直升机成为此次抗震救灾的"攻坚部队"。在民航直升机抗震救灾指挥部四川广汉机场，震后的第三天便集结了中国民航6家通用航空公司11种机型的30架直升机，成为我国航空史上最快最大规模的调机。据指挥部统计数据，截至5月29日晚，30架民航直升机共执行飞行救援任务523架次，运入各类救援物资139.5吨，运送各类专家347人进灾区，接出伤员和灾民1296人，为抗震救灾提供了有力支撑，充分体现了民航直升机在这次救灾中的战斗力。

但是，救灾期间由于直升机机型布局不合理，对直升机的指挥协调不到位，在两个多月的时间里，平均每天每架直升机执行任务不到两次。使得通用航空在重大社会需求面前难于发挥特有的作用。通用航空在应急救援中凸现出机队实力较弱，专业飞机、人员严重不足；救援基地、起降场地严重缺乏，保障能力差等缺陷。

综上所述，通用航空在抗灾救援方面表现突出，发挥了重要作用，为争取救援时间、减少受灾人员、降低经济损失提供了有力保障。但同时也暴露了不少问题，通用航空在抗灾应急救援中的重要作用没有有效地发挥出来。

除在通用航空经常性作业项目及通用航空服务（如社会应急救援和公益飞行）两个方面对低空空域有极大的需求外，公务飞行、私人飞行、飞行员执照培训飞行、观光游览飞行等项目发展较快，飞行量逐年递增，同样需要更为广阔的低空空域飞行空间。

二、我国低空空域改革

（一）低空空域开放存在的问题

随着我国低空空域开放的逐渐深入，也逐渐暴露出了许多突出的问题。

1. 法律法规不健全

到目前为止，我国发布的关于低空空域管理的法律和规章数量十分有限，例如，行政法规类有《通用航空飞行管制条例》，规章类有CCAR-91《一般运行和飞行规则》、CCAR-135TR-R3《通用航空经营许可管理规定》等，这些法律规章在通用航空市场准入、安全运行、适航审定、飞行规则、飞机维修、专业技术人员执照、飞行控制等方面做了基本要求。在一定程度上改善了我国低空空域资源的利用效率，提高了航空环境的经营和管理，一段时间内适应了通用航空的发展需要。但从现实情况来看，我国在低空空域管理方面没有一个完整的法律体系，通用航空的法律法规及标准体系不完善。现有通用航空法规体系不完整，结构不合理。民航局颁布的现行有效的100多部民用航空规章中，专门适用于通用航空的单行规章只有十多部。除了《民用航空法》外，有关法律规范仅限于法规规章以及标准，法律层级不高，相关低空空域管理的行政法规急缺，缺少协调配套机制，更缺乏上位法的统领和指引。当前和今后一个时期，应着力解决低空空域管理法规制度建设面临的突出问题。

2. 低空空域管理制度不合理

目前，世界主要国家和地区的空域管理模式各有特色：美国是国家航空局行使空域管理权，俄罗斯是以军队主导进行空域管理，欧盟国家采用的是一体化的空域管理模式，新加坡则采用政企分离的空域管理制度。反观我国，由于之前长期受到苏联影响，我国的空域也是以军队为主进行管理。

在我国，现阶段实行的仍是一个空域由一家（军航或民航）实施管制指挥的空管体制，即军航管片、民航管线。空军既是我国大部分空域的使用者，同时也是管理者。依据《飞行基本规则》的规定，我国由国家空管委领导全国的空域管理和飞行管制工作，空军负责具体实施全国的飞行管制。空军作为空域管理的主体，负责具体划定各种空域的范围，军用飞机由空军和海军航空兵指挥，可以在任何空域内飞行；而民航飞机只能沿空军规定的航线、航路在规定的区域内飞行（民航航路、航线的开通和调整由民航局按照职责报总参谋部或者空军审批）。在正常的航路、航线以及民航机场附近区域外，空军还规定了一些禁止飞行和在规定的时间与高度范围内禁止飞行的区域。

这也直接导致在我国航空管制部门缺少通用航空飞行空域划分标准，不能合理划设低空空域，为低空空域使用者提供可靠的航行资料。负责低空空域使用的航空管制部门只能依据通用航空单位和个人申请的飞行计划，采用调配方法，划设低空空域使用范围，增加了组织实施通用航空飞行的难度。

从总体来看，虽然中华人民共和国成立初期这种带有中国特色的空域管理制度在国家安全方面发挥了重大作用，但随着社会经济的发展，其弊端表现得越来越明显。尤其是这种"一事一申请，一事一审批"的低空空域使用程序，与通用航空快速、灵活、高效的特点不相匹配，严重影响通用航空飞行。可以说，现行低空空域管理制度不仅限制了我国多样化航空活动的开展，也对通用航空产业的发展形成了极大的阻碍。在这种情况下，迫切需要建立一种新的空域管理体制，划分自由而有序的低空飞行区域，以充分利用空域资源创造更多的社会财富。

3. 低空空域开放的航空安全和空防安全隐患

低空空域管理体制改革意见颁布后，低空空域的安全形式日益严峻。随着通用航空飞行量的增多，低空航空器与公共运输航空器的冲突也日渐增多，同时政府监管措施短时间内还难以提高，这些都给空中安全埋下了隐患。

低空空域中运行的航空器一般都具有飞行高度较低、飞行速度慢、体积小、自我保障能力差等特点，对于空防来说，难以掌控飞行动态，甄别探测难度大，如果低空管理不善，低空航空器就难以控制。历史上发生过很多次小型航空器闯入领空的事件。同时，低空航空器由于操作简单，也极易被不法分子利用来制造各种恐怖破坏活动。

发展低空通用飞行必须考虑到低空通用飞行的系统运行、低空飞行与民航飞行、低空飞行与军事飞行、低空飞行与其他民生的关系等问题。如何保证通用飞行与民航飞行、空军军事飞行没有交叉，相互间少受或不受影响，是下一步工作必须重点关注的问题。由于管理保障手段和管理理念较为落后，低空管控上显得受限太多。人们误以为国家对低空空域航空器的合理管控是对通用航空的一概禁止。其实，对空中航空器限制飞行的现象，无论是空军航空兵执行军事任务的飞行，还是民用航空公司执行航班任务的飞行，所有航空器都会受到类似限制。

开放低空空域必须建设安全运行空管体系。以国家力量建设为主，鼓励地方政府和社会力量参与，加快各项空中和地面的软硬件建设。学习和借鉴世界发达国家的通用航空服务、应用、运营、管理经验，创新建立中国通用航空的机场体系、运行体系、服务保障体系、政府监管体系、法规与技术标准体系、专门人才培养体系、民航与空军协调机制等。

4. 低空空域管制设施落后，难以实现全覆盖有效监控

近年来军民航飞行活动量增加很快，通用航空飞行架次、时间、活动范围等急剧增加，虽然军民航空管部门增加了许多通信、导航、雷达等设备，但是仍不能实现全覆盖的有效监控。通用航空器类型多、设备性能差、飞行高度低、飞行速度慢、导航能力差、通信范围小。同时，低空空域管理缺乏有效的预警探测、指挥控制设备，低空通信、雷达覆盖严重不足，现有的监视手段难以对其实时跟踪监控，经常出现"看不到、联不上"现象，飞行动态难以准确掌握，尤其是沿海和国境地带飞行，容易造成不明空情。

（二）我国低空空域使用及改革试点现状

自2010年8月国务院、中央军委印发《关于深化我国低空空域管理改革的意见》以来，充分拉开了开发低空资源、促进通用航空发展的序幕，空管系统综合各类航空用户需求，充分考虑地域因素和通用航空飞行特点，划设122个管制空域、63个监视区域、69个报告区域和12条低空目视航线进行低空空域分类管理，不断深化改革试点，并明确了通信要求、飞行类型和责任义务，初步探索形成一整套新的低空空域管理模式和制度机制。最初试点的有广州、长春、西安三地。随后湖南、湖北、广西与内蒙古东部也进行试点。在改革政策引领带动下，近年来我国通用航空快速发展，飞行量年增长率均在两位数以上，截至2015年年底，通用航空企业达到281家，各型通用航空器1874架，建设国家级航空产业基地10个、地方航空产业园26个，通用航空已成为国民经济新的增长点。

1. 沈阳管制区低空空域改革试点工作

2008年3月，国家空管委批准了低空空域管理改革试点方案，确定在长春、广州飞行管制分区先行组织改革试点。2010年8月，国务院、中央军委下发《关于深化我国低空空域管理改革的意见》，对低空空域管理改革做出进一步的部署要求。沈阳管制区根据上述文件进行了改革工作。

（1）把握地域特点，科学划设低空空域 针对辖区特点，依据三类低空空域划设标准，按照"边论证、边规划、边调整"的方法，统筹考虑各方面情况，在全区分类划设了3类73个低空空域和25条低空专用航线。

① 管制空域（34个） 在军民航飞行密集地区和机场起降地带等飞行矛盾突出的区域划设的空间。

② 监视空域（24个） 为最大限度满足通用航空空域需求，在与军民航飞行矛盾相对较小的区域划设的空间。

③ 报告空域（15个） 通用航空自主飞行使用的主要空域，也是改革试点工作的主要探索方向。充分考虑通用航空用户的实际需求，为农化、护林等飞行量大且作业区域相对集中的通用航空飞行，提供了更为广阔的自主飞行空间。

④ 通用航空专用航线（25条） 解决辖区内通用航空转场飞行航线距离长、中途加降机场多与军民航其他飞行之间矛盾突出的问题。

（2）着眼运行需要，全力夯实安全基础

① 建立服务保障体系 按照上级明确的低空空域服务保障体系建设标准，依托现行空管机构，建立了区域、分区、飞行服务站三级通用航空管理服务保障体系。其中，区域、分区依托现有军民航相应航管中心建立；通用航空飞行服务站依托现有军民航机场和指定的通用机场、临时起降点、通用航空企业、地方政府建立，主要负责提供飞行计划申报、航行情报发布、气象咨询等服务。

② 制定完善规则标准 如制定《沈阳飞行管制区低空空域管理改革试点实施细则》等相关运行安全措施。

③ 组织签订通用航空飞行安全责任书 按年度召集区内和到区内作业的所有通用航空单位（用户）签订飞行安全责任书，明确各通用航空单位的工作职责、目标要求和安全责任，强化各通用航空单位（用户）的安全意识、章法意识和责任意识。

④ 精心组织开展业务集训和考核 组织骨干力量认真编写低空空域管理改革扩大试点教育培训资料，精心准备三维多媒体教育宣讲片。

2. 海南省低空空域改革现状

海南省作为中国最南端，具有重要的国防战略地位。海南地区的飞行管制工作由南航部队飞行管制部门统一组织实施，军民航分别指挥航路外和航路内的航空器。由于长期以来空域、航线、航路规划不尽合理，以及空军飞行训练任务繁重，对空警戒任务多，军民航管制协调机制滞后，飞行调配手段单一，管制指挥"各自为政"等原因，海南地区低空空域资源无法得到充分利用，限制了通用航空的发展，通用航空的发展比较滞后。2009年12月，《国务院关于推进海南国际旅游岛建设发展的若干意见》（简称《若干意见》）的正式印发，标志着海南国际旅游岛建设上升为国家战略。为全面贯彻落实好《若干意见》精神，海南省委、省政府于2010年4月组织编制了《海南国际旅游岛建设发展规划纲要》，其中提出：推进低空空域开放，扶持建设民用航空器驾驶员学校，积极发展通用航空产业。2011年1月28日，海南低空空域管理改革试飞活动在海口市启动，本次试飞活动从28日起，以海口为起点，飞行范围涉及三亚、文昌、琼海等多个市县，历时近两个月。这是迄今为止中国最大规模的一次低空空域管理改革试飞活动，也标志着海南低空空域管理改革试点工作正式拉开序幕。随着海南低空空域改革的推进，海南游览观光飞行、直升机空中摆渡飞行、飞行员教学飞行、空中应急救援飞行、飞行表演、空中跳伞等领域迎来了广阔的发展空间。

3. 广东省低空空域改革现状

广东省通用航空事业得到较快发展，通用航空专业运营服务能力突出，通用航空运营保障体系建设较快，基本构建了通用航空全价值产业链体系。截至2012年年底，共有22个民用机场，其中运输机场6个（广州、深圳、珠海、湛江、梅州、揭阳）；通用机场及起降点13个，其中颁证通用机场有6个（深圳南头、珠海九洲、湛江坡头、湛江新塘、阳江合山、云浮罗定），临时起降点7个。深圳、珠海机场分别建立了公务机和通用航空运营保障基地，满足通用航空运营服务的需要。

2011年，广东作为全国试点之一开始探索低空开放，珠海成为广东的首批试点，率先解禁低空。在2012年第九届珠海航展上，全国首个通用航空飞行服务站——珠海通用航空飞行服务站挂牌成立，该服务站旨在专门为珠海及周边地区的通用航空器飞行提供从飞行计划、航空情报、航空气象、飞行情报、告警到协助救援等一揽子服务，探索从硬件和配套上缓解私人飞机"买得起，起飞难"问题。

2014年6月26日，由珠海市航空产业园管委会主办，珠海航空城发展集团有限公司、珠海机场集团公司、珠海航空城通用航空飞行服务有限公司（珠海通用航空飞行服务站）承办的珠海—阳江—罗定目视转场飞行航线开通仪式在中航通用飞机有限责任公司华南基地举行。爱飞客航空俱乐部有限公司的西锐SR20飞机（B-9769号）开始执飞珠海—阳江—罗定低空航线转场飞行，并安全着陆珠海金湾机场，标志着我国首条低空航线正式开通。

珠海—阳江—罗定低空航线的划设是国家低空空域管理改革的重要举措，是珠海市航空产业园争取到的国家项目。作为全国首条低空航线，珠海—阳江—罗定航线的开通引领了国内开展低空空域改革试点的先试先行，对我国低空空域改革具有重要意义，同时为珠海通用航空产业的发展提供了坚实的基础和保障。

4. 湖北省、湖南省低空空域改革相关进程

湖北省在2009年就审定通过了《湖北省临空经济和通用航空产业发展专项规划（2009~2020年）》，并出台了一系列引导和帮扶措施，积极争取国家赋予湖北省低空空域开放试点，加紧开展低空空域管理改革，为湖北省通用航空发展争取更加宽松的空域使用环境。

2012年5月，湖南省通用航空产业发展座谈会在株洲召开。会议透露，国家正式将湖南纳入全国低空开放试点省份，长株潭地区将成为中国重要的直升机研发与生产基地。湖南已启动编制通用航空产业发展规划。长沙黄花机场西北角筹划建一个405亩的通用航空基地，全部建成后可供几十架私人飞机停放。

三、低空空域运行服务保障

（一）通用航空情报服务保障体系

通用航空的发展催生了对航空服务的需求，但由于空管部门很难提供适合的航行服务，大部分通用航空公司基本上自行提供情报、气象、飞行计划申请等通用航空服务。通用航空公司各自为政，零星散乱，无法统一，且服务能力弱，专业化程度低，效率低下，尤其缺少情报服务（如低空飞行航图的绘制等）、气象服务。这种保障水平低下的通用航空服务保障能力已经对通用航空发展形成制约。大部分通用航空公司也很渴望可以由空管统一提供情报、气象等专业的通用航空服务。专业高效的通用航空服务应当包括专业的管制服务、情报服务（提供航行资料汇编、航图、航行通告和实时航行资料等）、气象服务（机场航路气象预报、实况报道及趋势报道等）、飞行监控、飞行问询应答及飞行指挥、飞行计划申请等一系列服务。

但目前的情况是，基本上由现场管制员提供航行服务，在现有的空域架构下，变成管制员对通用航空负责和管制，管制一线负担加大，信息服务变成管制服务。但是管制席位的设置是针对高空高速度的运输飞机设置的，提供对运输飞机的雷达服务等，而对通用航空作业等低空、路径多变的运行有时覆盖能力有限，分配的精力也不足，不能实时指挥，目前只是简单地划定运行区域和进出通报，由飞行员自行掌握。针对通用航空的专业航行服务比较缺乏，甚至没有。这种保障水平低下的通用航空服务保障能力已经对通用航空发展形成制约。

目前国内也在布局飞行服务站，如珠海和海南均建成了飞行服务站，但是现有的运行状况不尽如人意。如珠海通用航空飞行服务站，名义上承担通用航空计划的管理和动态监控，但是目前仍是珠海空管站主要承担通用航空飞行计划的受理工作。在未来发展规划中，意在由珠海通用航空飞行服务站收集整个珠海地区所有通用航空的飞行计划，并进行汇总，统一向空军申报，完成整个飞行计划的受理。

（二）各地区通用航空服务保障现状

中国通用航空的飞行保障由于发展不均衡、保障手段不统一、政策规定不明确等原因，存在地区差异性，各地区能够提供的服务和服务形式也不相同。

1. 华北地区通用航空飞行服务保障现状

（1）通用航空资格审批

① 机场运行审批　向华北管理局机场处和监管局提交申请，获批建设通用机场，机场使用许可证有效期为5年；向所属区域空军提交申请，获批为临时起降点，有效时间为1年期。

② 通用航空机构运营审批　向华北管理局通用航空处和监管局提交申请，通用航空公司营运许可有效期为3年；航空器运营适航许可证向民航局适航司申请。

③ 运控人员执照管理　向华北管理局空管处申请考核，考核合格后，颁发相应执照（如管制、签派、情报执照等）。

（2）飞行计划申请

① 作业飞行　飞行任务经华北管理局和所属区域的空军军区批准后，于前一日向华北空管局运行管理中心上报飞行计划。

② 转场飞行　除应做与作业飞行相同的工作外，还应向所在区域的控制部门和空军

申请。

（3）通用航空执行保障

① 作业飞行　根据作业性质，规划作业区域、明确作业任务、制定作业方案。以国网通用航空为例，其工作流程是：信息收集—绘图—选场—出图—任务上报—签订协—方案制订—任务下达—飞行保障—实施监控。

② 航路飞行　依照情报中心出版的航行资料，申请飞行区域，提交飞行计划，其保障与运输航班飞行类似。

2. 华东地区通用航空飞行服务保障现状

华东地区通用航空保障服务呈现出多线条、多主体、不同内容产品、各自为政的格局。上海地区各专业运行单位均有各自同通用航空企业签订保障服务或者工作协议并开展服务的情况，也有为保障某个单项任务以华东空管局同通用航空企业签订工作协议的情况；各分局（站）也同辖区内的通用航空企业签订协议开展服务。服务具体内容基本按照运输航空的要求来提供。

（1）飞行任务及计划

① 飞行任务审批　华东管理局通用航空处负责牵头各相关业务处室及军航单位进行任务审批。提交材料多，审批周期长。通用航空企业自行完成。

② 空域审批　军航管制单位同民航管制单位（运管中心）进行审批。不涉及民航空域的申请民航管制单位，主要以军航管制单位的批复为准。通用航空企业自行完成。

③ 飞行计划审批　军航管制单位同民航管制单位（运管中心）进行审批。由通用航空企业、通用机场或签订协议的管制单位来进行申报。

④ 放行许可　由相关空域的军民航管制单位负责。通用航空机组自行联系获取。

（2）航空情报服务　部分通用航空公司与航空情报服务机构签订协议，提供涉及民航空域或者使用民航航路、航线转场、调机飞行的飞行前资料公告（PIB）。通用机场资料由机场自行或委托有关单位制作，报华东管理局备案。制作标准各不相同。

（3）航空气象服务

① 由签订协议的航空气象部门提供。

② 主要是涉及民航空域或者使用民航航路、航线转场、调机飞行需要。

③ 其他作业飞行的气象情报，通用航空企业会向当地气象部门索取。

（4）管制及告警服务　基本由民航管制部门提供，但在监视和双向通信方面均存在困难。

3. 中南地区通用航空飞行服务保障现状

① 基本均提供情报及气象讲解服务，但海南省的三亚市仅提供情报讲解服务，湖南省仅提供气象讲解服务。

② 广东省的珠海市、汕头市，海南省的三亚市，广西壮族自治区的桂林市以及湖北省和河南省提供气象图纸质资料和情报纸质资料；广东省的湛江市以及海南省和湖南省仅提供气象图纸质资料。

③ 广东省的珠海市、海南省的三亚市以及湖北省和河南省无上机服务；广东省的湛江市、深圳市和汕头市，广西壮族自治区的桂林市提供上机服务；湖南省通过电话讲解及发布邮件形式服务；广西壮族自治区其他地区采用机组到飞行服务室了解的方式。

海南低空空域空管服务保障示范区建成

2017年4月5日至7日，由南海舰队航空兵司令部、海南省政府组织的"国家低空空域空管服务保障示范区"项目验收暨技术成果演示活动在海口举行。海南省金林投资集团作为示范区项目的业主单位，承担了此次示范区项目的建设任务。成功构筑了"政府牵头、国企搭台、专业运作"的合作模式，确立了"因地制宜、公共服务、军民融合"的主体思路。通过"互联网+低空空管服务"的方式，促进了海南地区通航产业的发展，为国际旅游岛战略注入了新的活力。

在本次验收工作中，展示了国家低空示范区建设多项创新性、突破性的技术成果。项目建设内容主要包括对空监视和地空通信、通航机场一体化组网系统、低空空域综合管控平台、基于数字身份认证的"低慢小"航空器安全管控平台和无人机管理系统、低空飞行目视飞行航图、低空空域划设、验证评估系统等七个部分。

示范区项目的验收通过，标志着海南省已成为我国首个完成低空空管服务保障体系建设的地区，确立了国家低空空域管理改革的首个精细化管理示范区的地位。对于我省低空示范区体系建设的有关做法和经验，国务院、中央军委空中交通管制委员会要求海南省积极总结成功经验，拿出一套可推广、可复制的运作模式，为其他省份做好示范带头作用。

资料来源：http://gzw.hainan.gov.cn/sgzw/ssqy/qyjj/201704/t20170419_2297784.html。

（三）低空飞行服务站建设

1.飞行服务站简介

飞行服务站（flight service station，FSS）在美国各类民用及通用航空活动中担负着重要的功能和作用。FAA的飞行服务站为通用航空提供广泛的飞行服务，包括提供气象服务、飞行计划服务、飞行支援和其他需要的帮助。通用航空的经营者通常可以通过计算机网络的方式，向飞行服务站申报备案飞行计划。私人飞行可到飞行服务站当面申报备案，或以电话、空中传递、空地对讲等方式申请飞行计划。

通用航空飞行服务站向通用航空用户提供阶段性服务，包括飞行前服务、飞行中服务和飞行后服务（图3-4）。

（1）飞行前服务 包括飞行前讲解和飞行计划申报受理。飞行前讲解提供气象信息、航空情报信息和对飞行计划的建议。飞行前讲解分为标准讲解、简化讲解和展望讲解。飞行服务站可以根据通用航空用户的需求提供适当的讲解类型和内容。通用飞行服务站应当及时受理通用航空用户申报的飞行计划并进行备案。

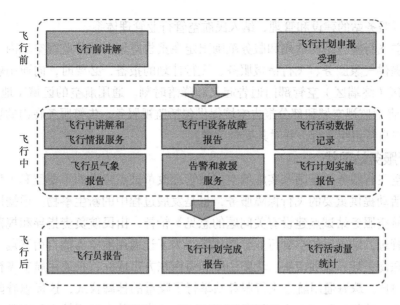

图3-4 飞行服务流程图

（2）飞行中服务　包括飞行中讲解和飞行情报服务、飞行中设备故障报告、飞行活动数据记录、飞行员气象报告、告警和救援服务，以及飞行计划实施报告。

海南东方飞行服务站的气象、航情、航迹显示终端见图3-5。

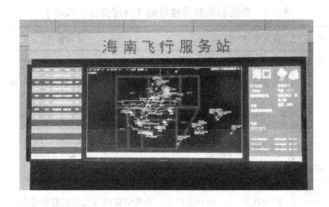

图3-5 海南东方飞行服务站的气象、航情、航迹显示终端

（3）飞行后服务　包括飞行员报告、飞行计划完成报告和飞行活动量统计。飞行员报告包括飞行后通用导航设施报告和飞行后气象报告。飞行后通用导航设施报告是通用航空用户飞行后对通用导航设施工作状态的报告；飞行后气象报告是通用航空用户提供航线、活动区域内相关天气的报告。飞行服务站应根据飞行计划的执行情况进行飞行活动的统计，接收航空器落地报告，确定相应飞行计划完成。

通用航空飞行服务站是国家实施低空空域管理改革试革试点建设的重要配套工程项目，可为通用航空活动提供重要的飞行保障服务。我国已出台《飞行服务站系统建设和管理规定》，其中明确了飞行服务站系统的职能、构架、建设和管理原则等。由民航负责指导和规范飞行服务站的建设和管理，纳入民航空管行业管理体系。

通用航空飞行服务站的适用和服务范围限定在报告空域和部分监视空域内。通用航空飞行服务站提供气象服务、飞行情报服务、飞行计划的报备，必要时，向通用航空的区域（地区）、分区（终端区）空管部门通告起飞和降落时刻。通用航空的区域（地区）、分区（终端区）负责对监视空域和部分报告空域提供包括监视服务、告警服务在内的更多服务。低空飞行用户自行组织飞行，并对其安全负责。

2. 飞行服务站现状

通用航空飞行服务站是国家实施低空空域管理改革试点建设的重要配套工程项目，可为通用航空活动提供重要的飞行保障服务，也是发展过程中的新生事物。根据民航局《关于珠海开展航空服务站试点建设有关问题的意见》精神，由民航负责指导和规范飞行服务站的建设和管理，纳入民航空管行业管理体系。为了让通用航空器能自由飞翔，我国2012年共批准在珠海三灶、深圳南头、沈阳法库和海南东方市成立首批通用航空飞行服务站。2012年11月13日，珠海通用航空飞行服务站举行了隆重的挂牌仪式，这标志着国内首个由地方政府投资兴建的通用航空飞行服务站正式成立。中国首个通用航空飞行服务站揭牌意味着首条珠海—阳江—罗定低空飞行路线已开通。珠海通用航空飞行服务站将提供飞行计划审批、航空情报、飞行情报、告警和救援服务，乃至地面加油等一系列地面服务。目前，我国已建及在建的FSS共10个（表3-3）。

表3-3 我国目前布局建设的飞行服务站（FSS）

服务站名称	地区	投资主体	建设模式
沈阳法库	东北	国家部委	国家军民航管理部门出资建设，验收后交由地方政府或企业运营管理
深圳南头	中南		
海南东方			
珠海三灶	西南	地方政府	地方政府为促进当地通航产业发展，投资建设并指定下属国企运营管理
重庆两江			
新疆兵团（在建）	新疆		
山东济南（在建）	华东	联合投资	由行业协会，系统供应商及民航空管组建专门平台合作建设和运营
四川成都（在建）	西南		
四川广元（在建）		民营企业	北京龙浩空中飞行信息服务有限公司投资建设并运营
海南琼海	中南		海南海航通航低空飞行服务有限公司投资建设并运营

3. 珠海飞行服务站

2012年11月，仅用两个月时间建设的全国首个通用航空飞行服务站在珠海正式揭牌（图3-6）。服务站成立之初，旨在满足珠海地区通用航空单位转场训练飞行和进入阳江监视、报告空域飞行需要，为珠海开展通用航空飞行活动提供飞行计划、航空情报、气象情报、飞行情报、告警和协助救援等诸多服务，保障珠海经阳江至罗定机场低空训练航线的安全运行，满足各企事业单位的低空空域飞行需求。同时，也将进一步完善珠海低空空域运行管理和服务保障体系，促进空域资源的合理开发利用，为我国建设低空空域管理服务体系、实施低空空域管理改革积累宝贵的试点经验。

图3-6　珠海三灶飞行服务站

（1）项目基本情况

① 建设场址　珠海通用航空飞行服务站永久选址拟设在规划中的珠海通用飞机临时起降点（斗门区莲洲镇谦益村）。目前服务站建设在珠海三灶机场东侧航展中心，计划在通用飞机临时起降点批复建设后，在斗门区莲洲镇谦益村同步建设永久性场所。

② 服务功能　航空服务站提供飞行计划、航空情报、航空气象、飞行情报、告警和协助救援等服务。

③ 覆盖范围　近期为珠海地区低空空域和相关航线开展通用航空飞行活动提供必要的服务，远期服务范围将覆盖珠江口西岸乃至中国港澳地区的综合性低空飞行。

④ 投资规模　项目计划投资333万元，其中办公服务场所改造50万元，设备采购245万元，系统集成及售后服务30万元，线路租用费8万元/年。

⑤ 投资主体　珠海市政府财政安排项目建设资金，珠海市航空产业园管委会具体负责项目建设。

⑥ 运营管理　按照国家空管委办公室制定的航空服务站运营管理规定和标准，委托民航空管部门或空管部门认定的专业机构对航空服务站进行运营管理。

（2）存在的困难与问题　目前服务站建设工作已经完成，但后续的管理与使用仍处在摸索阶段，主要存在以下困难和问题。

① 功能实现不足，服务对象有限　服务站基本服务功能预期很好，包括飞行计划服务、航空情报服务、航空气象服务、飞行情报服务、告警和协助救援服务，涵盖了通航飞行的全流程。但实际上，珠海FSS只是一个服务于空军的、提交飞行计划的终端，其他功能几乎都没有实现。而且，即使在FSS进行了计划申请，还需要继续通过传真报计划，这相当于额外增加了一道工序，手续的烦琐降低了用户的使用体验。

目前珠海FSS的服务对象有限，主要服务于中小企业。大企业与小企业在申报飞行计划的待遇上是不平等的，一些大型通航企业单独具有直接向空军申报飞行计划的密钥，不需要依赖 FSS。对于已经与空军建立起良好合作关系的通航企业，只需要向空军直接申报即可，FSS 的出现并未加大申报的便捷性。

② 归口管理关系待明确　目前国家对通用航空飞行服务站的行业管理部门没有明确，这影响了服务站运营使用关系协调机制的建立。虽然此事由国家空管委主导，但目前民航局并不认可。

③ 服务站建设、运营、服务规范与标准等未出台　服务站建成后，具有什么样条件的单位才能进行运营管理、服务站应当为用户提供怎样的标准化服务、服务内容和深度应当满足何种要求、服务提供的格式等，均应当出台规定予以明确。

④ 从业人员资格尚未解决　通航飞行服务站不同岗位人员资格应予以明确，应当具有怎样的基本条件、应当参加怎样的执业培训和获得怎样的执业上岗资格，这些均需要解决，但国内暂时没有通用航空飞行服务站从业人员的培训大纲和教程。

⑤ 航行情报及 VHF 频段无法获得　珠海通用航空飞行服务站现阶段计划主要为三灶机场—阳江机场—罗定机场低空转场训练航线提供服务，但目前该航线上的对空监视和地空通信设施尚未建立，未能完成航行情报接入工作。

服务站将采用 DRM 数字短波调幅机制为低空飞行提供航行通告、气象通报等单向数据广播服务，这需要向无线委申请频点。但由于短波频点范围属于稀缺资源，因此，目前仍无法获得专门服务于通航飞行的无线电频段。

⑥ 信息来源费用及服务收费需规范　服务站部分信息来源于军方和民航管理部门，可能涉及信息来源费用支付问题，建议国家层面在该方面出台指导意见，规范收费标准。

1. 简述空域的概念及其属性。

2. 国际上空域资源管理主流模式有哪些？我国采用哪种空域管理模式？

3. 我国管制空域有哪几类？我国共划设多少个飞行情报区？

4. 何谓空中禁区、空中限制区和空中危险区？

5. 我国低空空域是如何划设的？

6. 飞行计划包含的基本内容有哪些？何谓目视飞行计划？

7. 通航飞行任务手续如何办理？通航飞行计划内容是什么？

8. 空中交通服务包含的内容有哪些？

9. 我国低空空域开放存在哪些问题？低空改革试点成效如何？

10. 飞行服务站主要提供哪些服务内容？

思考题

课后练习

第四章

通用机场

微课

主要内容

　　本项目介绍了通用机场的概念及内涵，使学习者了解通用机场的基本结构，明确通用机场选址与规划原则，进一步把握直升机场布局建设内容；并对我国通用机场管理与发展建设情况做了详细分析。

学习目标

1. 熟悉通用机场概念、作用及功能。
2. 了解通用机场的基本结构及分类。
3. 理解通用机场的选址原则与规划要素。
4. 掌握直升机场选址与规划设计内容。
5. 熟悉我国通用机场发展与建设管理状况。

高铁之后，中国下一个奇迹是"通用机场"

早在2014，根据民航局在编的《全国通用机场布局规划》显示，预计到2030年，我国民用机场总量约2300座，其中通用机场总量约2058座，运输机场257座。2016年两会，"县县通"的蓝图系由前中国民用航空局局长曾在去年两会上提出："中国有2800个县，如果能做到一个县一个通用机场，将是巨大的拉动基础建设的经济增长点。"2016年5月17日，国务院办公厅出台《关于促进通用航空业发展的指导意见》（以下简称《意见》），对我国通用航空事业作出部署。《意见》提到，要在2020年建成500个以上通用机场。

2017年5月25日中国民航局局长冯正霖在北京召开的"2017中国民航发展论坛"上表示，中国民航力争打造世界级机场群，为服务中国世界级城市群建设做好服务。目前中国城市群总面积约占全国的25%，集中了全国62%的人口，吸引了70%的固定资产投资、98%的外资，创造了80%的经济总量。与之相对应，京津冀、长三角、珠三角地区也形成了三大机场群。

 思考

1. 中国做出"县县通"机场战略蓝图的背景是什么？
2. 如何做好通用机场的规划建设？

第一节
认识通用机场

 能力培养

1. 理解通用机场概念、作用及功能。
2. 熟练掌握通用机场的基本结构。
3. 了解我国及国外通用机场的分类。

一、通用机场的概念与性质

（一）通用机场的定义

全国人大通过的《中华人民共和国民用航空法》与国务院颁布的《民用机场管理条例》都对"通用航空"予以了定义，现行的"通用机场"释义大部分都是建立在"通用航空"定义的基础上的。例如，民航华北、西北、中南等地区管理局基本上依照国务院《民用机场管理条例》的"通用航空"定义，不过在民用航空器前增加了"公务飞行、包机（出租）飞行、空中游览等经营性载人飞行活动"的说法，这实际上是将"通用机场"界定为服务于"作业飞行、非经营性飞行活动和经营性载人飞行活动"三大类通用航空业务的平台。基于此，一般将通用机场定义为从事工业、农业、林业、渔业和建筑业的作业飞行，以及医疗卫生、抢险救灾、气象探测、海洋监测、科学试验、教育训练、文化体育等飞行活动的民用航空器提供起飞、降落等服务的机场。

《美国联邦航空局术语汇编》（ORDER 1000. 15A）中对"通用运输机场"定义是：用于接纳供通用航空领域使用的、总量不超过17500磅的运输型飞机的机场。与我国按照通用航空活动从功能角度对通用机场进行定义不同，该定义以飞机类型及其起飞重量为界定标准。

事实上，中国民用航空局出台的各个标准规范所涉及的通用机场定义都各不相同（表4-1），其中《民用航空运输机场消防站装备配备》界定通用机场为"使用民用航空器从事公共航空运输以外的民用航空活动而使用的机场"。该定义与《中华人民共和国民用航空法》（修订征求意见稿）中"通用航空"的定义最为契合。

表4-1　我国现有通用机场定义的比较

颁发机构	法规、条例	通用机场定义
国务院	《民用机场管理条例》（国务院553令，2009年7月1日施行）	通用航空是指使用民用航空器从事公共航空运输以外的民用航空活动，包括从事工业、农业、林业、渔业和建筑业的作业飞行以及医疗卫生、抢险救灾、气象探测、海洋监测、科学试验、教育训练、文化体育等方面的飞行活动。通用机场定义由此衍生而来
总参谋部	《临时起降点设立及使用管理暂行办法》（司作[2009]424号）	临时起降点是指临时设立的用于保障轻小型飞机、直升机、滑翔机、气球、飞艇等航空器起降、停放和组织飞行保障等活动的场所。它分为连续使用和短期使用两类
民用航空局	《通用机场建设规范》（MH/T 5026—2012）	通用机场是指全部功能仅用于开展通用航空活动的机场。不适用于水上机场
	《通用航空术语》（MH/T 1039—2011）	通用机场是指专供通用航空器起降使用，设有必要设施的规定场所
民航地区管理局	《民航华北地区通用机场建设管理办法》《民航中南地区通用机场建设管理办法》	通用机场是指为从事工业、农业、林业、渔业和建筑业等行业的作业飞行，以及医疗卫生、抢险救灾、气象探测、海洋监测、科学试验、教育训练、文化体育等飞行活动和公务飞行、包机（出租）飞行、空中游览等经营性载人飞行活动的民用航空器提供起飞、降落等服务的机场

直升机场是一种特殊的通用机场，有专门的定义。美国 FAA 将直升机场（heliport）定义为"位于地面、建筑物或水面上的，供直升机起降的特定区域，包括附属建筑物和设

施"。《民用直升机场飞行场地技术标准》（MH 5013—2008）将直升机场定义为："全部或部分供直升机起飞、着陆和地面活动使用的场地或构筑物上的特定区域。"可见，直升机场既可在地面上，也可以在水面或构筑物顶部。没有候机室、机棚、停车场、加油区、维修区等辅助设施的最低设施直升机场被称为"直升机起降点"。一些用于其他目的的一块空地，也可用于直升机临时运行。此类场地被称为"起降区"，不是直升机场。

中国最早的水上通用机场

1933 年，中国航空公司（沪粤线）于闽江峡兜水面建水上机场，不久，又改在鼓山魁岐水面建水上机场。机场为一浮站，形如方舟，底部用竹排依次架叠，上复木板，两旁系以铁链抛锚水中，使之泊定。浮站上设候机室、储藏室、厕所等，四周走廊围绕，可容 30 ~ 40 人。

浮站与江岸之间，用舢板连接，以便旅客上下。江岸边另建两层楼房一座，为候机室和职工宿舍。同年 11 月 17 日正式开航。初期航行的水上飞机，座位只 9 位，当日载中外乘客 9 名，由上海起飞，沿水面前行，因大雾弥漫，在舟山群岛附近处触碰，机毁人伤，一度停航。笠年 11 月复航，每周两班，搭客载邮，业务颇有发展，后用中型飞机，可容客 16 ~ 20 人，且在福州站内设无线电台，后又在闽江口增设电台，用以导航。此航运事业直到抗日战争时，始告停止。

资料来源：https://baike.baidu.com/item/%E6%B0%B4%E4%B8%8A%E6%9C%BA%E5%9C%BA/5246543。

（二）通用机场的性质

和通用航空一样，世界各国对通用机场（general aviation airport）的界定并不一致，但大多数国家都将通用机场定位为公共基础设施，至少也将满足一定条件的通用机场归为公共基础设施范畴。我国《民用机场管理条例》明确将通用机场定位为公共基础设施。通用机场的公共基础设施属性主要体现在其为应急救援、交通等方面发挥的基础性作用。通用机场不仅为航空医疗、执法、国家安全、边境防卫、应急响应、航空消防、赈灾、紧急转移等提供基础服务和保障，而且在偏远地区居民和货物通向外界等方面发挥着重要作用；不仅是工农业生产的重要因素投入，而且能为体育文化事业发展做出重要贡献。

（三）通用机场的功能作用

通用机场是通用航空的服务区，可以为通用航空器的起降、加油、维修等服务提供场地，因此通用机场的功能是举足轻重、不可缺少的。

1.为通用航空器安全起降提供保障

保障通用航空器安全起降是通用机场的基本功能。通用航空的三要素包括飞机、机场和空中交通服务。通用机场是通用航空发展通用航空产业的基础平台，是不可缺少的组成部分。通用机场的跑道、升降带以及停机坪可以确保飞机安全、准时、迅速起飞，还可以为飞机降落提供方便和迅速的地面交通连接通道。此外，通用机场还可作为临时起降点，为遇到问题的通用航空器提供紧急降落服务。

2. 为通用航空器停驻提供场所和保障

为通用航空器提供停驻场所是通用机场的重要功能。通用航空器在不履行飞行任务的时候需要停驻在通用机场，并进行检查、保养、维修或者供给机油等。大型通用机场一般还建有停机坪，设有供通用航空器停放的划定位置，从而为停航时间较长或过夜的航空器停放以及满载滑进滑出提供场所。而通用机场中的停机库也是为飞机停驻而准备的，进而对通用航空器进行维修。

3. 为通用航空器维修提供必要的支撑

提供通用航空器维修服务是通用机场的辅助功能。通用航空器要想安全履行飞行任务，不仅需在飞行前进行检查，还需定期进行保养。当通用航空器使用时间较长时，还会出现故障和其他一些问题，因此需要对通用航空器进行维修。多数通用机场都会提供航线维护服务，确保飞行安全，主要包括对飞机在过站、过夜或飞行前进行例行检查、保养和排除简单故障的任务。

4. 为驻场单位提供必要设施和保障

为驻场单位提供必要设施和保障是通用机场的必要功能。通用机场的日常管理和运营工作都需要行政管理部门进行组织，以保障通用机场业务的正常开展。通用机场中建设的办公区就是供机场当局、航空公司、联检等行政单位办公用的。一些大型通用机场可能还有区管理局或者省管理局等单位，共同辅助机场的管理工作。

二、通用机场的基本结构

通用机场系统一般由飞行场地、空中交通管制与导航设施和服务保障设施组成。图4-1为某通用机场布局图。

图4-1　某通用机场布局图

（一）飞行区

供固定翼飞机运行的通用机场应建设飞行区。飞行区是通用机场内供飞机起飞、着陆、滑行和停放的地区，包括跑道、升降带、跑道端安全区、停止道、净空道、滑行道、机坪以及机场净空。飞行场地是指供直升机起飞、着陆和地（水）面活动使用的场地或建筑物上的特定区域。通用机场可根据需要配备目视助航设施。

1. 跑道

跑道是供通用航空器起降的一块长方形区域。它提供飞机起飞、着陆、滑跑以及起飞滑跑前和着陆滑跑后的运行场地，从而为通用航空器起降提供保障。跑道是机场工程的主体，机场的构形主要由跑道的长宽度、方位、道面等决定。在《通用航空机场设备设施》中对于跑道的长度、宽度、方向、路面等都有限定。

跑道长度方面，对于进近速度小于或等于56千米/小时的短距起降飞机或超轻型飞机，海平面高度的跑道长度不应小于90米，高于海平面的跑道长度应按每高出300米标增加9米的比率增加；进近速度大于56千米/小时，但是小于或等于93千米/小时的飞机，海平面高度的跑道长度不应小于240米，高于海平面的跑道长度应按每高出300米标增加24米的比率增加；进近速度大于93千米/小时的飞机的跑道长度，应根据该飞机生产厂家提供的飞机性能曲线，通过对最大起飞全重、机场当地海拔和气温进行计算而得出。

跑道宽度方面，要求水泥混凝土或沥青混凝土道面的固定跑道，按照国际民航组织规定的机场基准代号规定宽度；土质或草坪面的临时跑道宽度，应在机场基准代号规定宽度基础上增加20%~100%。

跑道方向方面，要求通用机场的跑道方向应尽可能避开东西方向，应与季节的恒风方向一致。关于跑道的道面，对于基准代号为 1-B 级以上的永久机场，道面应是水泥混凝土道面或沥青混凝土道面，能够承受飞机起飞和着陆冲击；临时通用机场跑道道面，可以是水泥混凝土道面或沥青混凝土道面，也可以是碎石、土质或草面道面。这些标准的制定，一方面方便统一化管理，另一方面更加符合安全性的原则。

2. 滑行道

滑行道是指供飞机滑行的规定通道。滑行道的主要功能是供航空器从跑道到候机楼区之间的往返通道，使已着陆的飞机迅速离开跑道，不与起飞滑跑的飞机相干扰，尽量避免延误随即到来的飞机着陆。《通用航空机场设备设施》规定，为保证飞机安全、有序地进出跑道，应设置足够的进入和出口滑行道。在跑道端没有滑行道的地方，可能有必要加宽道面，以供飞机掉头。从布局上看，滑行道建设在跑道与办公用房之间，以方便旅客和工作人员登机，以及航空器通过滑行道进入跑道。在功能上，滑行道与跑道功能相近，即供通用航空器滑行用。此外，滑行道连接跑道与办公用房，起到承接作用，因此滑行道建立在跑道旁边，并连接到办公用房。

3. 停机坪

停机坪是指陆地通用机场上供航空器停驻、客货邮件装卸、加油、维护工作所用的场地。《通用航空机场设备设施》对停机坪的位置、停机坪上的飞机之间以及飞机与物体之间的净距、停机坪表面都做了限定。停机坪位置方面，要求在跑道中部的侧面或者两端的侧面，净空良好，排水畅通，最大坡度不应大于 1%；净距方面，要求停机坪上的飞机机位应使所停放的飞机与任何邻近的建筑物之间、另一机位上的飞机和其他物体之间的净距符合相关规定（表4-2）。对于停机坪表面，要求应是水泥混凝土或沥青混凝土，在条件较差的临时性机场也可以是三合土碾压的表面，但在位于所停放飞机的发动机螺旋桨下方，应修筑长3米、宽3米的水泥混凝土或沥青混凝土表面的试车坪。

表4-2　停机坪上的飞机之间、飞机与物体之间的净距

基准代字	A	B	C	D	E
净距/米	3	3	4.5	7.5	7.5

从布局上来看，停机坪通常设置在跑道的端部，以便于停放的航空器从停机坪驶入跑道起飞，降落在跑道上的通用航空器驶入停机坪进行停驻，其功能上起到衔接作用。

4.停机库

停机库是指机场内供航空器停驻和维修用的具有屋盖的建筑物，为通用航空器提供停放和保护服务。停机库一般是功能完整的大型通用机场不可缺少的基础设施之一。停机库一般修建的规模较大，可以同时为多架飞机提供维修服务。例如，位于西安阎良国家航空高技术产业基地蒲城通用航空产业园内的蒲城内府通用机场，就具有1000平方米的停机库，起着保护航空器的作用。停机库一般建设在通用机场的后部，靠近停机坪。停机坪与停机库都是为了方便通用航空器的停放和维修，它们的功能相近，因此在建设位置上也接近。

5.巡场路与围栏

根据《通用机场建设规范》，当飞行区有定期或频繁巡视作业要求时，为便于巡视车辆及人员的活动，限制巡视车辆及人员的活动范围，飞行区内可设置巡场路。巡场路主要用作车辆通行时，路面宽度不宜低于3.5米。

除高架直升机场和海上直升机平台（或甲板）外，一类通用机场应设置围栏，二类通用机场宜设置围栏。围栏的作用是防范外部人员或体型较大的动物进入指定区域。围栏的形式应与其所防范的对象相适应，防止人员进入的围栏的高度应不低于1.8米，其上部可采用刺丝，防止人员爬入；防止较大动物钻入的围栏应适当增加围栏的密度。

（二）空中交通管制和导航设施

航站导航设施也称为终端导航设施，作用是引导到达机场附近的飞机安全、准确进近和着陆。安装在通用机场上的设备包括雷达网链、VHF网等语音通信设备。《通用航空机场设备设施》对于通信导航设备做出了规定，要求永久通用机场应配备100瓦以上单边带电台、6瓦以上甚高频电台和手持地空对讲机。为了引导航空器安全到达通用机场并准确进入跑道，航站导航设施一般建在飞行区内靠近跑道的区域内。

1.助航灯光系统

执行夜航飞行任务或昼间常有低能见度天气出现的通用机场，应建立助航灯光系统。助航灯光系统包括跑道灯光和仪表进近灯光。其中，跑道灯又分为跑道入口灯、跑道侧灯和跑道端灯。跑道入口灯设置在跑道始端；跑道侧灯是为了照路和提醒驾驶员何时接近跑道末端；跑道端灯与侧灯相同，使用一面红一面绿的透镜，红色朝向跑道，绿色向外。驾

驶员着陆时看到近处的跑道端是绿色灯光，远处的跑道端是红色灯光。

《通用航空机场设备设施》规定，机场灯标应设在机场内或机场临近周围背景照明光度低的地方，在重要方向上不被物体遮蔽。直升机场灯应设在高架上。机场灯标对进近着陆中的驾驶员不应产生眩光。机场灯标应显示绿色与白色交替的闪光，闪光频率应为每分钟20~30次，闪光的有效强度不应小于2000坎德拉（cd）。仪表进近灯光是为了确定距离和坡度，以便驾驶员作出决断。供固定翼飞机起降的通用机场，进近灯光系统的中线灯线的长度应从跑道端向外延伸不少于300米，中线灯的间距应为60米；直升机机场进近灯光系统的中线灯线的长度应从最终进近起飞地区端向外延伸不少于90米，中线灯的间距应为30米。由于其作用是为飞机起飞或者降落进行照明和警示，其空间布局应根据具体功能分别建立在跑道的入口、两侧和末端。

2. 空管与导航设施

根据运行需要，通用机场可配置空管用房和设施。空管设施应与管制、通信、导航、气象服务要求和方式相适应。根据管制和飞行需要，可配置甚高频通信系统，电报自动处理系统，气象、航行情报信息终端，多声道通信记录仪，手机或车载台等无线对讲系统，便携式应急甚高频通信电台，小型语音交换系统（内话系统），短波通信系统等。一、二类通用机场应配备管制指挥波道甚高频通信系统、多声道通信记录仪，配置航空气象情报信息终端、航空情报信息终端，以具备获取航空气象情报、航空情报的能力。通用机场内和周边建设导航设施时，台址附近围界和巡场路等应满足导航设备对场地的技术要求。导航设施的建设应符合GB 6364—2013的要求。

通用机场可根据需要设置塔台，塔台的位置及高度应满足对飞机地面活动区的通视要求，塔台的设备配置可参考MH/T 4005—1997的要求确定。如采用塔台指挥车方式，则须修建塔台指挥车坪，并相应配备通信和供电等设施。一类通用机场宜设置塔台。

通用机场应具有获取温度、风向、风速、气压、云、能见度等气象要素及其预报信息的能力。通用机场内或周边设置气象设施的，应确保其具有适宜的探测环境。一、二类供固定翼飞机使用的通用机场，航空导航设施的供电系统应符合《国际民用航空公约附件十四》（卷Ⅰ）关于电气系统的设计要求。

（三）服务及保障设施

根据需要，通用机场应确定是否建设以下服务及保障设施：机场管理用房、生活服务用房、场务用房、机务用房、经营业务用房、驻场单位用房、车库、仓库等经营、服务及保障设施，以及配套的供电、给排水、供冷、供暖、燃气、通信、场内道路、停车场等设施。各类设施应根据通用机场的实际需要设计，并充分利用城市的相关基础设施。

人员服务设施应与其服务流程相适应，并根据相关要求设置引导标识、残疾人无障碍设施、消防设施、盥洗室等，以满足人员通行、等候、休息等需要；必要时可设置餐饮、过夜用房等设施。对其他对象服务的设施，应设置固定的安置区域，并提供适当的保护。根据业务需要，通用机场还可建设供油设施（包括自助加油设施），或为供油服务企业提供经营服务场所。供油设施的建设参考 MH 5008—2017实施。还可配置航空地面服务设备或为航空地面服务企业提供经营服务场所，道面清扫、维护、除冰/雪等飞行区服务设备及其业务用房，以及安全保卫设施。

1. 办公用房

办公用房是通用机场用于工作人员办公、提供地面服务的主要建筑物,为驻场单位提供场所和必要设施。办公用房主要用于机场当局、航空公司、联检机构等行政单位办公。一些大型通用机场可能还有区管理局或者省管理局等单位,共同完成机场日常的运营和管理工作,以保证通用机场可持续发展。办公用房一般包括必要的办公桌、计算机、打印机等办公设施,辅助工作人员完成日常的管理工作。空间布局上,办公用房一般建立在航站楼内部,或机场前部,主要为方便工作人员与顾客交流,完成日常管理工作,调节机场各部分的功能。

2. 维修车间

维修车间是通用机场用于航空器修理的场所。其中包含一些维修设备如工作梯、千斤顶、拖杆以及各类特种车辆等,这些维修设备都是辅助维修人员对通用航空器进行维修而储备的。在一些大型的通用机场上,都有比较完备的通用航空修理公司以及完备的维修基地,为通用航空器进行保养、定期检查或者对航空器的附件进行维修和返修,从而保证通用航空器顺利、安全地完成飞行任务,还可以使出现问题的通用航空器得以修复,继续完成飞行任务。

3. 救援消防设施

救援消防设施(airport fire facilities)是指在机场或者飞机起火时用于扑救或营救的各种设施,主要包括机场的救援消防车,其特点是车上装载着大量的水和一定比例的泡沫灭火剂以及干粉灭火剂,还配备有各种消防救援装备和破拆工具,车辆具有良好的机动性能和越野性能,并可以在行进中喷射灭火剂。《通用航空机场设备设施》规定,机场消防保障等级为1级、2级和H1级的机场,应配备足够的泡沫灭火机具,并能够使其在3分钟内到达机场飞行区的任何部位。泡沫溶液喷射率应在350升/分钟以上;机场出油设施应设严禁烟火的警告标志,应备有沙土和其他应急防火、灭火工具。

上海龙华机场

上海龙华机场隶属于上海机场(集团)有限公司,龙华机场原计划修建3条跑道,目前已建成2条跑道,主跑道长1830米,宽80米;副跑道长1181米,宽50米。ICAO代码ZSSL;机场等级2B通用机场。

机场拥有扇形停机坪1个,面积3.08万平方米。可停伊尔14型飞机9架或伊尔18型飞机5架。泥结碎石滑行道1条。联络道2条(其中1条是东西跑道)。

导航设备、调度指挥塔设在候机大楼上层,有超短波台1部,在50公里范围实施日夜指挥,有南远、近归航台,北近归航台,航向下滑信标台,着陆探照灯,永久性夜航灯光设备,日夜均可起降飞机,另有气象台,可为飞行及训练提供气象保障;油库共计有油罐8个,最大总容量550吨,正常储存航空汽油400吨。

三、通用机场的分类

（一）分类的依据

根据分类依据和目的不同，通用机场可分为多种不同的类型。如依据对公众利益的影响程度，《通用机场建设规范》将通用机场按照可起降航空器类别和最高月飞行量划分为一类、二类、三类机场，这种划分偏重于机场运营，而不便于民航主管部门进行分类建设审批。《华东地区通用机场建设与使用许可管理暂行办法》根据建设规模、可起降的航空器类别和使用频次等将通用机场分为A、B、C三类。为了方便通用机场的建设和使用许可审批，根据《国务院办公厅关于促进通用航空业发展的指导意见》（国办发〔2016〕38号）要求，民航局于2017年4月14日编制发布了《通用机场分类管理办法》，将通用机场根据其是否对公众开放分为A、B两类：

A类通用机场　即对公众开放的通用机场，指允许公众进入以获取飞行服务或自行开展飞行活动的通用机场；

B类通用机场　即不对公众开放的通用机场，指除A类通用机场以外的通用机场。

其中A类通用机场分为以下三级：

A1级通用机场　含有使用乘客座位数在10座以上的航空器开展商业载客飞行活动的A类通用机场；

A2级通用机场　含有使用乘客座位数在5~9座之间的航空器开展商业载客飞行活动的A类通用机场；

A3级通用机场　除A1、A2级外的A类通用机场。

《通用航空机场设备设施》依据飞行活动的长短和机场使用频次，将通用机场分为通用航空永久机场和通用航空临时机场，这种分类主要便于机场设施设备的配备。可起降的通用航空飞机机型是对通用机场进行分门别类的主要参考标准之一，毕竟主要使用机型是通用机场规划建设的基本指标。另外从功能划分的角度可将通用机场分为综合型、专业型和起降点等三类，大体对应着《通用机场建设规范》中的一、二、三类通用机场。科学合理的分类对于通用机场在功能定位、规划建设、运营管理和工程审批等诸多方面均具有基础性的作用（见表4-3）。

表4-3　通用机场的分类比较

分类依据	类别	各类通用机场的定义
按照机场位置和起降机型划分	地面通用机场	位于地面上的能供民用航空器起降、滑行的通用机场
	地面直升机机场	位于地面上的仅能为直升机提供起降的机场平台
	高架直升机机场	位于陆地上的高架构筑物或建筑物的顶部上，供民用航空器起降的通用机场
	水上机场	位于水面上的能为民用航空器提供使用的通用机场
	海上平台（或直升机甲板）	位于漂浮的或固定的近海构筑物或建筑物上的能为民用航空器提供起降的通用机场
按起降航空器机型划分	固定翼飞机机场	起降固定翼飞机的通用机场
	直升机机场	起降直升机的通用机场

续表

分类依据	类别	各类通用机场的定义
依据对公众利益的影响程度划分	开放机场	指允许公众进入以获取飞行服务或自行开展飞行活动的通用机场,包含A1、A2、A3级通用机场
	不开放机场	不对公众开放的通用机场
按照管理模式划分	通航公司自备机场	机场所有权或经营权(使用权)归通用航空公司所有
	通航公司使用机场	机场所有权不归通用航空公司所有,归民航部门或地方政府所有
	通航公司共营机场	机场所有权和经营权归民航部门和通用航空公司所有
	通用航空的其他机场	上述机场之外的其他通用机场,主要指私人机场或地方企业机场等
按照承担的功能和服务性质划分	专业型通用机场	通用机场体系中的中坚层,具备基本的基础设施和配套服务,是国家应急准备和响应以及国家航空服务体系的重要组成部分,通常是开展通用航空专业飞行服务的重要基地。重点开展农林作业、工业巡线、飞行培训等各类专业飞行服务,以及医疗救护、空中消防等应急响应飞行,并部分兼顾通用航空运输服务
	起降点	通用机场体系的基础层,一般不具备通用航空运营保障能力,是通用航空器飞行作业的临时起降平台或简易跑道,一般设立在应急避难场所、大型医院、大型体育场馆、重要交通设施、重点学校、重点产业园区、大型居民区、中央商务区和政府重要办公地及相关场所
依据飞行活动时间和使用频次划分	通用航空永久机场	固定性、驻地性、常年进行飞行活动的供飞机、直升机起降使用的机场
	通用航空临时机场	进行季节性作业或执行临时紧急任务暂时供飞机、直升机起降使用的机场

2018年4月18日,民航中南地区管理局向株洲芦淞通用机场颁发A类通用机场使用许可证,这是湖南省第一家获得颁证的通用机场。

株洲芦淞通用机场是株洲国家通用航空产业综合示范区最重要的基础设施和发展航空产业最重要的公共服务平台,由新芦淞集团控股子公司——株洲通用航空产业发展有限公司作为建设主体和运营主体。机场项目占地639亩,项目总投资4.73亿元,建设内容包括:航站航管楼、机库、辅助用房、停机坪及飞行跑道。飞行区等级为1B,跑道长800米、宽30米,可以起降最大起飞重量5500千克以下各型通用飞机和直升机;远期按照3C等级标准建设,规划1800米跑道,可以起降各型公务机。

机场获批许可证后,将为株洲乃至全省的航空产业发展提供基础支撑和保障服务,特别是为通航企业开展飞行器试飞、发动机试验等提供平台，助推湖南航空产业实现由航空发动机制造"升级"飞机整机制造的历史性飞跃。同时，项目的建成将为航空紧急救援、电力巡查、森林灭火等专业作业及空中观光旅游、飞行培训等航空活动提供飞行情报服务、协助救援、空域监视和其他相关支持，显著提升通用航空飞行安全保障水平。

资料来源：http://www.xlsjt.com.cn/2018/0421/2066.html。

（二）国内外通用机场分类的比较

国外通用机场的分类方式各有不同特色。英国按照通用机场的主要功能和运营规模将其细化为6级；澳大利亚根据民用机场所有权及机场规模的划分方式有意模糊了运输机场和通用机场的界定；美国联邦航空局（FAA）从机场规划体系的角度，以通用机场所承担的主要功能为标准，依据通用机场驻场的飞机数目、种类，以及交通量和飞行任务，将通用机场分为国家型、区域型、本地型和基础型四大类，这一按照功能定位的分类方法奠定了全美通用机场布局规划的基础（见表4-4）。相比之下，我国尚缺乏从全国通用机场布局规划角度考虑的国家通用机场分类标准，仅有从建设审批角度划分的等级标准，而国家分类标准的缺失直接影响到全国通用机场布局规划的制定，以及国家对通用机场建设运营予以分类支持的政策出台。

表4-4 国外通用机场的分类

国别	分类依据	分类	主要功能特征
美国	根据机场驻场飞机数目、种类以及交通量和飞行任务	国家型通用机场	服务于公务航空活动；喷气飞机、多种发动机的螺旋桨飞机活动频次很高；平均驻场飞机200架，其中含30架喷气飞机
		区域型通用机场	服务于城市交通；喷气飞机、多种发动机的螺旋桨飞机活动频次较高；平均驻场飞机90架，其中含3架喷气飞机
		本地型通用机场	服务于社区及私人航空运动；多种发动机的螺旋桨飞机活动频次中等；平均驻场飞机33架，全为螺旋桨飞机，无喷气飞机
		基础型通用机场	服务于基础交通；飞机活动频次中等或较低；平均驻场飞机10架，全为螺旋桨飞机，无喷气飞机
澳大利亚	根据民用机场所有权划分（2007年数据）	前国家机场管理公司（FAC）管理的机场	22个由前国家机场管理公司管理的机场（1997年以前），现均通过长期租赁合同由私人企业经营，包括墨尔本机场、悉尼机场等
		地方政府所有权下的公共机场	234个"机场当地所有权计划"（ALOP）机场是由地方政府经营的，包括奥尔伯利机场、莫里机场等飞机起降的机场和供小型飞机使用的草坪和土质跑道
		私人所有和经营	约1750个私人所有和经营的机场，这类机场包括可供喷气飞机起降的机场和供小型飞机使用的草坪和土质跑道

第二节
通用机场的规划与建设

1. 理解通用机场的选址原则与规划要素。
2. 了解通用机场设施设备的基本配置。
3. 掌握直升机场选址与规划设计内容。

　　机场建设是一个庞大的系统工程，不仅投入大、周期长，而且要考虑到地理环境、气象规律、安全标准、功能设置、发展前景等因素。修建通用机场尽管不像修建运输航空港那么复杂，但也不是垒鸡窝那么简单，说垒就垒，说拔掉就拔掉。最简易的通用机场，也得占地几百亩，投入千万元以上。如果一旦建成的机场失去作用，不但劳民伤财，损失也无法挽回。

　　河南西华黄泛区农场，是我国使用通航作业飞行较早的固定用户，改革开放前，每年都有2~4家专业飞机实施农林业喷洒作业，应该说通航市场资源较为丰富。十年前，国家重新正式启动通航产业，农场打头阵，率先投入资金，修建了一条长800米，宽40米的跑道，几个停机坪全部埋设了地锚，配套设施齐全，新建的建筑物完全可以入驻两家通航公司。原计划利用农林业资源优势，打造通航产业和农林业生产融合基地。可是，令农场万万没有想到的是，改革开放后的包产到户和国家的市场经济政策，无法实行统筹安排和计划调配，使得建成后的机场无法运营，在万般无奈的情况下，只得把投入上千万元的新机场当成晒谷地和汽车驾校训练场。

　　如今，在距离黄泛区农场机场不足十公里的地方，又新盖起了宏伟的航展大楼和小型机组装厂房，据说还要修建长1200米的跑道，但愿这一投入不要重蹈覆辙，不至于和黄泛区机场是相同的命运。其实，我国目前正在规划和建设中的很多通用机场，自然条件远远比不上黄泛区农场，很难想象，这类机场建成，有多少使用价值？能发挥多大作用？

　　资料来源：http://news.carnoc.com/list/378/378131.html。

1. 河南西华黄泛区农场投资建设的机场为什么变成现在这般境地？

2. 通用机场规划建设需要考虑哪些因素？

通用机场规划涉及布局规划和建设总体规划。通用机场布局规划要满足如下总体要求：一是要能够保障和支撑通用航空运行；二是要能够提升区域综合交通能力；三是要能够有效提升本地应急响应与服务能力。本书不讨论通用机场的布局规划，仅讨论建设总体规划。

一、通用机场的选址与规划

（一）通用机场选址原则

1. 遵循区域通用机场布局规划及所在地的城市总体规划

通用机场选址应遵循省域或地市级区域通用机场布局规划的要求，符合当地的通用航空产业发展规划，同时符合机场所在地的城市总体规划。在通用机场选址时应着重考虑通用航空服务对象的要求和功能需求。通常选择在城市周边位置布置通用机场场址，距城区规划范围外的10~20千米为适宜距离。

2. 符合空域、机场净空及气象等安全运行的民航技术条件

通用机场场址应能够保障低空飞行安全，满足必需的机场运行安全技术要求。机场净空、空域及气象条件符合通用机场运行安全标准规范，空域条件良好，与周边机场使用空域无矛盾或能够协调解决，机场进离场飞行尽量避免穿越航路、航线及城镇上空。场址附近无高压电线走廊、烟筒等超高障碍物，也无频繁的侧风、大风或雾霾等不良天气。

3. 满足机场建设发展的环境条件和工程条件

通用机场场址用地范围能够满足机场近期建设和中远期发展需求。场址的区位交通、工程水文地质和地形地貌环境条件相对良好，并具备供电、供水、供气、通信、道路、排水等基础配套设施条件，机场项目的土方工程量相对较少。同时航空油料供应有保障，各项条件都能够满足通用机场的正常运营要求。

（二）通用机场选址需要考虑的影响因素

依据《通用机场建设规范》，参考《民用机场建设管理规定》，通用机场的选址应充分考虑备选场址的空域、自然生态环境、城市环境等各种因素的影响，在几个拟选的场址基础上进行详细论证，权衡利弊，反复斟酌比选，最终在备选场址中基本确定推荐的首选场址，并对首选场址的地理位置、地形地貌、工程地质和水文地质条件、气象条件、空域条件、净空和电磁环境条件、地面交通和公用设施条件、场址环境条件、土地状况等诸多方面进行详细描述。

1. 空域条件

不得在空中禁区内建设机场，在空中禁区邻近地区修建机场应考虑航空器闯入空中禁区的风险。机场的飞行活动应充分考虑与飞行限制区的协调。机场的飞行活动应充分考虑与军航使用空域的协调。

2. 自然生态条件

充分考虑地质不良地段、可能淹没地区、活动性断层区、矿区、环境，以及生态保护区、旅游景区和文物古迹保护区等影响因素。风场、降水、能见度等气象条件对飞行安全和机场利用率的影响。空间电磁环境对机场通信导航活动的影响；航空活动所产生的电磁波对地面敏感设施的影响。考虑航空器鸟击风险；飞行活动对鸟类生存环境的影响。

3. 环境条件

注意机场净空条件，自然地势、地面建（构）筑物以及高压输电线路等航空障碍物的影响，以及由此带来的对机场利用率的影响。航空活动区是否满足周边区域噪声控制指标的标的要求；考虑安全距离的需要或在飞行规则上加以适当协调。

4. 配套条件

周边可供利用的消防、救援、水源、能源、污物处理、通信等公共设施；通用航空运营需要的航空汽油和航空煤油的来源渠道；与周边机场在功能、使用限制等方面的相互影响及协调。

（三）通用机场平面规划的功能分区

通用机场及其附属设施的总占地面积一般在500～1000亩，根据设计机型、功能定位、机场等级等因素确定。从功能划分的角度，通用机场总平面布局由飞行区、航站综合服务区、机务维修设施、供油设施、空中交通管理设施、安全保卫设施、救援和消防设施、生产辅助和后勤保障设施、地面交通设施及机场空域等组成。与运输机场不同，通用机场无货运区，且工作区和航站区基本融为一体。对于一些大型通用机场建设项目来说，通用机场周边地区还融合有通用航空产业园、航空小镇等综合开发项目，项目总占地面积普遍在千亩以上。需要对通用机场、通用航空产业园和航空小镇进行统筹规划，以实现通用机场地区的"港、产、城"一体化综合开发。

具体功能分区详见本章第一节中的"通用机场的基本结构"。

（四）通用机场设施设备的基本配置

根据《通用航空机场设备设施》（GB/T 17836—1999）的划分标准，通用机场分为通用航空永久机场和通用航空临时机场两大类，各自的配备设施设备标准差异较大（见表4-5）。

表4-5　通用航空永久机场和通用航空临时机场的设施设备配备标准比较

设施设备	通用航空永久机场	通用航空临时机场
固定翼飞机机场跑道道面	水泥混凝土道面 沥青混凝土道面	水泥或沥青混凝土道面 碎石、土质或草地道面
消防设备	4级以上的机场消防保障等级应设立消防站，其装备、器材配备按照MH 7002—2006确定	根据使用的机型确定机场消防保障等级，配备消防设备
通信导航设备	配备100瓦以上单边带电台、6瓦以上甚高频电台和手持地空对讲机	配备单边带电台或甚高频电台和手持地空对讲机（调机、作业期间）
气象观测设备	设立机场气象台或气象站，并配置常规气象仪器和一般气象设备	配置常规气象仪器，包括温度湿度测量仪和风速风向测定仪等

设施设备		通用航空永久机场	通用航空临时机场
目视助航设施		指示标（风向标和着陆方向标）； 飞行区地面标志（跑道中线标志、跑道边线标志、滑行道中线标志、直升机机场识别标志、最大允许质量标志）； 灯光（机场灯标、进近灯光系统、跑道边灯、跑道入口灯、跑道末端灯、最终进近和起飞地区灯、接地和离地地区灯光系统）	
辅助设备	供电供水设备	有充足的供电供水系统，应有备份电源	
	储油、加油设施	应有卧式储油罐和一定数量的加油车、运油车	应有固定的储油场所，并配备专用的加油机械
	房屋和建筑物	能满足工作需要	用于农业航空作业的房屋和建筑物应当建在跑道下风方向一侧

二、直升机场的选址与规划设计

（一）直升机场的选址

直升机的多功能性和机动性使得其能够在人口稠密的发达地区运行。然而，直到完整的直升机场系统被提出，人们才认识到直升机的这一独特运行特性。直升机场系统的规划与设计首要工作就是选址。直升机场选址应该遵循使用便利、安全和社区认可等原则。总的来看，直升机场选址应考虑如下因素。

1. 直升机场的类别和平面布局

直升机场的类别、平面布局以及最大的直升机尺寸决定了起飞和着陆区域的大小。需要的空间大小合适与否，决定了备选场数量。

2. 便利性

由于直升机最佳用途是短途运输服务，着陆区域必须要尽可能靠近直升机用户出发地和目的地。延误和不便将会把直升机的优势消磨殆尽。分析备选场附近的交通状况，能识别出需求最大的区域。对各种交通方式的总旅行时间进行比较，有助于预测直升机的使用前景。

3. 空域限制

如建筑、杆、塔等蠹立物对直升机飞行是有危险的，因此应仔细考察备选场附近构筑物的状况。在具体设计中，要绘制出假想障碍面。

4. 与其他航空器运行的协调

在直升机场选址时，应充分考虑是否会对周边邻近机场的起降活动产生干扰，尤其在选址目标位于现有机场附近时。这也是空域管理部门在批准直升机场使用空域时考虑的重要方面。

5. 主流风向与湍流

直升机起飞和着陆时是迎风运行的。即使其他因素都允许，进近-离场的起飞和着陆时也应迎风运行。对于高架直升机场，邻近构筑物或建筑物可能会造成可怕的紊流，因此直升机场选址一定要充分考虑紊流的性质和程度。如果疾风里有不利于飞行运行的紊流，FAA建议，若风速没有超过规定限制，则直升机场是可以投入使用的。

6. 社会与环境因素

很多人讨厌直升机的噪声，因此直升机场选址应该尽量避开人口稠密地区。规划师应该将直升机场的噪声影响降到最低，特别是直升机场周边地区。规划师还应考虑水体和空气质量、土地利用及其他社会环境因素。一般情况下，允许直升机在工业、商业、制造业、农业及其他非限制区域内运行。但是，在选址时，收集分析地方政府最新下发的环境保护相关规定是必要的。

7. 能见度

高架直升机场的使用受到低云的限制，特别是位于100英尺（1英尺=0.3048米）以上的建筑物屋顶直升机场。雾、烟、反射光以及其他干扰能见度的因素都可能限制直升机场的选址。

（二）直升机场的主要参数

1. 基准点

直升机场基准点是经测定，用精确到秒的机场经纬度表示的地理坐标。直升机场基准点位于接近原始的或规划的直升机场的几何中心，在首次设定后应保持不变。当直升机场位于供其他类型航空器使用的机场内时，机场所设立的基准点可共用。

2. 标高

直升机场标高是通用机场的海拔高度，包括铅垂水准标高和椭球面标高。铅垂水准标高是指某一点相对于大地水准面的高度，即海拔高度。椭球面标高（大地标高）是指某一点相对于地球参考椭球面的高度，沿经过该点的地球椭球面外法线测量。

直升机场标高必须加以测定，供民用航空使用的直升机场还应测定标高处的大地水准面高度差，精度要求均为0.5米。大地水准面高度差是指大地水准面高于（正）或低于（负）地球参考椭球面的距离，也称为大地水准面差距或高程异常。供国际民航航空使用的直升机场，应测定接地和离地区的标高、最终进近和起飞区的每个入口的标高和上述每一测点处的大地水准面高差，非精密进近时精度要求为0.5米，精密进近时精度要求为0.25米。

3. 可用起飞距离

可用起飞距离（TODAH）是指用于直升机完成起飞的、对外公布的最终进近和起飞区的长度。如果通用机场设施有净空道，还要加上净空道（如设置）的长度。可用中断起飞距离（RTODAH）是指用于1级性能直升机完成中断起飞的、对外公布的最终进近和起飞区长度。

4. 可用着陆距离

可用着陆距离（LDAH）是指用于直升机从某一特定高度完成着陆动作，对外公布的最终进近和起飞的长度加上任何增加的长度。

（三）直升机场平面设计

直升机场以及附属设施布局与场地的性质、直升机的尺寸与工作特性以及直升机场附近建筑物及其他物体的方位、大小和数量有关。除了飞行场地外，直升机场可安排停机坪、停车场以及行政楼等附属设施（图4-2）。

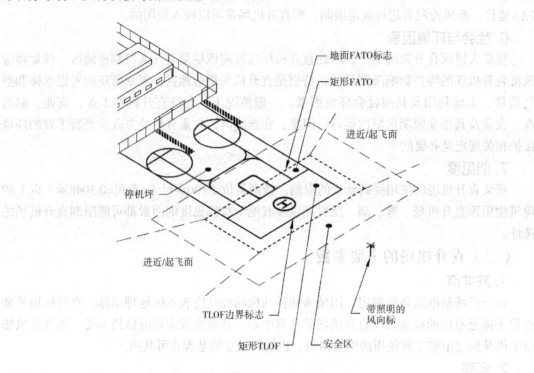

图4-2　地面直升机场平面图

图中FATO为进近和起飞区；TLOF为接地离地区。

飞行场地是直升机场的主体。飞行场地设计要充分考虑直升机起飞后能否安全、迅速地加入航线和飞向目的地，以及外来直升机能否安全、迅速地进入直升机场上空和着陆。不同类型直升机场的规划设计有不同的要求。下面以地面直升机场为例说明。

1. 地面直升机场至少设置一块最终进近和起飞区

供Ⅰ级直升机使用时，最终进近和起飞区的大小应按直升机飞行手册中的规定确认，在没有规定宽度时，其宽度不小于1.5D，其中D为直升机全尺寸，采用预计使用该区直升机中的最大值（下同）；供Ⅱ、Ⅲ级直升机使用时，最终进近与起飞区应能包含一直径不小于1.5D的圆。在炎热或海拔较高的地区，应参照直升机飞行手册的规定适当延长最终进近和起飞区的长度。

2. 接地离地区

接地离地区必须包含一个直径为1.5C的圆，其中C为直升机起落架外距，采用预计使用该接地离地区的直升机中的最大值。

3. 安全区

设置在最终进近和起飞区周围。目视气象条件下，安全区应从最终进近和起飞区的周围至少向外延伸3米或0.25D（两者中取较大值）。在仪表气象条件下，安全区的横向应从最终进近和起飞区中心线向两侧各延伸45米，纵向应从最终进近和起飞区端部向外至少延伸60米。

4. 直升机地面滑行道

直升机地面滑行道（图4-3）应符合表4-6和表4-7的规定，且应能承受预计使用该地面滑行道的直升机的作用力。

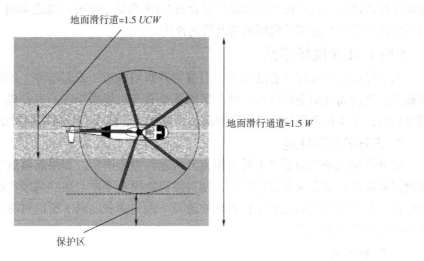

图4-3　地面滑行道和地面滑行通道

表4-6　直升机地面滑行道宽度　　　　　　　　　　　　　　单位：米

直升机主起落架间距	地面滑行道宽度	直升机主起落架间距	地面滑行道宽度
<4.5	7.5	6 ~ 10	15
4.5 ~ 6	10.5	≥10	20

表4-7　地面滑行道和空中滑行道等的最小间距　　　　　　　单位：米

设施	地面滑行道	空中滑行道	物体	直升机机位
地面滑行道	2W（边到边）	4W（中线到中线）	1W（边到物体）	2W（边到边）
空中滑行道	4W（边到边）	4W（中线到中线）	1.5W（边到物体）	4W（边到边）

注：W为直升机全宽，采用预计使用该机场的直升机中的最大值。

5. 空中滑行道

应符合的规定为：空中滑行道的宽度不得小于2W，其中W为直升机全宽，采用预计使用该空中滑行道的直升机中的最大值；空中滑行道与另一空中滑行道、地面滑行道、物体或直升机机位之间的间距应符合表4-7的规定。

6. 空中过渡航道

应符合的规定为：当空中过渡航道仅供白天使用时，其宽度不得小于7RD，尚需供夜间使用时，其宽度不得小于10RD，其中RD为直升机最大旋翼直径，采用预计使用该空间中过渡航道的直升机中的最大值（下同）；空中过渡航道的中线不得有超过120°的方向变化，并且转弯半径不得小于270米。

7. 直升机机坪

应符合如下要求：直升机机位的尺寸应能包含一个直径不小于 D 的圆；任一机位上的直升机与物体或另一机位上的任何飞机之间的最小净距不得小于 $0.5W$，在提供可同时进行悬停操作的地方，直升机机位净距应符合表4-7中两条空中滑行道之间间距的规定；直升机机坪应能承受预计使用该机坪的直升机的作用。

（四）直升机场净空

为了保证直升机起飞着陆安全，沿着直升机场跑道（或起落坪）周围要有一个限制周围地貌、地物高度的空间区域，这个区域就是直升机场净空区。直升机场净空范围受多种因素影响，至少包括部分障碍物限制面和扇形面，具体视直升机场的类型而定。

1. 直升机起落性能

直升机场端净空的要求主要根据直升机起落性能确定。如果起落航迹较平缓，则对障碍物限制较严；如果起落航迹较陡，则对障碍物限制不严。在终端净空范围内，大中型直升机最大起飞质量的起飞航迹比着陆航迹低（因为满载油料）所以对净空的要求主要根据直升机起飞质量来确定。

2. 气象条件

根据能否目视地标，气象条件可分为简单气象条件和复杂气象条件两种。简单气象条件是指飞行员在空中能够看清地标，可以用目视地标的方法驾驶直升机的气象条件；复杂气象条件是指飞行员在空中看不清地标，必须借助无线电导航设备才能飞行的气象条件。根据昼夜的区别，气象条件可以进一步分为昼间简单、夜间简单、昼间复杂、夜间复杂等四种气象条件。

直升机在简单气象条件下起飞着陆时，由于飞行员在空中能够看清地标，航线比较容易保持准确。如遇障碍物，也能及时发现和避开，因此对直升机净空要求不严。在复杂气象条件下起飞时，虽然飞行员在空中看不清地标，但由于直升机刚离地，航线不会有较大偏差，因此对于直升机场端净空的要求和简单气象条件下起飞的要求基本相同。

在复杂气象条件下着陆则与起飞大有不同。由于飞行员在空中看不清跑道等地标，只能借助无线电导航设备来寻找直升机场进行着陆，航线难以保持准确，如遇障碍物，也难以及时发现和避开，因此对净空要求较严。

3. 导航设备

直升机在复杂气象条件下，着陆航线是否能保持准确，主要取决于导航设备性能。当导航设备性能较好时，直升机着陆航线容易保持准确，因此对直升机净空要求不严。反之，则对直升机净空要求较严。此外，即使导航设备完善，要保障直升机在复杂气象条件下进行仪表进近安全着陆，也要对净空进行严格要求。

4. 起落航线

为了保证飞行安全，直升机起飞着陆要按照规定的起落航线飞行。根据直升机机型和气象条件，起落航线分为正常起落航线、超低空起落航线以及仪表进近穿云着陆航线。不同起落航线都有一定的尺寸要求，并据此确定直升机场净空。如果起落航线改变，则直升机场净空要求也应改变。在正常情况下，跑道两侧应保证能飞某种起落航线，因而跑道两侧有内水平面的净空要求。如果跑道一侧受地形限制，规定直升机只能沿跑道另一侧飞行，这时，对于不飞行的一侧净空要求可以大大降低。

第三节
我国通用机场发展与管理

案例导入

PPP（公私合营）模式将成为通用机场建设开发的主流模式

在充分认识到通航发展基础设施必须先行后，各地通用机场建设热情高涨。但相比各省市动辄几十、数百的通用机场建设数量规划，机场实际开工落地的速度明显滞后，这背后是各方面承受的巨大压力。尽管一个800米跑道，纯目视飞行的通用机场投资额仅在亿元上下，但工作难度却很高。一是各类专业技术指标要求层出不穷；二是谁来投、怎么建、怎么管、谁来飞无法明确；第三也是更为关键的，从通用机场建设中获取的收益并不明确，这使各地的积极性大打打折扣。

对通航企业，尽管有运行的切实需求，但一两个亿真金白银投下去如何回收？水电气公路等工程谁给配套？机场亏损谁来补贴？这些问题也让企业畏手畏脚不敢轻易下手。

在如此现实下，只有PPP模式能够破局当前的通用机场建设的种种矛盾。我们判断，PPP将成为未来5年通用机场建设开发的主流模式，理由如下：

政府通过授予特许经营权，以土地作价入股，每年仅需几百万的利息与亏损补贴，即可完成通用机场建设目标，既缓解了投资压力，又绕开了专业门槛，还为将来迎接通用航空的春天埋下了种子。

社会资本方通过为政府提供项目融资方案、项目风险分担方案、项目精细化招商方案、项目深度策划方案，为政府一站式提供通用机场解决方案，让地方政府真正感到物有所值，项目从而能够顺利推进，机场得以顺利建成，还避免了高额投入与亏损压力。

资料来源：http://www.lyunx.com/forum.php?mod=viewthread&tid（有改写）。

 思考

1. PPP模式为什么会成为未来5年通用机场建设开发的主流模式？

2. 除了PPP模式，通用机场建设还存在哪些选择？

一、通用机场的建设模式

（一）通用机场建设存在的问题

1. 机场场道设施滞后

我国计划经济时期的通用机场基础保障设施水平低，机场设备配置薄弱，一向为简易机场设施设备。沿用至今的通用机场虽然通过改扩建，各项设施设备改善明显，但供农林作业飞行的通用机场飞行区场道条件仍然较差。例如，在新疆建设兵团现有的60个通用机场（起降点）中，除8个机场是沥青混凝土或水泥混凝土道面之外，其余均为沙石土质道面的简易跑道。

2. 低空监控、通信导航和助航设备相对缺乏

我国现有的通用机场普遍只能在日间使用目视飞行规则（VFR）起降，主要满足各种作业飞行，缺乏必要的夜航服务和仪表飞行条件，无法承担24小时航空应急救援服务，也难以承担复杂气候条件下的机场飞行任务。通用航空飞机具有不同于运输飞机的"低空、慢速、小目标"的飞行特性，机场空中交通管制部门对这类低空空域航空器缺乏跟踪监视手段，以致常常面临监视雷达"看不见"、飞行员和塔台管制员之间的无线电空地对话"呼不着"的现象，机场亟待应用推广低空飞行监控系统。

3. 安全运行保障条件不健全

通用机场（起降点）的安全运营环境较差。老旧通用机场的净空条件差，不少通用机场没有设置机场围界。机场安全设施设备保障缺乏或标准偏低，安全隐患多，使得通用航空飞行保障存在不安全因素。在功能布局方面，仅有以航站综合楼为中心的航站综合服务区，功能区较为混杂，一些以航化作业为主的机场没有专门用于农药调配的隔离区域，安全使用效能低。

4. 通用机场功能定位单一

由于通用机场投资运营主体、产权归属、行业划分等因素，我国通用机场的业务功能相对单一，基本上按照农林类、海上石油、电力巡线和航空培训等主要通用航空作业类型进行功能定位，一、二类通用机场尚没有成为各种通用航空活动的综合平台，而是按照各自的通用航空主业进行相对独立的运行，未发挥出通用机场作为公共基础设施的平台作用。另外，私人飞行、公务出行、航空旅游、医疗救护等新兴通用航空业态尚未在通用机场运营中占据主导地位。

（二）通用机场的建设模式

1. 政府主导建设模式

（1）政府建设模式　所谓的政府建设模式主要针对的是公共服务类的通用机场项目，即公益性的通用机场项目是由中央或省、市、县各级政府部门主导投资建设的。政府对通

用机场投资的形式主要有国债资金、通用航空发展专项资金和地方政府投资。

① 国债资金。国债资金指中央政府为扩大内需，拉动经济增长，通过增发国债，专项用于地方加大基础设施投入等方面的资金。

② 通用航空发展专项资金。该基金是中央财政从民航发展基金中单列出来的，用于支持通用航空企业开展通用航空作业、通用航空飞行员培训，以及完善通用航空设施设备等方面的专项资金，但该基金仅用于支持通用机场设施设备建设采购。

③ 地方政府投资。其投资包括两种：一种是对中央投资的配套资金如为配合中央国债资金，由国务院（财政部代理）发行的地方政府债券，列入省级预算管理；另一种是地方政府直接投资或以土地出让等形式对通用机场进行补偿的形式。

通用机场的政府建设模式主要针对专业化的公共服务项目。这类通用机场的涉及面广，包括警用、林业、海上救险等专业化的通用机场项目，如国家林业部或省级林业部门投资建设的林业机场、省市公安厅投资建设的警用通用机场，也包括地方政府投资的通用机场项目。这类机场作为公共交通基础设施，建设运营的成本收益不是考虑的重点，机场业主可以通过用地划拨的方式获得机场用地。由于市场化程度低，机场的建设资金投入大，运营成本负担重。

（2）政府和企业合作的投资建设模式　政府和企业合作建设通用机场的模式多种多样，具体运作形式较为灵活。

① 公私合营模式。公私合营模式（PPP）是公共政府部门与民营企业的合作模式。通用机场PPP建设模式是由参与合作的政府部门和企业以特许权协议为基础进行全程合作，共同承担整个项目运行周期的责任和融资风险，双方通过协议的方式明确了共同承担的责任和风险，以及在通用机场项目中各个流程环节的权利和义务，使得通用机场项目既体现公共基础设施的属性，能够减少政府行政的诸多干预和限制，又可以使民营资本更多地参与到项目中，充分发挥社会资本在资源整合与经营上的优势，从而最大限度地发挥各方优势，并有利于降低项目建设投资的风险。

② 股份公司合作模式。股份公司合作模式是政府平台公司和企业合资成立通用机场建设运营股份有限公司，这样可获得地方政府在财务税收、土地政策等诸多方面的支持，也有专业化民航背景公司的技术支撑。

2014 年 3 月 31 日成立的四川绵阳科技城九洲通用机场有限公司负责九洲通用机场的建设、维护及运营管理等。该公司由四川九洲电器集团有限责任公司控股、绵阳市交通发展集团公司和北川三元投资发展有限公司三家股东合资组建。其中四川九洲电器集团有限责任公司是具备军民装备科研生产资质的国有大型高科技骨干企业集团，熟悉军方和民航的运作程序，而绵阳市交通发展集团公司和北川三元投资发展有限公司分别是绵阳市政府和北川县政府的平台公司，可获得地方政府在政策、土地、税收优惠、工作协调等方面的支持。

③ 增资扩股附返售权交易的融资模式。这种创新模式是政府和企业合作的通用机场投资建设模式，它是指通用机场法人单位通过增资扩股附返售权交易进行融资。增资扩股附返售权交易是指具有法人资格的非金融企业通过招投标方式或交易所方式发布增资扩股信息，并确定投资方，约定在一定时限和条件下，投资方有权以约定价格要求企业回购，或要求企业控股股东购买其所认购股权的融资交易行为。

珠海莲洲通用机场是我国典型采用增资扩股附返售权交易进行融资的机场建设项目。中国电建集团航空港建设有限公司与珠海航空城发展集团有限公司（珠海市旗下的国有企业）先期确定合作投资建设珠海通用机场项目，而后中国电建集团航空港建设有限公司全资子公司——中国水利水电第十六工程局有限公司和珠海航空城发展集团有限公司子公司——珠海莲洲通用机场建设有限公司，通过招投标方式确定合作进行增资扩股项目，并中标承建该机场项目。预计总投资 8.18 亿元，机场工程建设费用 2.7 亿元。

2. 企业主导建设模式

由国有或民营企业自行出资（独资或合资）建设和自行运营的通用机场。这一模式适合于长期在通用航空业内建设经营的实力企业，可提供"报批、建设、运营"的"一条龙"服务，并拥有从事通用航空运营的机场平台优势；有实力的大型通用机场建设运营企业正在区域或全国范围内规划建设通用机场网络体系，以实现通用机场网络化的商业价值。但这一通用机场的建设运营模式对企业的资金实力和专业技术要求高，企业的开发风险较大。另外，这一建设模式具有排他性，地方政府对通用机场的运营管理缺乏话语权，有的机场建设企业甚至倾向于在机场周边地区进行跑马圈地式的房地产开发。机场的公共属性未充分体现。

企业主导建设模式又可分为国有企业和民营企业两类建设方式。一是国有企业建设模式。由国有企业主导的通用机场或通用航空基地的建设开发多重点集中在通用航空某一专业领域，如中国航空工业集团公司的通用航空制造板块在珠海金湾、石家庄栾城、天津滨海、四川自贡等地进行机场及其产业园布局；中航通用飞机有限责任公司的爱飞客综合体模式已经在珠海、荆门、石家庄三地落户实施，天津、苏州和新疆阿勒泰等地正在筹建之中；国网通用航空有限公司为强化电力巡线专业化运营而在全国布局建设湖北仙桃、浙江德清等七大中心基地的建设。二是民营企业建设模式。专业化的通用机场运营公司主要通过自建、合建以及代管等多种模式开发和运营通用机场，并承接通用机场报批报建及通用机场代管业务。这类典型的民营公司有福建正阳通用机场投资公司和中化岩土工程股份有限公司。

二、通用机场的管理模式

通用机场的管理模式是指通用机场管理机构为实现其经营目标组织资源、经营生产活动，并对机场运营过程进行计划、组织、实施、控制和管理的基本框架和方式。由于通用机场的运营权与所有权逐渐分化，根据通用机场的运营权不同，其经营管理模式分为管理委托型、自主经营型、联合经营型等类型。根据机场管理机构的组成和特征又可以分为属地化管理模式、政企共管模式、托管模式和通用航空企业直管模式等。

（一）通用航空企业直接管理通用机场模式

通用航空企业直接管理通用机场模式是指大型甲类通用航空企业根据自身通用航空业务或通用航空产业发展的需求，对通用机场进行自建（或收购、租赁）、自管和自营，民航行业管理部门仅负责对机场运行安全和服务质量实施监管。这是我国目前通用机场最主要的一种建设与管理结合的模式。该模式又可以分为国有通用航空企业直管模式和民营企业直管模式两大类。其中国有通用航空企业直管模式最为典型，包括以海上石油作业飞行业务为主的中信海洋直升机股份有限公司、南航珠海直升机分公司、东方通用航空有限责任公司等通用航空国企，以农林作业飞行为主的北大荒通用航空有限公司、中国飞龙通用航空有限公司、新疆通用航空有限责任公司等传统的通用航空国企，以电力巡线业务为主的国网通用航空有限公司等，这些国有或国资背景的企业在各自通用航空业务范围已形成规模，并基本完成了全国性或区域性的通用航空作业基地布点建设和运营管理。

总部位于深圳的中信海洋直升机股份有限公司是全国性甲类通用航空企业，现有天津、上海、湛江、浙江和海南5个分公司，并在深圳南头、天津塘沽、湛江坡头、海南东方建有直升机机场，在北京、上海、浙江、福建等地设有作业基地。又如南航珠海直升机分公司全资拥有珠海九洲、湛江新塘、三亚3个直升机机场，并拥有广东珠海、海南三亚、广东湛江、辽宁兴城、湖南长沙、广东顺德6个作业基地。

民营企业直管模式是近些年来较为时兴的一种模式，对中西部地区以及地市级城市来说具有广泛吸引力。如由山东锋宇通用机场建设有限公司建设并运营的淄博高青通用机场、精功集团通用航空股份有限公司投资建设管理的绍兴滨海新城通用机场项目等。可以预计，未来民营企业自建、自管、自营一体化模式将成为各地政府招商引资的重点推介方式。

总的来看，此种自建、自管和自营的模式优势在于其能够最大限度地满足通用航空企业自身经营的需要，充分调动通用航空企业建设管理通用机场的积极性。但这一模式对于其他通用航空企业来说具有排他性，机场的公益性和公共基础平台作用未有效显现；通用机场业主与地方政府之间的关系松散，地方政府很难对其服务质量和安全投入情况进行监管，地方政府对通用航空的公共服务诉求也难以得到满足。

（二）地方政府和行业内企业共同管理通用机场模式

地方政府和企业共同管理模式是指由政府与企业合资成立通用机场管理公司，共同负责对通用机场的日常运营管理以及招商引资等业务，并根据各自股权比例分享成本收益和分担风险，合作的企业通常是具有民航管理经验类的大型企业。此种模式的优点是有利于在保证满足公共服务和保证通用航空服务质量的前提下，发挥政府和企业各自的优势，提升通用机场业务水平和经营规模以及利用效率；缺点是在地方政府和企业共同管理通用机场的过程中容易产生矛盾，协调困难，需要在双方签署的协议中明确各自的责权利。

在地方政府和企业共同管理的模式中，运输机场输出管理的模式是比较特殊的类型，即支线机场管理方和通用机场管理方签订协议，支线机场通过派出高、中、低各级的专业管理人员进驻该通用机场，全方位协助通用机场进行运营管理，通用机场方则向支线机场方支付相应的管理费。这一模式由于直接引入经验丰富的运输机场运营管理人员，使得通用机场一旦竣工验收即可实现安全运行，又保证了通用机场管理权限的相对独立性。

镇江大路通用机场为镇江新区航空航天产业园的配套项目，为华东地区首个 A 类基地型通用机场。自 1986 年运营至今已达 30 年的常州机场具有丰富的支线机场运营经验，2014 年 3 月 21 日，镇江新区管委会和常州机场集团公司合作成立镇江新区大路通用机场管理有限公司，为通用航空活动提供全面服务，常州机场参股该公司进行输出管理经验。从"同城化服务"形成的"一场两城"模式，进一步发展为如今的"一城两场"的规模，实现了运输机场与通用机场的互补。

（三）通用机场托管模式

通用机场委托管理方式是指委托方通过支付佣金或管理费的方式，将通用机场的日常经营管理业务委托给专业化的国有或民营通用机场管理公司进行经营管理，并利用专业管理公司的先进管理团队、管理理念以及专业技术等优势来拓展通用航空业务，提高通用机场的管理效率，增加运营收入。通用机场托管模式实现了机场所有权与经营权的分离，委托方可以通过一定的制度安排确保机场的公益性，同时不涉及机场产权的转让。在双方协商的委托经营管理时间到期时，受托公司将通用机场的经营管理权转移给委托人。这种托管模式一般适用于由市、县级地方政府国有资本建设的通用机场。通用机场托管模式目前主要有辖区内的民航机场集团公司托管模式和专业化的通用机场管理公司托管模式两种。

1.辖区内的民航机场集团公司托管模式

民航机场集团公司委托管理模式是指由地方政府负责机场新建或改建，然后将经营权交给省级大型机场集团公司，实现辖区内的运输机场和通用机场统一经营管理的模式。此种模式可以充分利用机场集团的运输机场管理经验和专业技术，快速调配齐全通用机场运行保障资源，使得通用机场得以尽快投入运营。但通用机场业务板块并非机场集团的主要业务，托管后的通用机场有可能既得不到机场集团的投入，也得不到地方政府的再投入，从而无法实现可持续发展，累积的债务也会使机场集团自身的盈利情况受到影响。

原为林业机场的内蒙古根河机场由内蒙古民航机场集团公司委托管理，并依据《根河拓展通用航空服务领域试点机场公司运营方案》设立"根河机场管理公司"，该管理公司为轻资产的企业，主要负责机场运营管理和保障服务业务，大兴安岭林业管理局则拥有跑道、机坪、导航等设施设备的所有权，这样根河机场实现民航系统与林业系统的跨业合作，可谓是"林民合用通用机场"。另外，阿拉善左旗巴彦浩特机场、阿拉善右旗巴丹吉林机场和额济纳旗桃来机场的三个内蒙古通勤航空试点机场也采用委托经营管理模式，由阿拉善盟交由内蒙古民航机场集团公司经营管理。

2. 专业化的通用机场管理公司托管模式

通用机场管理公司托管模式（又称代管模式）是指地方政府或通用机场业主与专业通用机场管理公司签署协议，由专业机场公司全面管理一定时期，业主交付专业公司管理费，待通用机场自身熟悉后再独立运营。实施托管的通用机场管理公司又可分为国有公司和民营公司两类。专业机场公司的托管往往是跨区域的，具有通用航空运营和通用机场管理领域的丰富经验和运营管理资源，对机场的通用航空运营业务有保障，该模式因不涉及到机场产权，整体运作简单，但该模式对区域内通用机场群的一体化运营发展缺乏宏观把控。例如，珠海中航通用机场管理有限公司是中航通用飞机有限责任公司旗下专业化发展通用机场业务的子公司，正面向全国进行网络化布局，最终发展成为通用机场管理集团公司。该公司现已与当地政府达成协议，托管内蒙古的莫旗、阿荣旗两个通用机场，并将引进通勤航空、航空俱乐部、空中游览等中航通用飞机有限责任公司相关产业，后续逐渐引进农林作业、飞行员培训、跳伞俱乐部等项目。

专业化的通用机场管理公司往往归属于已建立通用航空全产业链的通用航空产业集团公司，旗下普遍设立有通用航空飞机制造或销售公司、通用航空运营公司和通用机场公司等子公司，可实现飞机制造销售、通用航空运营、机场运营三者之间的有机结合。大型集团公司的通用航空板块普遍采用这一模式，如中航通用飞机有限责任公司、上海正阳投资集团有限公司等。其中上海正阳投资集团有限公司通用航空板块拥有中美洲际直升机投资（上海）有限公司、正阳通用机场投资公司和上海金汇通用航空有限责任公司三大公司，已形成了从直升机销售、托管运营，到通用机场开发建设和运营管理的全程服务体系。其中正阳通用航空机场投资有限公司主要以机场投资开发、机场建设咨询和机场运营管理为核心主营业务，目前运营和在建通用机场共有福州竹岐、厦门厦金湾、武夷山和龙岩红坊4座机场，还启动建设泉州、宁德、邵武等地的通用机场项目。

（四）通用机场属地化管理模式

属地化管理模式是指由地方政府投资建成通用机场之后，再专门设立国有机场管理公司对通用机场进行自主运营管理的模式。属地管理模式属于通用机场自建、自管、自营模式。由于这类通用机场的建设通常作为通用航空产业园开发的配套项目，通用机场管理公司往往归属于通用航空产业园区管理委员会旗下。

此种模式的优点是全部由地方政府投资建设和运营管理，可以充分发挥通用机场的公共服务职能，使其公益性得以体现，另外，通用机场和周边地区的通用航空产业园可以统筹规划，协同发展。不足之处是通用机场的管理专业化程度较高，而市县级政府旗下的国有机场管理公司往往缺乏通用航空专业人才储备和机场运营管理经验，独立开展通用航空业务的经营活动有难度。为此，市县级政府在机场建设筹备阶段便需要提前进行专业技能和运营管理业务的人才培训。

根河机场创新通用航空短途客运引领民航服务新模式

田田是一个背包客，某个假期，田田来到了内蒙古根河市，领略了大兴安岭和呼伦贝尔草原的绮丽风光，还用航拍记录了这绝美景色。田田的航拍是在根河－满洲里往返的飞机上进行的，仅用 200 元的机票就实现了观光、航拍两大愿望。

其实，当地人对于根河机场"小机型、低票价、方便快捷"的运营特点早就有口皆碑，贴切地称之为"空中巴士"，根河机场的创新服务大大方便了当地民众和外地游客。

据悉，根河机场是在根河航空护林机场基础上扩建而成的，原机场是大兴安岭北部林区开展航空护林的重要基地之一，承担机降、化灭、吊桶、索（滑）降等航空灭火任务。2011 年 4 月 18 日被中国民航局列为拓宽通用航空服务领域的试点，由中国民航咨询公司进行了评估、评审，同年 9 月 15 日作为试点项目的根河敖鲁古雅机场成功首航，取得了试飞成功。

自此，根河机场打开了借助原有通用机场基础保障设施开展短途载客运输之先河，在满足安全运行要求情况下，使用小型航空器在一定范围内从事短途客、货、邮运输业务，与支、干线航空运输有效衔接，发挥通用航空拾遗补缺的作用，满足地方经济建设需求。

对于整个民航业来说，根河机场的试点也是一个全新的事物。在深入调研的基础上，本着"小机型、低成本、低票价、方便快捷"原则，在推进试点过程中，根河机场从航线运营模式、机场运行模式、机场管理模式等方面进行了大胆创新。

根河机场的试点实现了航线运营模式的创新。以"运 12E"为试点机型，按照 1 小时飞行圈设计航线网络，在航线、航班时刻和售票管理方面采用灵活运营方式，突破航线、航班时刻先审批后执行的惯例，在一定航线范围内，灵活安排航班和时刻；客票销售不加入中国航信民航旅客订票系统，旅客随到随购票，或采取包机等多种方式。2015年呼伦贝尔机场联合中航通用公司在海拉尔—加格达奇，海拉尔—根河，海拉尔—满洲里航线上推出个人月票和公司月票等优惠活动，深得市民欢迎，初步形成以呼伦贝尔机场为中心辐射周边支线、通用机场的格局，真正实现航空大众化、公交化、平民化，产生良好的社会效益和经济效益。

根河机场的试点实现了机场运行模式的创新。根河机场管理公司是一家轻资产的管理公司，不再强调拥有跑道、机坪等设施设备的所有权，而是通过共用根河航空护林站的跑道、机坪、导航等设施设备，完成基础保障服务。以根河机场为试点，突破传统支线机场模式的束缚，实现真正意义上的低成本、高效率、快捷的运行方式，使欠发达、财政收入较低的县级行政区有能力拥有航空运输服务，满足当地经济和社会发展需求。

根河机场的试点实现了机场管理模式的创新。以"把住安全关口、简化业务流程、方便旅客出行"为宗旨，按照旅客需求制订航班计划，随时组织旅客预订航班机票，同时还可以提供包机业务。

气象业务采用与地方气象局签订业务合作协议的模式，由其派员参加民航气象业务培训，取得气象执照后到机场保障航班安全，在缓解各机场压力的同时节约了人工成本。

按照公益职能社会化的发展思路，根河通用机场将公安、医疗、消防职能社会化，全部纳入地方政府应急救援保障体系，根河机场重新与消防队、公安局、医院签订合作协议，通过协议进一步明确双方责任与义务。

同时，根河机场公司还尝试开展了冬季试运行，为实现全年持续运营奠定了基础。

根河机场通过不断创新为我国通用航空拓展服务领域做出了有益尝试，提供了宝贵的经验。这一创新尝试也得到民航管理机构的重视和业内的认可。

资料来源：http://news.sina.com.cn/o/2015-11-04/doc-ifxknivr4154809.shtml。

三、通用机场的运营管理

（一）通用机场经营管理存在的问题

1. 建设成本高

我国通用机场的财务运营管理不成熟，财务结构不科学，建设资金成本占比过高。通用机场建设投资大，且大部分属于长期固定资产投资，投资的回收期长，融资渠道单一，加之机场日常运营收入较低，使得机场运营业主的现金流压力大，使其还本付息能力减弱，造成机场财务负债过高，资本结构严重不合理，这将直接导致通用机场企业的亏损。另外，民航发展基金和通用航空发展专项资金的资助范围并不包含通用机场，中国民用航空局主要针对通用航空企业的运营进行补贴，缺乏针对通用机场建设运营的行业性财政补贴。

2. 运营成本高

我国通用机场的飞行作业具有不确定性，机场收益不稳定，与运输机场不同，通用机场的运营收入绝大部分来源于服务于飞机飞行作业起降需求的航空性收入，缺乏广告、商业等非航空性收入。另外，各类飞行作业收费计取不一致，比较而言，航空培训、农林作业飞行、公务航空的盈利空间都不大，石油作业、港口引航、电力巡线等盈利性好、收益稳定的通用航空业务又集中由少数通用航空企业所掌控。总体而言，通用机场的运营成本高，效益低。

3. 通用航空收费标准偏低

根据2010年9月1日起实施的《通用航空民用机场收费标准》，内地通用航空器起降费基准价为每架次120元，停场费标准是每停场24小时基准价为每架次100元，上述起降费、停场费基准价为最高收费标准。从通用机场经营的角度来看，机场业主认为政府制定的机场收费标准定价偏低，且长期不变。而从通用航空企业的角度来看，通用机场具有资源垄断性，各地机场对通用航空飞机收费较高，且收费标准不统一。

4. 财务管理体系不成熟

我国通用机场企业的资本结构不合理，债务资本负担重，在拓宽融资渠道，降低资金运作成本方面还存在明显不足。通用机场的权益资本来源渠道单一，经营收入政策不完善，未形成"政府补贴、债务融资和运营收入"三者相结合的资金来源体系。总体而言，通用机场企业需要优化资本结构，逐步形成成熟的通用机场财务管理体系。

（二）通用机场建设经营补贴相关政策

为了推动通用航空业的发展，中国民用航空局和中央部委以及省级地方政府先后出台过涉及通用机场补贴的政策文件。

2009年12月23日，中国民用航空局出台了《关于印发加快通用航空发展有关措施的通知》（民航发〔2009〕101号），提出要"加快通用机场（起降场）的布局与建设"，提到选择在江浙、东北、西部以及其他应急救援基础薄弱的特殊地区规划建设具备相应保障能力的通用机场（起降场），并协调当地地方人民政府，与中国民用航空局签订通用航空领域的框架合作协议，统筹解决通用机场（起降场）建设所需资金。

2012年3月19日，财政部关于印发《民航发展基金征收使用管理暂行办法》的通知（财综〔2012〕17号）所界定的"民航发展基金使用范围"包括"通用航空发展，包括支持通用航空企业开展应急救援、农林作业等作业项目，通用航空飞行员教育培训，通用航空基础设施建设投入和设备更新、改造等"。该规定明确提出通用机场建设属于民航发展基金的使用范围之内。

2012年12月11日，中国民用航空局和财政部联合下发的《通用航空发展专项资金管理暂行办法》（民航发〔2012〕111号）规定通用航空发展专项资金是中央财政从民航发展基金中安排的，用于支持通用航空企业开展通用航空作业、通用航空飞行员培训以及完善通用航空设施设备三个方面的专项资金。每年中国民用航空局依据通用航空企业生产统计数据及飞行员执照培训情况予以专项补贴。通用航空发展专项资金资助范围并未包括通用机场的建设运营补贴资金。

2015年6月4日，江苏省财政厅、交通运输厅联合印发《江苏省省级航空机场发展专项补助资金管理办法》，出台了全国首个省级通用机场专项补助资金管理办法，标志着省级地方政府对通用机场规划建设开始进行财政补贴。该办法明确指出专项资金的支持范围主要有前期工作项目、新增设施设备及升级改造项目、通用机场建设项目、应急救援等公益性飞行服务项目四大类项目。

总的来说，我国尚缺乏国家层面的通用机场建设运营专项补贴政策，通用机场补贴需要涵盖建设投资、运营管理两大板块，并逐步形成"国家+省（直辖市、自治区）+市县"通用机场建设运营补贴体系，以提高通用机场全生命周期的运营能力。

（三）通用机场的成本和收入结构

1. 通用机场的成本结构

通用机场的成本结构基本上包括劳动成本、资本费用和运营成本三类。劳动成本主要指机场员工的工资、福利及保险金等；资本费用指银行贷款或发行债券的利息和机场提取的折旧费；运营成本是通用机场运行过程中所发生的费用，具体包括水暖电气费、通信费、设备费、辅料费、维护保养费、管理费，以及其他运营费用等。

（1）劳动成本　通用机场经营主要需要两类专业人员：一类是保障通用机场正常运行的专业人才，主要包括空中交通管制员、气象检测员、安检人员等；另一类是从事通用航空运营业的机场专业经营管理人员，这些人员除了需要具备一般企业管理人员具备的专业技能和管理能力之外，还必须通晓专业性强的通用航空领域知识。

根据中国民用航空局空管行业管理办公室2013年7月8日批准的《通用航空机场空管运行保障管理办法》，通用机场应当指定熟悉空管工作的专职或兼职的安全管理人员，负责空管运行安全管理工作。如果遵循《通用航空机场空管运行保障管理办法》要求，并按照"一人一岗"进行专业人员配置，通用机场一线的空管运行保障人员至少需要4人以上。

从优化人员结构来看，通用机场的工作人员通常需要实现"一人多岗、一专多能"，以大幅度降低人力成本。例如，美国阿拉斯加州科迪亚克岛的科迪亚克机场为年飞机起降量约3.8万架次、运送航空旅客超过80000人次的通勤机场，拥有2300米×45米、1600米×45米和1500米×45米的三条交叉跑道，但该机场仅有7名工作人员负责管理机场运营，从当天早晨4:00到次日凌晨2:00进行轮班工作，主要负责跑道维护、除冰雪等场务工作。

（2）资本费用　目前我国通用机场的建设规模较大，建设成本相对较高。飞行区土地成本和维护管理成本高，回报周期长。航站综合楼建设规模较大，装修标准也较高，使得机场的总体维护成本较高，还本付息费用较大，以致资本费用在总的成本结构中所占的比重较高。

（3）运营成本　由于通用机场设施设备安全系数要求高，运营管理的技术性强，使得机场的运营维护成本较高。与支线机场类似，从事短途运输服务的通用机场需要进行社会化功能的复位，以降低机场作为企业的运营成本。社会化功能具体包括公安、消防、医疗、气象等方面。例如，内蒙古根河机场按照公益职能社会化的发展思路，与根河市的公安局、消防队、医院签订合作协议，将公安、医疗、消防职能社会化，全部纳入地方政府应急救援保障体系，也与市气象局签订业务合作协议，由其派员参加民航气象业务培训并取得气象执照，而后到机场承担民航气象业务。通用机场的社会化功能可显著节约其运营成本及人工成本。

2. 通用机场的收入结构

通用机场收入通常包括航空性收入和非航空性收入两大块。航空性收入是指机场因提供与通用航空飞机、旅客及货物服务直接相关的基础性业务而获得的收益；除航空性收入以外的均属于非航空性收入。航空性收入主要包括起降费、停场费以及其他收费项目（安检费、地面服务费等），其中为通用航空飞行所提供的地面保障服务收费项目具体包括燃油加注、机务维修、航行服务、航材销售等。从航空性收入的比重来看，地面综合保障业务收入应该占通用机场经营航空性收入的主要份额。非航空性收入主要包括停车场收费、房产物业出售收入和持有物业出租收入、自营或外包广告业务收入，其中通用航空相关企业物业租赁收入是指机场业主将机场陆侧、空侧及机场范围内的土地资源和房屋物业租赁给通用航空企业及相关运营机构，以此所获取的土地租金和物业出租收入。

总的来看，目前我国通用航空市场发展尚不成熟，通用机场建设投资大，人力成本和运营成本高，驻场通用航空企业少，通用航空飞行小时数量少，通用机场的收入结构及来源较为单一，这些都使得通用机场的航空性收入偏低，实现盈亏平衡较为困难。我国通用机场企业需要加强财务管理，应充分利用科学合理的财务手段，对其筹资、投资和分配等各种财务活动进行调节和管控，精心管理机场企业的资金使用和成本核算，以增强其盈利能力和竞争力。

1. 简述通用机场的概念、作用及功能。
2. 简述通用机场的基本结构。
3. 简述我国通用机场的分类。
4. 简述通用机场选址原则。
5. 通用机场规划需要考虑哪些因素？
6. 简述直升机场主要参数。
7. 直升机场平面布局要素有哪些？
8. 简述我国通用机场建设模式。
9. 我国通用机场管理模式有哪些？存在哪些问题？
10. 概述我国通用机场经营模式。

思考题

课后练习

Chapter 05

第五章

通用航空运营与管理

微课

主要内容

本项目介绍了通用航空企业相关概念及企业分类，使学习者了解通航企业申报设立程序及运行合格审定流程，熟悉通用航空企业运营与运行等文件手册管理；并结合通用航空运营统计指标和表格进行了详细分析。

学习目标

1. 理解通用航空运营管理概念及通航企业分类。
2. 熟悉通航企业申报设立程序及运行合格审定流程。
3. 掌握通航企业运营与运行等文件手册管理。
4. 熟悉通用航空运营统计和分析。

案例导入

为何通用航空"剃头挑子一头热"？

2016年，对于通用航空可以说是"春风得意"。国务院办公厅于2016年5月13日发布《关于促进通用航空业发展的指导意见》（国办发〔2016〕38号），这是中华人民共和国成立以来国务院办公厅首次从国家战略层面对通用航空业发展提出指导意见。在此之后，国家发改委、交通部、民航局等部门及单位纷纷抓紧制定、出台配套细化方案，通用航空改革热火朝天。正是国办38号文件的深远影响与重要意义，通航圈内普遍把2016年比作中国深化通航改革的元年。

在各种政策刺激的背景下，通用航空行业2016年数据出炉，其结果却令人大跌眼镜。据《中国通用航空发展报告（2016—2017）》（中国航空运输协会通用航空分会编辑出版）数据显示：2016年，全国通用航空行业完成通用航空生产作业飞行76.47万小时，比上年降低1.8%（2015年为77.9万小时）。你没有看错，全行业飞行小时数在"春风得意"的情况下，不升反降了，而且是10年以来第一次出现同比降低，近10年飞行小时数据见图5-1。

2007—2016年中国通用航空飞行作业时间总量

图5-1　2007—2016年中国通用航空飞行作业时间总量

通用航空产业利好政策频出，但是市场却并不买账，数据难看、企业煎熬。是从事这个行业的企业少了？还是航空器少了？让我们再系统地看看通用航空运营业情况。

在企业数量方面，截至2016年年底，中国拥有获得通用航空经营许可证的通用航空企业320家（实际运行224家），比上年增长13.9%。然而从具体运营数据可以看出，有近1/3的企业根本没有飞行小时数，也就是没有业务。依靠通用航空发展专项资金补贴，行业内也仅不到1/5的企业能够实现盈利，其余只能惨淡经营，普遍通航运营企业为了生存，调机上千公里进行通航作业的比比皆是，只为"养家糊口"。在航空器数量方面，截至2016年底，中国通用航空机队在册总数为2595架（实际运行1472架），比上年增长16.1%。

用2016年的76.47万小时除以2595架（具）航空器、再除以365天，即可得出通用航空器平均日飞行时长仅0.807小时，也就是航空器平均每天都飞不到1小时（这还是算上了航校这种飞行小时数很高的单位），与通航行业内普遍盈亏平衡点2小时差距甚远，也与运输航空的8.79小时形成了鲜明对比。

所以说，企业多了、航空器也多了，但飞行小时却少了。看来市场的问题还是需要回到市场上才能找到答案。

资料来源：http://www.sohu.com/a/212954346_288274。

思考

1.从案例中可以看出，通用航空运营的统计指标有哪些？

2.案例最后所述"市场的问题还是需要回到市场上才能找到答案"，这个市场可从哪几方面考虑？

通用航空的运营与管理，是现代民航企业管理的重要组成部分，是一项关系到通用航空事业发展的重要工作，通用航空的运营与管理已随着通用航空事业的发展而被提上议事日程。通用航空运营与管理的好坏，不但直接关系到通用航空自身的效益、安全、质量和驾驭市场竞争的能力，而且还关系到国家的形象、社会的声誉以及人民群众的生命与财产安全。

第一节
通用航空企业

能力培养 ✈

1.理解通用航空运营与管理概念。

2.掌握通用航空企业分类。

3.熟悉通航企业申报设立程序。

4.了解通航企业运行合格审定流程。

一、通用航空运营与企业类型

（一）通用航空的运营管理

1. 通用航空的运营

所谓运营，就是运行与营业的简称，一般是指交通运输部门经营活动的总称。通用航空的运营，一般说就是通用航空有关部门进行通用航空飞行和通用航空作业的全部活动的总和，其实质就是通用航空为实现自己的经营目标而实施的过程。具体包括通用航空生产计划的制定、生产任务的确定、通用航空与用户合同的签署、通用航空生产的组织、通用航空飞机的调动、通用航空的现场作业、通用航空作业的效果与质量、通用航空的收益以及通用航空成本的核算等。

2. 通用航空的管理

管理，是人类在一定环境下为了实现某一确定目标对管理对象不断地进行计划、组织、人员配备、领导和控制的活动过程的总和。对于任何一种管理，其实质都是管理者将自己的意图变为被管理者行为的过程，是管理主体对被管理客体实施控制的过程。

通用航空的管理，是科学的管理理论与通用航空运营相结合的过程。它是指通用航空的各级管理者，为了完成或实现通用航空的经营任务和目标，不断地对本部门的经营活动进行计划、组织、人员配备、领导和控制的全过程。

3. 通用航空运营与管理的关系

通用航空运营反映通用航空经营的全过程，是通用航空管理的"载体"，没有通用航空运营，就不可能有通用航空运营的管理，管理成了没有对象的"管理"。管理本身只是一种"社会活动"，具有科学性和规律性，通用航空运营管理，是科学的管理理念和方法与通用航空运营的实践的有机结合。没有科学而先进的管理，通用航空也是无法进行运营的。通用航空企业为了实现自己的经营目标，就必须制订科学的计划，进行合理的组织，成立相应的机构，对所属员工进行科学的管理和领导，以及对整个运营过程进行控制。

（二）通用航空的企业类型

按照企业经营性质，通用航空企业可以分为经营性企业和非经营性单位。

① 经营性企业　经营性企业是指在中华人民共和国境内，从事经营性通用航空活动的通用航空企业，以及使用限制类适航证的航空器和轻于空气的航空器从事私用飞行驾驶执照培训、航空运动训练飞行、航空运动表演飞行、个人娱乐飞行的具有企业法人资格的经营性航空俱乐部（《通用航空经营许可管理规定》）。

② 非经营性单位　非经营性单位是指中华人民共和国境内的，使用民用航空器开展不以营利为目的的通用航空飞行活动的中国公民、法人或其他组织（《非经营性通用航空登记管理规定》）。

按照企业经营项目，通用航空企业可以分为甲类企业、乙类企业和丙类企业。

① 甲类企业　甲类企业是指从事陆上石油服务、海上石油服务、直升机机外载荷飞行、人工降水、医疗救护、航空探矿、空中游览、公务飞行、私用或商用飞行驾驶执照培训、直升机引航作业、航空器代管业务、出租飞行、通用航空包机飞行等经营活动的企业。

② 乙类企业　乙类企业是指从事航空摄影、空中广告、海洋监测、渔业飞行、气象探测、科学试验、城市消防、空中巡查等经营活动的企业。

③ 丙类企业　丙类企业是指从事飞机播种、空中施肥、空中喷洒植物生长调节剂、空中除草、防治农林业病虫害、草原灭鼠、防治卫生害虫、航空护林、空中拍照等经营活动的企业。

按照企业隶属关系，通用航空企业可以分为国有企业、中外合资企业、股份制企业、私人企业等。

① 国有企业　是指通用航空由国家投资，企业的所有权和经营权归全民所有的企业。具体表现为归民航总局所有、地方管理局所有或地方政府所有。

② 中外合资企业（含外资企业）　指通用航空由中外两个以上国家(外国独资或合资)投资，企业的所有权和经营权归中外所有的企业。中国和澳大利亚合办的农业航空实验站就属于这种类型。

③ 股份制企业　指通用航空由国内各个股东联合投资，企业的所有权和经营权归股东大会或董事会所有的企业。

④ 私人企业　又称个人企业，是指通用航空由国内个人独立投资，企业的所有权和经营权归个人所有的企业。

按照企业经营对象，通用航空企业可以分为通用航空公司、公务机公司、飞行员培训学校和为通用航空公司服务的企业。

① 通用航空公司　通用航空公司是指专门从事通用航空飞行作业的企业。这类企业的经营范围主要是使用通用航空器为工业、农林业和其他经济领域提供航空作业飞行。

② 公务机公司　公务机公司是指专门从事公务机飞行和租赁业务的公司。

③ 飞行员培训学校　飞行员培训学校是指专门从事飞行员培养和训练的营利企业或非营利机构。

④ 为通用航空公司服务的企业　为通用航空公司服务的企业，指设在机场的固定基地运营商（fixed base operators，FBO），它们为通用航空飞行，尤其是为私人飞行和公务飞行提供服务。

二、通用航空企业申报设立

（一）设立通用航空企业的基本要求

1.政策要求

通用航空业是高度政策管制的行业，通用航空公司的设立、航空器的购置、航线的开设及关闭、通用航空机场及起降点的设置以及各种安全标准、维修资质等均需要取得政府有关部门及军事管理部门的批准。机队资源、航线资源、机场及起降点资源等核心要素的取得都依赖于政府的政策。

民航局对通用航空经营资质的准入具有严格的规定，制定了《通用航空经营许可管理规定》（以下简称《许可规定》）。《许可规定》指出，取得通用航空经营许可，除了需设立的通用航空企业必须为企业法人、企业的法定代表人为中国籍公民外，还需在人员资质、资本要求、飞机设备等方面满足要求。

除具备上述准入要求外，还需要经历经营许可审批阶段。获得经营许可后，需要每年定期接受检查，经营许可证三年有效期到期后还需办理相关许可续证手续。较高的要求、严格的审定和较为复杂的审批流程，使得进入通用航空业具有较高的政策壁垒。

2. 资金要求

通用航空业是资金密集型行业，具有前期投资大、风险高、运营成本高、需要大量资金支持等特点。根据《许可规定》的相关要求，获得通用航空经营许可证有较高的资金要求。具有公务飞行、出租飞行、通用航空包机飞行经营项目的企业在申请通用航空经营资质时，购置航空器使用的自有资金额度不得低于5000万元；具有其他甲类通用航空项目的企业，购置航空器使用的自有资金额度不得低于2000万元；具有乙类通用航空项目的企业，购置航空器使用的自有资金额度不得低于1000万元；具有丙类通用航空项目的企业，购置航空器使用的自有资金额度不得低于500万元。

同时，开展通用航空业务还有较大的购置航空器或租赁航空器的资金需求：尽管通用航空器的购买和租赁价格一般低于公共运输航空器的价格，但后勤维护以及飞行员队伍的培养等都需要投入大量资金，整体投入仍相对较高，通用航空企业只有形成经营规模效应后才能获得良好的收益。

3. 技术要求

通用航空业是一个具有高技术含量的行业，申请通用航空经营许可资质需要具备相关技术要求和配备工作经验丰富的主管、空勤等人员，通用航空公司的成功运作也需要大量高水平、高素质的专业技术人员及经营管理人员。为有效保证飞行的安全性、可靠性，通用航空公司多数专业岗位人员都需要经过长时间的培训和大量的实际操作经验，通过相当复杂的考核，并取得相应的专业技术资格。

（二）通用航空企业的申报

拥有航空器并开展航空飞行作业的通用航空企业属于特殊行业，申办这类企业，除要按照《公司法》、《中华人民共和国公司登记管理条例》（简称《登记管理条例》）和相关的企业注册管理规定要求，在企业所在地进行工商管理和税务登记外，还需要根据《中华人民共和国民用航空法》（简称《民用航空法》）和通用航空企业管理的相关规定，进行行业审核和注册。因此，一个从事通用航空作业和飞行活动的合格企业，在成立企业时必须完成三项审核登记工作、面对三方政府机构、取得三种经营运行许可证书。它们分别是：

（1）公司注册登记　企业面对的部门是所属地区的工商管理部门和税务部门，取得的是工商和税务登记证。

（2）经营许可审核登记　企业面对的部门是民航总局运输司通航处或地区管理局市场处，取得的是经营许可证。

（3）运行合格审定　企业面对的部门是民航总局飞行标准司通用飞行标准处和地区管理局安全检查办公室，并会同飞行标准处、适航维修处等部门，取得的是运行合格证。

（三）经营性通用航空企业经营许可登记

自2016年6月1日起，通用航空企业经营许可审核登记管理遵循的规章是中国民用航空规章CCAR-135TR-R3——《通用航空经营许可管理规定》，民航管理部门对通用航空企业实施经营许可审核管理。

1. 经营许可的申报程序

（1）申请提交的材料　筹建工作完成后，申请人可按规定的格式向民航地区管理局申请通用航空经营许可证，并提交申请材料，一式三份，以书面形式声明保证其材料真实有效。申请材料应包括：

① 申请书　通用航空经营许可申请书和筹建工作报告。

② 企业经营性文件　包括所在地工商行政管理机关核发的企业名称预先核准通知书副本，企业章程，具有法定资格的验资机构出具的验资证明，作业服务（培训）合同和作业服务价格表，民航总局核准的企业标志（公司图标彩图）和批准文件。外商投资通用航空企业的，还应提供合同、章程的批准文件及外商投资企业批准证书。

③ 航空器文件　包括经核准的购机批准文件，民用航空器国籍登记证、适航证、机载无线电电台执照、维修许可证，飞机图案及标志的彩图和航空器保险单。

④ 飞行保障文件　包括自建基地机场的机场使用许可证或者与所使用机场签订的机场场道保障协议书，投保地面第三者责任险的证明。

⑤ 人员资料　包括法定代表人及经营负责人、主管飞行和作业技术质量的负责人的任职文件、资历表及其身份证明，相关航空人员执照或训练合格证复印件，空勤、维修、签派人员执照及空勤人员当年的体检合格有效证明。

⑥ 经批准或认可的企业手册　包括运营手册，企业质量手册，机场场道保障工作手册，航空安全管理手册和安全保卫方案。

（2）对经营许可申请的审批程序　民航总局、民航地区管理局对申请经营许可的甲、乙、丙各类通用航空企业的审批均按照筹建认可的程序进行。各级审批单位在受理申请后20日内做出是否准予的决定。对符合经营许可条件的企业即颁发经营许可证。经营许可证的有效期限为3年。

2. 审批后的管理

当申请人取得民航总局或民航地区管理局颁发的经营许可证后，即可持证向所在地工商行政管理机关申请工商登记，并在取得企业法人营业执照之日起20日内，将执照复印件送民航总局和民航地区管理局备案。取得经营许可证的申请人，应按民航总局CCAR-91部规定继续完成运行合格审定，在取得相应的运行合格证或运行规范后，方可开展与通用航空飞行相关的经营活动。

通航企业筹建基本流程之经营许可阶段准备

2016 年 6 月民航局颁布实施新版《通用航空经营许可管理规定》，简化申请通航企业经营许可阶段流程，取消原有的筹建认可环节。企业可根据自身条件直接开展专业人员配备、航空器购置、机场使用、手册编写等工作后直接向所辖民航监管局提交申请。

因此通航企业取得运行资质由之前的三步走变为两步：经营许可、运行合格。首先看取得经营许可的准备工作。

1. 人员配备

专业人员最基本配置及要求：

（1）总经理 1 名　需有 3~5 年以上航空管理工作经验，并持有局方认可的关于航空企业高级管理人员安全管理培训资质证书。

（2）主管飞行负责人（运行副总）1 名　需持有飞行执照或有从事航空业多年管理经验。

主管作业技术质量负责人（维修副总）1 名，需持有民航维修执照或有从事航空多年维修经验。

飞行员 2 名，需持有与本公司运行机型相符的民航飞行执照（商照）。

机务 2 名，需持有与本公司运行机型相符的民航维修执照，以 ME 执照为主。

航务人员 1 名、空防人员 1 名、航安人员 1 名，此类人员需有相关航空工作经验。

2. 手册的编辑

由原五本手册整合为一本《企业经营管理手册》，但内容未明显减少，主要内容涉及：企业运营管理、企业质量管理、航空安全管理、安全保卫方案、机场使用程序等内容。

3. 航空器选购

自有或租赁两架适航航空器，完善的航空器维修记录及整套随机文件，向总局申请特殊飞行进行适航检查，取得三证（国籍登记证、电台证、适航证）。

经过局方 1~2 次集中对专业人员资质、手册编辑内容、航空器适航状态、企业运行可行性等信息基本审查合格后可颁发航空企业经营许可证。

资料来源：http://news.carnoc.com/list/425/425291.html。

三、通用航空企业运行合格审定

（一）运行合格审定概述

运行合格审定是检验航空运营人保证运行安全的基本手段。近些年来，我国的民用航空发展很快，但在运行管理的严密性方面和运行标准上与国际民航组织的要求仍存在较大差距。特别是通用航空企业，属于使用民用航空器进行非公共航空运输的单位或人员，长期以来没有实施规范的运行和飞行审核。我国航空技术和设施相对落后，航空专业知识尚不普及，这种状况会导致整体安全水平过低，存在许多安全隐患。民航总局为了规范民用航空器的运行，保证飞行的正常与安全，对通用航空企业也必须实施运行合格审定。从事通用航空运营的企业通过建立自身的运行体系，发布自身的运行规定并严格按照运行规定运行，以履行自身负有的责任。通过运行合格审定，对通用航空运营企业的安全水平进行评估，确认其是否符合最低安全运行要求。

据此，中国民用航空规章的要求是：所有从事通用航空飞行和作业的企业在取得经营许可证之后，必须通过运行合格审定，取得运行合格证，获得运行规范的批准，才能从事经批准的相应的飞行活动。通过运行合格审定、获得运行合格证和运行规范，构成在中国境内实施民用航空器运行的必要条件。

按照民航总局确定的制定民用航空运行规章体系的总体思路，《航空器运行规章》主要由CCAR-91部、CCAR-121部（《大型飞机公共航空运输承运人运行合格审定规则》）和CCAR-135部（《小型航空器公共航空运输运营人运行合格审定规则》）组成，其中CCAR-91部是基础规章，适用于所有航空器的所有运行，通用航空企业就是依据此规章进行审定的，而CCAR-121部和CCAR-135部是在CCAR-91部的基础上为参加公共航空运输的航空器提出的更高的运行要求。

（二）运行合格审定的主要内容

按照CCAR-91部制定体系，审定时依据的规则包括四部分。

① 适用于所有航空器运行的一般飞行、维修和适航规则。

② 对非公共运输运营人和航空器代管人进行运行审定和监督的程序和标准。

③ 对某些较大型航空器和某些特殊类型运行的附加运行要求。

④ 对超轻型飞行器单独提出的要求。

因为一般的通用航空公司属于非公共运输运营人——航空器代管人之外的使用民用航空器进行非公共航空运输的人员或单位，因此，审定时依据的规则主要是①和②两部分。同时根据各企业申请的业务不同，审定内容有所区别。一般的审定包括以下内容。

① 飞行人员 民用航空器机长的职责和权限，航空器的驾驶员飞行规则。

② 航空器 民用航空器的适航性、飞行手册、标记标牌、维修标准，设备、仪表及其合格证。

③ 飞行运行 商业非运输运营人的运行和航空器代管人的运行等。

（三）运行合格审定的基本程序

通用航空运输企业申请运行合格审定的基本程序分为5个阶段：预先申请阶段，正式申请阶段，文件审查阶段，验证检查阶段和颁证阶段。

1. 第一阶段——预先申请

运营人根据CCAR-91部的要求，向企业所在地区民航管理局提出审定初始意向。之后，所在地区民航管理局与申请人需要开展以下工作。

① 局方向申请人介绍合格审定程序，双方进行初步讨论，确定申请人是否有资格申请合格审定。

② 局方向申请人提供审定指导材料（相关法规、咨询材料和监察员手册）。

③ 申请人按局方给予的指示填写预先申请意向书，并且将完成的预先申请意向书递交局方办公室。

④ 局方组建合格审定小组，向民航总局申请并获得预先合格审定编号。

⑤ 召开由申请人承办的预先申请会。合格审定组组长与申请人联系安排预先申请会议。

2. 第二阶段——正式申请

在预先申请会议期间或之后，当申请人对运行合格审定的要求、形式、内容和必备文件有了正确理解，并认为本单位已经满足运行合格审定要求时，即可向指定的管理局监管办提出正式申请。

正式申请应向局方提交请求合格审定的正式申请信及其附件。正式申请信附件包括活动日程表，公司手册，公司训练课程，管理人员、飞行人员名单和履历，购买凭证、合同，租约文件，符合性声明（初始符合性声明）。在提出正式申请的过程中还应不断与局方沟通，了解局方对本单位方位的认可程度。局方收到申请人提交的正式申请后，合格审定小组应该立即开始审阅工作，并且在10个工作日内做出是否接受的决定。

3. 第三阶段——文件审查

文件审查阶段是局方对申请人为保障经营而制定的各类文件进行审定的过程。审定小组将依据中国民用航空规章，查阅局方相关手册及文件规定，并参照符合性声明，深入审查申请人提交的手册和其他文件，以确定其是否符合适用的规章和安全常规，并做出批准或者拒绝的决定。

4. 第四阶段——验证检查

该阶段的主要工作是验证申请人对手册中制定的程序和规章制度是否有效落实和安全运行，管理人员是否按手册要求指导员工履行各自职责和遵守手册规定的程序，以及管理的有效性。检查的重点是演示验证企业在正常飞行运行时是否遵守规章要求和安全运行常规。验证检查阶段与文件审查阶段的某些内容常同时发生，例如，监察员可能在申请人的训练设施内观察驾驶员的训练（属于验证检查阶段的工作），同时其他合格审定小组成员也在审批维修手册（属于文件审查阶段的工作）。

5. 第五阶段——颁证

在运行合格审定的所有项目都达到了法规规章的要求，合格审定小组认为申请人的运行规范已经符合法规，通过检验确实可行，准予批准之后，局方将为申请人颁发商业非运输运营人运行合格证和运行规范。一旦实施这项工作，则代表合格审定过程圆满结束。

在为申请人颁发运行合格证之前，合格审定小组组长必须确认申请人完全有能力履行法律规定的职责，并且确实能够依照法规、企业自身特点和航空运行规则，制定和执行企业规章、规范并履行运行程序。在颁发证件之前，运行合格审定小组将与申请人彻底讨论需要进一步解决的非关键性的遗留问题，确定相应改正措施，并以书面形式通知申请人。

（四）合格证的内容

运行合格证是一份批准文件，该文件含有商业非运输运营人的名称、商业非运输运营人批准运行的概括性阐述和生效日期等信息。没有现行有效的合格证，商业非运输运营人不得进行运行。运行合格证包括的主要内容如下：

1. 商业非运输运营人的名称

必须填写商业非运输运营人的法定全称，商业非运输运营人不得使用不同于合格证上的其他名称进行通用航空作业飞行运行。

2. 商业非运输运营人的地址

必须填写主营运基地的实际地址，不得填写与主营运基地的实际地址不同的邮政信箱地址。

3. 批准的运行种类

CCAR-91部将运行种类分为一般商业飞行、农林喷洒作业飞行、旋翼机机外载荷作业飞行、训练飞行和空中游览飞行5种。

4. 合格证颁证单位和签字人

合格证由民航地区管理局制作并颁发，因此，颁证单位是民航地区管理局，签字人是民航地区管理局局长或经授权代表民航地区管理局局长的人员。

当申请人满足所有规章要求，运行规范准备完毕之后，可由负责审定的主任运行监察员和申请人或其授权人员分别签字，然后将运行合格证和运行规范颁发给申请人。

运行合格证的主管部门是负主要监控责任的办公室。在合格证中填有该办公室的名称。通常情况下，合格证主管办公室应当是负责合格审定的办公室。但是，如果在完成合格审定之后，持续监督责任移交给其他办公室，则监控责任即由接受移交的办公室负责，合格证也要注明。

通航企业筹建基本流程之运行合格审定

通航企业在运行合格审定阶段需要做好下述准备工作。

1. 文件审查所涉及的手册

运行方面 《运行手册》《运行规范》《符合性声明》等。

飞行方面 《飞行员训练大纲》《飞行手册》《飞行特殊情况处置程序》等。

维修方面 《航空器检查大纲》《工程手册》《工作程序手册》《机务培训大纲》等。

航安方面 《航空安全管理手册》。

空防方面 《安全保卫手册》。

其他方面 根据运行种类外加类似《巡线作业手册》《农林喷洒作业手册》等手册的编辑。

整套手册需经过初次修订、局方初审、再修订、局方再审等 2~3 次整体修订后通过局方最终文件审查环节，取得局方签署文件进入下一环节。

2. 航空器适航检查

局方适航处针对航空器三证、随机文件、维修记录、维修人员资质、手册等信息进行审核，通过审核后进入下一环节。

3. 验证飞行阶段

在手册编辑、人员配备、航空器适航、空域申请等方面通过局方审核之后申请验证飞行，公司按照预先申请的运行种类（一般商业飞行、农林喷洒作业飞行、空中游览飞行、训练飞行、外载荷飞行等）进行验证飞行，全部符合民航规章要求及现场检查要求后进入下一环节。

4. 最后就是颁证阶段

验证飞行合格后由所辖民航监管局向地区管理局提出申请，最终由民航总局审核后颁发航空企业商业非运输运行合格证。

资料来源：http://news.carnoc.com/list/425/425291.html。

第二节
通用航空公司文件手册管理

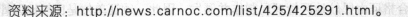

能力培养

1. 掌握通航公司文件体系及其分类。
2. 掌握运营手册的含义及其主要内容。
3. 掌握运行手册的含义及其主要内容。

一、通用航空企业文件手册管理概述

（一）公司文件手册概述

通用航空公司文件手册是指按照中国民用航空总局有关法律法规的要求，结合各通用航空公司具体情况制定的、为本单位实际使用的管理制度、经营政策、运行标准和执行程序的集册。文件手册作为通用航空公司管理体系的法规性、纲领性文件，是公司科学化、程序化、标准化运行管理的依据。它应阐述本公司经营政策、运行方针、管理原则和宗旨、发展目标、各项工作的执行程序等内容。

通用航空公司最基本的手册要有为经营管理服务的手册和为运行管理服务的手册。内容包括：明确组织机构、管理人员和部门的职责；建立飞行运行、飞行签派、工程机务、航空安全信息通报等各项运行活动的工作程序。

（二）公司文件手册体系

1. 公司文件手册体系的构成

一个初具规模的通用航空公司，在运行伊始需要具备的手册及手册构成体系，应该包括两个方面的内容：一个是符合经营许可审定的手册，另一个是符合运行合格审定的手册，如图5-2所示。

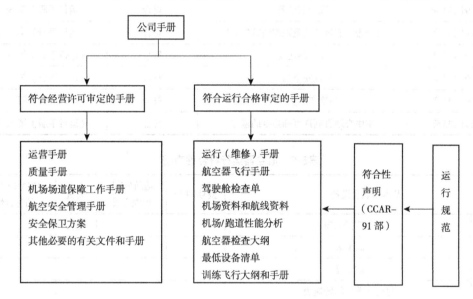

图5-2　通用航空公司手册构成

2. 符合性声明

接受审定的通用航空公司向局方提交符合性声明主要是为了保证申请人已经充分考虑适用于运行的所有规章要求。同时也帮助合格审定小组确定各规章条款在申请人的手册、大纲和程序中何处得到具体落实。局方通过对符合性声明和正式申请文件的审查，即可确定所有规章要求是否都得到了充分的考虑。

提交符合性声明分为两个阶段：

一是初始符合性声明。初始符合性声明是局方文件审查的基础，它简要地描述了运营人在手册、大纲和程序中如何执行规章，作为局方审定的依据。

二是终符合性声明。终符合性声明是在局方完成文件审定，企业根据要求自行修改了文件缺陷后形成的最终文件。在文件审查阶段，审定小组对符合性声明做深入审查，并给予认可。随着审定过程的推进，申请人根据局方提出的要求和相关情况的变化，补充完善符合性声明，保持现行有效，形成最终声明。它是向局方做出的最后承诺，是验证检查的基础，同时也可根据企业的实际情况和局方意见，提出偏离和豁免（符合性声明部分内容见表5-1、表5-2）。

表5-1　符合CCAR-91部声明的部分内容

规章条款	内容	声明	手册中章节
A 章	总则		
第91.5条	民用航空器机长的职责和权限	符合	《运行手册》第 × 条
第91.9条	民用航空器的适航性	符合	《运行手册》第 × 条
第91.11条	民用航空器飞行手册、标记和标牌要求	符合	《运行手册》第 × 条
第91.19条	摄入酒精和药物的限制	符合	《运行手册》第 × 条
B 章	飞行规则	符合	《运行手册》第 × 条
第91.103条	飞行前准备	符合	《运行手册》第 × 条
第91.107条	安全带、肩带和儿童限制装置的使用	符合	《运行手册》第 × 条
第91.117条	航空器速度	符合	《运行手册》第 × 条
第91.119条	最低安全高度	符合	《运行手册》第 × 条
第91.121条	高度表拨正程序	符合	《运行手册》第 × 条
第91.123条	空中交通管制许可和指令的遵守	符合	《运行手册》第 × 条

表5-2　航空器运行符合性声明

基本仪表和设备		型号/件号	适航/安装批准方式	数量	CCAR-91部的符合性
昼间飞行	空速指示器				
	高度表				
	磁罗盘				
	每台发动机的转速表				
	使用压力（滑油）系统的每台发动机的滑油压力表				
	每台液冷发动机用的温度表				
	每台气冷发动机用的滑油温度表				
	每台高空发动机用的进气压力表				
	油量表				
	起落架位置指示器（指收放式起落架）				
	红色和白色防撞等（适用CCAR-23部审定的飞机）				
	浮漂装置（如适用）				
	烟火信号装置				

3. 运行规范

运行规范是局方审定小组在完成审定工作，认为申请人提交的资料和实施的运行检查符合CCAR-91部合格审定规定后，向商业非运输运营人批准颁发的执行文件。营运人在批准后的飞行运行工作中应保证每个参与运行的人员都熟知运行规范中适用于该人员工作职责的有关规定并遵照执行。

局方批准的运行规范随时可能发生变化，每一部分的批准生效日期不尽相同，因此企业取得的运行规范一般要求以活页形式装订，以便修改补充。具体见下述举例：

【例1】运行合格证

A001　颁发和适用范围（　　年　　月　　日）

本运行规范颁发给：中国××航空公司

其主运行基地位于：中华人民共和国××市××路××号

邮政编码：××××××

a. 本运行规范持有人的运行合格证编号为ZTF-A-010-WJ。本运行规范批准合格证持有人按照中国民用航空规章第91部进行国内取酬运行。合格证持有人应按照本运行规范中的批准项目、限制和程序以及所有适用的中国民用航空规章实施运行。

b. 本运行规范从每页下方给出的生效日期起开始生效，只要合格证持有人持有中国民用航空总局颁发的经营许可证，并且合格证持有人持续满足中国民用航空规章合格审定的相关要求，本运行规范将一直有效。

c. 合格证持有人只能使用合格证上的企业名称实施a款中所述的运行。

1. 由中国民用航空总局颁发。

2. 本运行规范在中国民用航空总局指导下批准。

主任运行监察员签名：

3. 批准的生效日期：　　年　　月　　日　　　　　　　　修订号：

4. 合格证持有人接受本条运行规范。

合格证持有人代表签名：　　职务：　　日期：　　年　　月　　日

【例2】航空器维修

D003只要满足下述条件，批准合格证持有人按照CCAR-91部，使用在合格证持有人航空器清单上所列航空器实施运行。

序号	机型/发动机	维修方式	维修地点	维修人员/机构及资格
1	HJ-2000	100小时定检	北京××公司	《工程手册》第×章
2	HJ-2000	航前、航后、短停维修	北京××公司	《工程手册》第×章
3	172R/Skyhawk	500小时（含）以下定检	上海××公司	《工程手册》第×章

1. 由中国民用航空总局颁发。

2. 本运行规范在中国民用航空总局指导下批准。

主任运行监察员签名：

3. 批准的生效日期：　　年　　月　　日　　　　　　　　修订号：

4. 合格证持有人接受本条运行规范。

合格证持有人代表签名：　　职务：　　日期：　　年　　月　　日

（三）公司文件手册种类

1. 按管理归口划分

（1）指导经营管理方面的文件手册　主要有运营手册、质量手册、机场场道保障工作手册、航空安全管理手册、安全保卫方案和其他必要的有关文件和手册。

（2）指导飞行运营方面的文件手册　主要有运行（维修）手册、航空器飞行手册、驾驶舱检查单、机场资料和航线资料、机场/跑道性能分析、航空器检查大纲、最低设备清单、训练飞行大纲和手册等。

2. 按手册性质和内容划分

（1）政策性手册　主要有运营手册、运行手册、质量手册、航空安全管理手册和安全保卫方案等。要依据民航总局有关法律法规的要求，阐述与经营和飞行有关的政策、标准和相关工作程序。

（2）飞机使用手册　主要有航空器飞行手册、驾驶舱检查单、航空器检查大纲、最低设备清单。要按照飞机厂家提供的最新资料翻译整理。

（3）适航保障手册　主要有维修大纲。要依据CCAR-91部中的要求逐条编写。

（4）训练用手册　主要有训练飞行大纲和手册，含内部飞行人员的培训和飞行学校主营业务的训练。

（5）航线保障手册　主要有机场资料和航线资料、机场/跑道性能分析、机场场道保障工作手册。要依据CCAR-91部中的要求编写。

二、运营手册

（一）运营手册的含义

运营手册是按照《民用航空企业规范化基础管理规定》的要求，根据中华人民共和国《公司法》、《民用航空法》、中国民航有关规章、国际民航公约及其附件，结合公司具体情况制定的最高级别的管理手册。手册制定了公司经营发展的战略目标，明确了组织机构、职能职责、工作流程、管理程序以及考核奖惩等主要内容，具体阐述公司运营的管理政策和管理要求，作为公司管理文件体系的最高级法规性文件，是通用航空公司科学化、程序化、标准化管理和运营的依据。

（二）运营手册的编制要求

通用航空公司手册文件的编写要符合下列基本原则。

1. 依据性

通用航空公司手册是通用航空运营最基本的法律文件，手册的编写要与国家的相关法律一致，与民航总局的要求相符合，具有法律依据。

2. 针对性

具有可操作性，简单易懂。公司的手册结构可以按法规章节设计，也可以按公司的实际情况设计。

3. 适用性

公司运营手册的编制一定要满足民航总局的有关法规规定，同时要符合本公司的运营管理要求，切合实际地编制可用的手册，真正能起到确保安全、提高效率、有利运营的作用。

（三）运营手册的主要内容

公司运营手册的编制内容一般包括：总运营手册、质量手册、安全管理手册、安全保卫手册、机场场道保障工作手册5大部分。企业制定运营手册可以根据公司的规模和需要制定制度的多少，自行决定是在一本手册中体现5个方面，还是各内容自形成一册。不管形式如何，总之要充分体现企业对经营管理的要求和管理程序。下面以"总运营手册"为例来阐述其主要内容。

总运营手册是公司管理文件体系中的纲领性文件，是公司规范经营管理的基本规章和执行性法规文件。它应该总体介绍企业状况，提出企业经营方针和目标，宣传企业文化，制定企业管理的原则、方法和奖惩制度。总之，一部完整的总运营手册应该包括以下内容。

① 总则 详细介绍公司概况，公司管理原则和宗旨，公司的发展目标，公司整体管理制度和手册体系的结构。

② 经营方针和经营项目 经营方针要体现公司的经营思路和保障飞行安全的原则；经营项目要按照民航总局规定的通用航空企业类别，根据公司现有能力和发展能力，可以开展哪类项目的经营就填写哪类。公司主要经营项目的确定规范了公司的经营方向，也是制定各类政策、制度和程序的依据之一。

③ 运营组织机构及职责 一个公司运营组织机构的设置与公司的规模有着直接的关系，同时也能反映一个公司的机构是否精干，运营是否高效。职责的制定主要是指公司领导人员的职责，包括总经理、飞行副总经理、机务副总经理和经营副总经理的职责。同时还可规范各部门的职责，要求各部门建立岗位责任制。职责的制定要体现逐级规范、层层落实的管理原则。

④ 业务流程 主要是用图示和文字说明公司经营活动的循环过程，以及各部门之间的相互配合关系，对各部门的权利和责任进行更明确的划分。

⑤ 适航管理 明确公司对运营中的航空器的适航性负责，保证运营中的航空器处于适航状态。公司主要领导及适航管理人员应接受适航主管部门的培训和审核。同时声明，公司根据《中华人民共和国民用航空器适航管理条例》《民用航空器运行适航管理规定》《民用航空器维修许可审定的规定》及其他规章，编制工程手册及相关文件，向适航管理部门申请并取得维修许可证。

⑥ 飞行安全管理 飞行安全管理是公司运营中最重要的工作之一。安全管理的首要任务是有效地控制和防止空中事故、地面事故及事故征候的发生，避免公司财产和人身遭受损伤，避免危害公共利益。在这部分中，要提出飞行安全管理的原则，为编制安全管理手册和安全保卫手册提供指导性的方针政策。

⑦ 服务质量管理 公司的服务质量要根据"安全、高效、优质服务"的方针，按不同的作业和服务项目，采用国家、行业或民航总局制定的相应的质量标准、规范或技术要求，并在合同中予以明确。本部分主要是制定公司质量管理原则，提出编制公司质量手册的指导思想。比如，要求质量手册体现公司政策、程序和航空安全管理原则，符合民航总局有关规定，紧密联系公司运行管理实践，要具有政策性、严谨性和可操作性，便于全体人员有效执行等。

⑧ 经营管理　明确公司经营过程中，在资本运作、财务核算、业务统计、人力资源等方面所依据和执行的国家及行业法律、法规和制度。制定出相关人员岗位的设置和管理要求。

⑨ 适用文件　本部分分别按适航、飞行标准、飞行安全、服务的项目列出编制本手册遵循和适用的文件。

⑩ 发布与实施　公司运营手册须经民航主管部门批准后实施。要规范手册发行的人员和部门，包括总经理、飞行副总经理、机务副总经理、总质量师、总飞行师及各部门经理（主任）等。同时规定手册由总经理授权安监质控部门执行管理并负责修改、补充。

某通航公司运营手册目录

三、运行手册

（一）运行手册的含义

运行手册是通用航空企业根据CCAR-91部、CCAR-141部以及其他相关规章的具体要求，结合企业实际情况和各项政策自行制定的，能够体现企业整体运作体系和方案，指导企业飞行运行的各项工作程序和要求的规范性文件。其目的是通过编制符合企业性质和管理要求的运营手册，向员工传达统一的工作规则和工作程序。

运行手册是企业申请运行合格审定的必备文件，按照国际民航组织和中国民航总局的要求，通用航空企业要依据本企业自身特点和运行规律制定相关的制度和程序来履行企业义务，达到遵守国家法律法规的目的。

（二）运行手册的主要内容

运行手册的制定根据企业的大小有所不同。大型企业为满足局方合格审定的要求，详细规范企业的运行程序，将设置若干本与运行相关的手册；而小型企业，由于业务和人员较少，机构比较简单，有时一本运行手册就囊括了所有的运行规范。以中型通用航空企业为例，运行手册主要包含的内容如下。

1. 总则

总则主要讲述公司概况，运行管理政策及程序，基地及设施设备的情况等。

2. 管理体制

管理体制讲述本企业的组织机构，管理原则，管理程序和运营组织指挥体系。

3. 组织结构和管理职责

规范和制定公司高级管理人员职责，公司各部门职责，主要专业人员（飞行、维修人员）的技术能力及资格授权。

4. 飞行运行

制定本公司航空器运行的一般规定；批准的运行区域、运行种类、航空器、机组人员组成；航空器重量和平衡限制；事故报告程序；飞行前、飞行中、飞行后不正常情况的处置程序；驾驶舱检查单；基地及非计划维修地点维修实施管理程序；最低设备放行清单；航空器签派放行程序；飞行操纵与控制；飞行记录与保存；航空器加油、清除燃油污染、防火程序；航空器检查大纲（检查单）。

5. 航空安全管理

航空安全管理包括总则，航空安全管理机构，航空安全管理制度，航空器地面安全管理制度，安全检查与教育，安全报告程序等。

6. 飞行签派管理

签派工作职责；航空器放行天气标准和气象资料收集；航行情报的使用；签派通信设备和通信规定；航空器控制及性能管理；备降机场选择原则；航空器失踪或未按预定时间到达指定位置的处置程序等。

7. 工程与维修的一般规定

工程与维修；维修机构的合格审定；工程与维修系统；维修单位手册；维修方案；航空器的持续适航性；航空器的维修；维修设施；工具、设备和器材；维修、检验和管理（监督）人员；放行人员；人员技术档案及培训记录；适航资料和技术文件管理；维修记录和证明；不适航情况的报告；使用和维修信息报告。

8. 应急处置程序

应急处置程序主要包括应急处置程序的启动和管理，应急处置有关部门或人员的职责，应急处置的原则，应急撤离程序，应急处置报告等。

9. 空防安全（安全保卫方案）

空防安全概念；安全保卫管理；安全保卫机构（人员）设置及职责；飞行区安全管理；航空器地面监护；航空器在飞行中的安全控制；空防安全检查制度；空防安全事件的报告和处置程序。

10. 特殊作业项目的运行规则

在以上手册内容的基础上，各通用航空企业的运行手册还应该根据企业作业内容的性质，按照要求包括或分别设置各项飞行作业的运行规则。例如，航空探矿飞行（放射和磁性），航空摄影，航拍飞行，航空广告飞行，海上飞行（平台／船台起、降），人工影响天气，农林喷洒作业飞行，航空电力巡查飞行，航空游览飞行等。

吉林监管局对通航企业进行《飞行运行手册》修订培训

按照年度飞行标准工作会议的工作部署，吉林监管局飞行标准处召集辖区通用航空公司飞行资料管理人员进行通航《飞行运行手册》编写新要求培训。

培训中，飞行标准处监察员对通航《飞行运行手册》编写每个新增要点进行了细致讲解，并进行了具体说明。需要修订的内容主要有：手册中增加通航飞行人员年龄偏大与通航公司搭配机组及飞行作业项目区分要求；增加对地面电台的要求及描述；增加运行时地面电台值守制度的要求及描述；增加多架飞机同场运行相关要求及描述；增加机组安全管理责任人的职责、要求及描述；增加飞行任务书的相关要求和描述；增加机组对作业环境、净空条件巡查要求及描述；增加老龄飞机作业限重的要求及描述；明确农林喷洒作业过程中信号员的作用；增加驾驶员肩带使用的要求和描述等。

资料来源：http://news.carnoc.com/list/305/305428.html。

第三节
通用航空的统计与分析

能力培养

1. 熟练掌握通用航空的统计指标。
2. 了解通用航空统计报表格式。
3. 熟悉通用航空统计分析手段。

案例导入

    2012年7月中旬，内蒙古、吉林等部分地区玉米黏虫向黑龙江省迁徙，虫害呈现隐蔽性、爆发性和暴食性特点，对玉米、水稻等禾本科作物的啃咬异常疯狂，加之黑龙江省当时降雨较多、温度适宜，具备发生虫害的气象自然条件。虫情一旦蔓延，它的危害将是非常可怕的。鉴于灾情形势，黑龙江省委决定用农业飞机航化作业。接到任务后，北大荒通航公司立即成立临时"救灾指挥部"，决定调派M-18型飞机八架、Y-5型飞机一架，在有虫灾的四方山、肇州、肇东、肇源、杜尔伯特、大庆、双城等地执行紧急灭虫任务。

    通过军民航部门多方协调，临时批准并划定"临时空域"作业区，飞行机组领受作业任务后，利用最短的时间进行空中领航、调试设备、制定作业方案，进入临战状态，九架飞机在各基地满载灭虫药剂飞往作业区，经过7天奋战，共计飞行221小时50分钟、307架次、灭虫作业面积102.7万亩。经专家测定，灭虫率达到95%以上，有效控制了黏虫灾害，实现了抗害减灾目标。航化飞机作业的7天里，机组实行"歇人不歇马"的战术，天亮时分飞机就起飞作业，太阳落山时飞机才作业结束。这次灭虫飞行，为国家粮食安全，为黑龙江省农业大丰收起到了不可估量的作用。

思考

通用航空作业飞行的统计指标有哪些？

一、通用航空的统计指标

进行通用航空飞行运营情况的统计是衡量通用航空生产状况、反映企业发展水平的重要内容。衡量通用航空生产状况和工作质量的指标有许多，这些统计指标是考核通用航空企业经济效益指标的基础，是反映通用航空企业经营水平与管理水平的依据，是考察通用航空企业生产水平和工作质量的重要内容。这些统计指标由通用航空的统计部门完成、并按有关要求进行上报。按照通用航空的生产经营和工作质量情况，我们可以从不同的角度对通用航空的经营状况和工作质量等情况进行分类。

（一）通用航空企业的生产指标

通用航空企业的生产指标，是反映通用航空企业生产规模和数量的重要内容，是计算通用航空经营效益指标的基础。反映通用航空企业的生产指标有许多，主要有以下几项内容。

1. 使用（调动）飞机的数量

使用（调动）飞机的数量是指通用航空企业在报告期内使用或调动飞机的数量。使用（调动）飞机的数量是反映通用航空生产规模的重要指标，以架次为计量单位。

2. 通用航空的飞行里程

通用航空的飞行里程，是指通用航空企业在报告期内通用航空飞机实际飞行的里程数量。它既可以计算通用航空飞行里程的合计数，也可以按机型分别进行计算，还可以按飞行的性质分为调机飞行的里程数、作业飞行的里程数和返回机场飞行的里程数。通用航空的飞行里程以千米为计量单位。

3. 通用航空飞行小时数

通用航空飞行小时，是指在报告期内通用航空飞机按照小时计算的实际飞行的数量，它是指在一定时间内某通用航空公司所有通用航空飞机飞行数量的合计值。通用航空飞行小时是反映通用航空生产的最重要的指标之一，也是考核通用航空企业生产数量、制订通用航空公司生产计划的重要内容。

通用航空飞行小时可以根据不同情况进行分组，如按飞行任务的对象可划分为工业飞行小时、农林业飞行小时和其他飞行小时。

工业飞行小时是指用于工业生产的通用航空飞行小时数，具体包括航空摄影飞行小时、航空探矿飞行小时、航空遥感飞行小时、石油服务飞行小时、航空吊挂飞行小时等。

农林业飞行小时是指用于农林业生产的通用航空飞行小时数，具体包括人工降水飞行小时、航空护林飞行小时、播种造林飞行小时、牧业播种飞行小时、农林化飞行小时等。

其他飞行小时是指除工业航空、农林业航空之外的其他各种通用航空的飞行小时数。

通用航空飞行时间是通用航空企业计算通用航空收入的重要依据。在实际工作中，并不是所有的通用航空飞行小时都作为收费的内容，通用航空收费小时一般包括：调机的飞行小时；视察的飞行小时；为了完成专业飞行任务，对作业区的熟练飞行小时和实际作业的飞行小时。但不包括返回的飞行小时和平时训练的飞行小时，这些飞行小时一般作为公务飞行小时进行统计。还可以采取与通用航空使用单位根据预先制定的飞行合同来确定飞行小时的计算范围。

4. 通用航空的作业面积

通用航空的作业面积是指报告期内通用航空企业完成的以面积为单位进行计算的通用航空的作业数量。通用航空的作业面积是通用航空企业作业成果的重要指标。按照飞行任务的对象，通用航空的作业面积可以分为工业航空作业面积、农林业航空作业面积和其他航空作业面积。工业航空的作业面积以平方千米为统计单位，农林业航空的作业面积以公顷为统计单位，其他航空作业面积一般不进行统计。

5. 测线里程

测线里程是指报告期内通用航空企业完成的以长度为单位进行计算的通用航空的作业数量。测线里程一般是用来反映航空物理探矿所探测的距离，是反映航空物理探矿生产规模的指标，以千米为计量单位。用公式表示为

$$测线里程 = 测区作业小时数 \times 巡航速度$$

6. 运输量

在通用航空作业中，根据通用航空作业性质的不同，可以分为航空作业和运输生产。运输生产同样是通用航空的重要任务之一，因此，在反映通用航空生产成果指标中，还应该考虑通用航空作业的运输量。

通用航空的运输量，主要包括两个方面的内容：一是运送工作人员的人数；二是运送物资的数量。运送人员的数量，是指通用航空企业在报告期内通用航空作业运送工作人员的数量。以人次为计量单位，不计算运送的距离和人员的重量。运送物资的数量，是指通用航空企业在报告期内通用航空作业运送物资的数量。通用航空运送物资的数量不核算运输的距离，只计算运送物资的重量，以千克或吨为计量单位。通用航空运送物资的数量有时也核算物资的个数，以件为计量单位。

（二）通用航空生产的质量指标

通用航空生产的质量指标，是反映通用航空企业生产质量和作业效果的重要内容，是计算通用航空经营效益指标的基础。反映通用航空生产的质量指标主要有以下几项内容。

1. 除草率

除草率是指通用航空在执行除草任务时，除掉杂草的数量与消除杂草前杂草数量的比值，它通常是指在单位面积内杂草被消除的数量，用公式表示为

$$除草率 = \frac{单位面积内清除杂草的数量}{单位面积内清除前杂草的数量} \times 100\%$$

除草率是农作物的生长过程中通过通用航空作业排除杂草的能力，它是反映通用航空在农业生产过程中作业质量的重要指标。

2. 灭虫率

灭虫率是指通用航空在执行灭虫任务时，除掉害虫的数量与消除害虫前害虫数量的比值，它通常是指在单位面积内害虫被消除的数量，用公式表示为

$$灭虫率 = \frac{单位面积内消灭害虫的数量}{单位面积内消灭害虫前害虫的数量} \times 100\%$$

灭虫率是在农作物、牧草或树木的生长过程中通过通用航空作业、喷洒化学农药杀灭害虫的能力，它是反映通用航空在农林业生产过程中作业质量的重要指标。在实际生产过程中，还可以进行更具体的划分，如灭蝗率等。

3. 播种率

播种率是指通用航空在执行播种任务时，在单位面积内播种植物的数量与单位面积内应具有植物数量的比值，用公式表示为

$$播种率 = \frac{单位面积内播种植物的数量}{单位面积内应具有植物的数量} \times 100\%$$

播种率是在农作物、牧草或树苗的种植过程中通过通用航空作业播种植物的能力，它是反映通用航空在农林业生产过程中作业质量的重要指标。

4. 成活率

成活率（又称出苗率）是指通用航空在执行播种任务时，在单位面积内植物成活的数量与单位面积内播种植物数量的比值，用公式表示为

$$成活率 = \frac{单位面积内植物成活的数量}{单位面积内播种植物的数量} \times 100\%$$

成活率是在通用航空进行农作物、牧草或树苗的播种之后，实际成活的数量，它是反映通用航空在农林业生产过程中作业质量的重要指标之一。

5. 顾客满意度

顾客满意度是衡量服务质量和产品作业质量最重要的指标之一，也是考核通用航空管理水平的最重要的内容。通用航空作业是一个生产的过程，同时又是一个服务的过程。顾客对通用航空满意程度的高低，对通用航空的发展、提高企业的经济效益，将会产生深远的影响。

顾客对航空运输产品——通用航空作业的购买，是在通用航空作业之前，有时是采用先付款的方式来完成的。顾客在通用航空作业之前，可以根据自己以往的体验和感受，以及自己掌握的来自各通用航空公司各方面的信息，来决定是否购买航空公司的运输产品。没有顾客对航空运输产品的购买，通用航空作业就无从谈起。

二、通用航空的统计报表

（一）通用航空作业的原始记录

通用航空作业的原始记录是反映通用航空作业情况的重要手段，通用航空的原始记录是通用航空飞行任务书。飞行任务书是实施通用航空飞行的机组根据每一次生产的具体情况进行填写后，交本单位统计部门统计汇总。由于通用航空作业往往是在远离单位驻地的地区进行，单位统计部门很难及时收到飞行任务书。为了不影响统计工作的及时性，可以先按照作业基地的业务电报进行统计，业务电报与飞行任务书的差数待收到飞行任务书时再进行调整。

（二）通用航空作业的统计表

进行通用航空生产情况统计并按要求上报有关部门，是通用航空统计部门工作的重要内容，也是反映通用航空生产、经营情况的重要依据。按照我国民航的统一规定，通用航空每年必须向民航总局上报工业航空作业统计表、农林业航空作业统计表和其他通用航空飞行小时统计表。通用航空统计表形式见表5-3。

表5-3　工业航空作业统计表

填报单位：

分类		合计/飞行小时	航空摄影		航空遥感		航空物探		空中巡查/飞行小时	石油服务/飞行小时	航空吊挂/飞行小时	其他作业/飞行小时
			/飞行小时	/平方千米	/飞行小时	/平方千米	/飞行小时	侧线里程/千米				
甲		1	2	3	4	5	6	7	8	9	10	11
总计	分机型											
	分地区											

填表人：　　　　　　　　复核人：　　　　　　　　　　填报日期：

工业航空作业统计表是年报表，它可以按照飞机的机型和地区进行统计，有两种计量方法：一种是按飞行小时进行计算，另一种是按作业的距离进行统计。

农林业航空作业统计表是年报表，它可以按照飞机的机型和地区进行统计，有两种计量方法：一种是按飞行小时进行计算，另一种是按作业的面积进行统计（见表5-4）。

表5-4　农林业航空作业统计表

分类		合计/飞行小时	人工降水/飞行小时	航空护林/飞行小时	渔业飞行		飞机播种		防治病虫害		其他作业/飞行小时
					飞行小时	公顷	飞行小时	公顷	飞行小时	公顷	
甲		1	2	3	4	5	6	7	8	9	10
总计	分机型										
	分地区										

填表人：　　　　　　　　复核人：　　　　　　　　　　填报日期：

其他通用航空飞行统计表也是通用航空公司的年报表，它可以按机型进行统计，也可以按飞行小时进行统计，分为经营性通用航空飞行和非经营性通用航空飞行（见表5-5）。

表5-5　其他通用航空飞行统计表

机型	合计/飞行小时	经营性通用航空飞行/飞行小时		非经营性通用航空飞行/飞行小时				
		合计	其中：空中游览	合计	航空公司训练飞行	院校教育训练飞行	文化体育飞行	其他飞行
甲	1	2	3	4	5	6	7	8

填表人：　　　　　　　　复核人：　　　　　　　　　　填报日期：

三、通用航空的统计分析

通用航空作业内容广泛、专业性强，难以统一设置更多的统计指标，因此，有必要运用已经取得的统计指标，结合各类通用航空活动的特点，计算、分析各种统计指标，为全面、深入地认识通用航空的发展水平、效率和发展规律提供依据。

（一）通用航空效率分析

通用航空效率分析是通过计算某类通用航空活动的飞行小时生产率，来反映该类通用航空活动的效率。

通用航空飞行小时生产率是指平均每一通用航空飞行小时与所形成的作业数量之比。它有两种计算方法：按作业面积计算和按飞行收入计算。

① 按作业面积计算的飞行小时生产率：

$$通用航空飞行小时生产率 = \frac{某时期通用航空作业面积}{该时期通用航空飞行小时}$$

② 按作业收入计算的飞行小时生产率：

$$通用航空飞行小时生产率 = \frac{某时期通用航空作业收入}{该时期通用航空飞行小时}$$

通用航空飞行小时生产率不仅可以反映一个企业一定时期内的通用航空生产效率，为编制企业生产经营计划提供依据，而且可以用来进行横向或纵向对比，反映一个单位通用航空生产效率的相对水平和变化动态。但是在使用该指标进行对比分析时，应注意以下问题：

第一，按作业面积计算的飞行小时生产率，在不同类别的通用航空作业之间，其飞行小时生产率没有可比性。如工业航空作业与农林业航空作业之间，由于各自的作业内容不同，要求使用的机型不同，如果将飞行小时生产率指标放在一起进行比较，说明不了任何问题。

第二，同类通用航空作业之间也要注意可比性问题。因为通用航空飞行小时生产率除了受作业内容的影响，还受作业地区、作业时间、用户的技术要求、所使用的机型等多种因素的影响。因此，在对同类通用航空进行生产效率比较分析时，也要注意可比性问题。例如同样是航空摄影，在平原地区作业的飞行小时生产率高于在山区作业，小比例尺（如1∶200000）摄影的飞行小时生产率高于大比例尺（如1∶50000）摄影；使用新机型作业的飞行小时生产率高于老机型等。解决这些问题的基本方法，一是先分组，再比较，即先把具有共同特征的通用航空项目归为一组，然后在各组内部进行对比分析；二是在比较分析之后，结合具体情况对比较的结果做出合理的说明或解释。

（二）通用航空构成分析

通用航空构成分析是通过计算通用航空飞行小时的结构相对指标，来分析通用航空的内容构成或地区构成。其中最重要的，是分析各类通用航空飞行小时在全部通用航空飞行小时中的比重，因为它可以反映通用航空的发展变化趋势，为深入进行市场需求调查、正确进行生产经营决策提供依据。

通用航空飞行小时的结构相对指标用公式表示为

$$通用航空飞行小时的结构相对指标 = \frac{某项通用航空的飞行小时数}{全部通用航空的飞行小时数} \times 100\%$$

下面以2012~2013年我国通用航空飞行小时情况为例，2013年通用航空飞行总量为590890小时，比2012年增加73853小时，其中，工业航空作业完成96354小时，比上年增长25%；农林业航空作业完成34118小时，比上年增长7.0%；其他通用航空作业完成460418小时，比上年增长12.5%。尽管2013年工、农作业飞行量均比上年度有所增长，但2013年与2012年工、农作业占通用航空飞行总量比例分别为22%和21%，基本保持不变。从图5-3的细分市场看，工业航空中增量较大的主要是石油飞行和航空调查，农业航空中主要是农林化飞行，这几类细分市场中均存在成熟的在位运营商，难以带动大量新企业壮大成长。消费类市场潜力较大但规模较小。样本企业中，共有35家企业开展观光游览、俱乐部等消费类通用航空业务，2013年飞行总量约为1.4×10^4小时，同比增速约为30%。

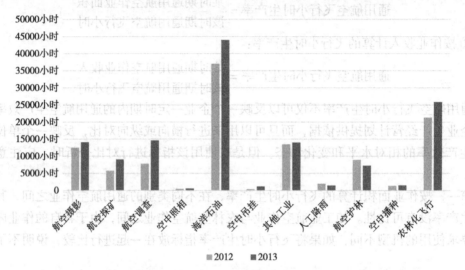

图5-3 2012~2013年我国通用航空市场增量细分

我国通用航空2014年飞行小时及构成统计如表5-6所示。

表5-6 2014年通用航空飞行小时统计　　　　　　　　　　　单位：飞行小时

合计	航空摄影	航空遥感	航空探矿	空中巡查	石油服务	电力作业	直升机外载荷	人工降水	航空护林	飞机播种	防治病虫害	执照培训	其他作业
674944	12743	507	6894	4685	44774	8485	492	3861	7026	1175	25020	467822	91460

数据来源：《从统计看民航》（2015），中国民航出版社。

（三）季节变动分析

通用航空作业大多与用户的生产活动密切相关，有的甚至直接构成这些生产活动的一部分。由于这些生产活动是在野外进行，受季节变动的影响很大，因此通用航空活动也具有很强的季节性。季节变动分析就是通过计算通用航空飞行小时的季节比率来测定季节变动，认识通用航空季节变动的规律，为科学调配运力、合理组织生产提供依据。

季节变动分析方法主要有简单平均法和移动平均趋势剔除法。简单平均法是根据月（季）通用航空飞行小时的时间数列，用简单平均法测定季节变动。简单平均法的优点是计算简便，容易理解，缺点是所得到的季节比率没有剔除长期趋势的影响。为了弥补这一缺点，可先剔除长期趋势后再测定季节变动。移动平均趋势剔除法是利用移动平均法来消除时间数列中的长期趋势的影响，然后再测定其季节变动。

哪些通航公司在赚钱？

要找出大概有哪些赚钱的通航公司，一个最简单的办法就是直接查过去 3 年通用航空专项资金（补贴）预算执行情况，基本上排在补贴榜前 20 名的都属于盈利公司。他们都有什么特点？

1. 这 20 家企业，国企和民企差不多 5∶5，老牌和新兴企业差不多 6∶4。

2. 他们的飞行量都很大，因为补贴额与飞行小时直接挂钩。

3. 他们的业务主要聚焦在传统工农业作业。

这些特点至少会给我们如下启发：

1. 做通航，国企有机会，民企也有空间，关系很重要，但是能力更重要。

2. 不要以为赚钱的机会都被垄断，新兴势力不可小瞧，后来者也可以居上。

3. 飞行量是通航企业的硬指标，能不能赢利，飞行量是关键。

飞行量不仅跟收入有关，还跟成本与核心竞争力有关。假设你经营一家刚成立的通航企业，给你一个 200 小时 / 价格 300 万的业务，但是你做下来可能会亏 3 万 ~5 万块钱。简单逻辑告诉你，亏钱的事情不能做，这样的单子不能接。如果你真这么想，说明你对飞行量还没理解透。飞行员和机务除了工资，更重要的是小时补贴，你不接单子，他们没活干，就拿不到小时补贴，更无法累积飞行小时和维修经历，他们就会集体想跳槽，你的团队就不稳。飞行员每年都得训练飞行，那么是用你自己的钱训练飞行员划算，还是用客户的钱训练划算呢？还有，你不接这个活，200 小时的民航局补贴会给你吗？你接了这个活，表面上看是亏了 3 万 ~5 万，但结果是你的飞行员和机务开心了，你还省了 200 小时的飞行员训练成本，而且多了 200 小时的公司作业经验累积，甚至因为这个活，进入了一个作业领域，最后因为拿了民航局的补贴，算下来还赚到钱了。

所以，只要不超出你的运行规范，能飞的业务，哪怕是盈亏持平甚至微亏，不管是 500 块，还是 500 万，都拼命去做，有飞行量，才有一切。

4. 工农业作业依然是目前通航作业中最赚钱的业务。

请不要因为低端而鄙视它们；请不要因为要陪标 2~3 次就灰心丧气；请不要抱着空手套白狼的心态去谈这些业务。工农作业大多是国家项目，金额巨大，业务长期稳定，但因为项目肥，所以竞争者多，门槛也高。比如海上石油服务，飞行员得 3500 小时起，电力巡线得 1500 小时起，农林喷洒得数百小时实战经验。这样的项目，想进入客户的供应商名单之列，没陪标个几次，能进去吗？关系还是要搞的，但现在都公开招标了，最后拼的还是企业的市场能力和作业实力。

注意工农作业项目中，飞行只是非常小的一个环节，你要想拿下这些项目，不要单枪匹马，而要留心供应链的环节，进行跨界合作。举个例子：山东农林喷洒是全国最发达的农林作业市场，那些在山东赚得盆满钵满的通航公司，最聪明的就是跟在大药商的后面，甚至直接跟药商签合同。包括电力巡线、航空物探、航拍等，都是由供应商中的关键环节分流出来的业务。所以，不要老想着整合别人，而要想着如何更容易被别人整合。

1. 简述通用航空运营与管理概念。
2. 通用航空企业分类有哪些？
3. 简述通航企业申报设立程序。
4. 简述通航企业运行合格审定流程。
5. 通航公司文件体系包含哪些？
6. 通航公司文件分类如何？
7. 简述运营手册的含义及其主要内容。
8. 简述运行手册的含义及其主要内容。
9. 通用航空的统计指标有哪些？
10. 通用航空统计分析手段有哪些？

思考题

课后练习

Chapter 06

第六章

通用航空飞行组织与实施

微课

主要内容

本项目介绍了通用航空飞行组织架构与基本程序，使学习者深入了解工业航空、农林业航空及其作业实施流程；并对公务航空、低空旅游、航空运动与航空应急救援等其他航空飞行做了系统介绍和分析。

学习目标

1. 熟悉通用航空飞行组织架构及飞行基本程序。
2. 掌握工业航空作业概念及类型。
3. 掌握农林航空作业概念及作业流程。
4. 熟悉公务航空、低空旅游、航空运动与航空应急救援等飞行活动。

通航公司有必要建立SOP吗？SOP会让作业更安全吗？

SOP是"Standard Operating Procedure"三个单词中首字母的大写，即标准作业程序，就是将作业的标准操作步骤和要求以统一的格式描述出来，用来指导和规范日常的作业。

简单来说SOP就是减少失误的源头，也是对某件程序的关键控制点进行细化和量化。

1. 通航中SOP的作用

2005年美国佛罗里达卡特琳娜飓风，需要在很短时间（12~24小时）内尽快将2百万人从新奥尔良撤离，当时除了可用的车辆和船只，美国政府还从各地方调集了直升机，直升机如期而至，但是并不是所有直升机上的操作人员都隶属于日常协作的团队，机长可能来自路易斯安娜州的救援公司，而绞车手来自佛罗里达州的海岸卫队，大家从未协作过，可是如此多次的撤离没有发生一起直升机事故，这怎么可能呢？

实际上，正是因为美国很多救援单位，尤其是美国海岸卫队，多年来建立了SOP，大家的操作程序都是按照标准进行的，大家的手势是同样的，口令也是一样的，虽然过去没有配合过，但同样的标准使得机组之间的协作非常流畅。

2. 通航建立SOP和不建立SOP的区别

比如一家飞行培训学校有SOP，另一家没有。这两家培训学校培训出来的飞行员有什么不同吗？没有SOP的培训学校，其培训质量要看教员，教员的水平高，学员的水平也会好，可是如果碰上了一个教员想到哪里就教到哪里，有些内容就会丢失了。但是有SOP的培训学校，不论教员经验如何，一定会将必须覆盖的内容和标准阐述并规定清楚，并且监督执行，因此培训出来的学员就像麦当劳生产出来的汉堡包一样，飞行技能上没有太大区别的。

3. 通航公司SOP的现状

美国和欧洲很多大的通航公司都建立了SOP，几乎SOP在某种程度上代表了通航公司的作业水平，可以说，有SOP的通航公司就意味着是正规军，没有SOP的通航公司也就是个游击队。

国内有几家大的通航公司已经建立了自己的SOP，比如说中信海直，南航珠海直，据说这也是国外石油公司作为用户对服务提供商进行安全审核的一项必备内容之一。

民企通航公司的大多数对于SOP没有什么概念，据说有那么一两家在国内做医疗急救的民企通航已经开始着手建立SOP体系了，估计原因也是因为作业地区分散，为作业安全考虑，有必要建立SOP。

资料来源：http://www.sohu.com/a/141948634_268362。

思考

1. 通航公司建立SOP有着怎样的作用？
2. 不同飞行作业活动是否应建立不同的SOP，如何建立？

开展通用航空业务，首先要分析细分目标市场的需求特点，然后是选择合适的航空器来实施飞行运行或作业任务。相应业务的赢利能力，关键在于飞行运行或作业的组织实施。现代通用航空企业的核心是服务。随着新的规则、新的竞争者、新的客户和前所未有的需求的出现，通用航空业正在快速发生变化。为了保持盈利或争取更多的市场份额，只有在飞行服务项目与基础保障资产之间建立起强有力的连接，才能实现更安全的服务导入、更高的服务质量和更低的成本。

第一节
通用航空飞行组织与保障

能力培养

1. 熟悉通航公司组织架构及部门职责。
2. 掌握通用航空飞行实施的基本程序。

一、通用航空飞行组织保障架构

（一）通航公司基本组织架构

一般来说，不同资本结构、不同规模和经营业务的通航公司，其组织结构或多或少存在一些差异，但就其基本构成来说，应包括下述内容（见图6-1）。

（二）部门主要职能

1. 办公室

公司办公室是负责公司行政事务、公共关系事务以及人事、劳资、安全、教育等综合业务的职能机构，隶属于公司总经理领导。协助公司领导处理生产、技术、经济、外事、行政等日常工作；组织技术、经济、行政等工作的计划报告总结；根据公司领导意图开展工作、发挥参谋助手作用；组织协调机关办公，为上级机关、公司领导、各业务处室和基层服务。

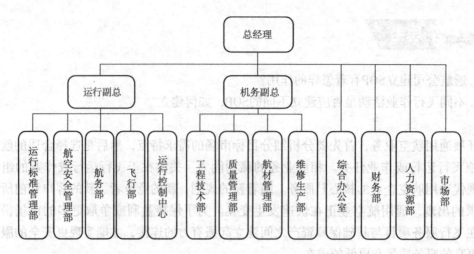

图6-1 典型通航公司的基本组织架构

2. 运行控制部

运行控制部负责公司的安全运行工作，组织落实SMS（标准化管理体系）管理，组织开展航空安全教育训练，组织安全检查和评估，降低公司运行风险，保障飞行安全。

3. 飞行部

飞行部负责拟定公司的运行计划，向军民航及空中交通管制部门申报飞行计划，按申报的飞行计划布置飞行任务，组织公司内、外（机场）飞行的各项协调和保障工作，掌握本公司飞机的飞行动态，落实风险控制措施，保证飞行安全和正常运行。

4. 机务工程部

机务工程部的职能是全面组织领导和负责机务工程部的生产、技术、质量控制等管理工作，负责编制飞机梯次使用计划，掌握飞机状态，组织实施机务保障工作，及时解决存在的各种问题；全面负责飞机、发动机、电气、无线电的维修工作安排，确保维修任务的按时完成，负责组织落实飞机的大修。负责组织编制、购置年度用航材、油料、工具、设备计划，并对公司批准的计划认真组织落实。

5. 安全监察委员会

安全监察委员会负责公司安全监察工作，掌握公司安全情况，分析安全形势，将识别的风险因素及时提交管理层，组织落实制定风险控制措施并进行相应的跟踪反馈工作。如发生不安全事件或事故征候需立即上报民航地区管理局和安全监督管理局，同时，要迅速深入事故现场了解情况，协助公司领导做好善后工作。

6. 其他职能部门

如市场部负责公司业务拓展，宣传企划，客户公关与营销，网站推广维护等；人力资源部负责公司人力资源招聘与培训，薪酬管理，绩效管理等事宜；财务部负责健全公司财务管理体系，确保资金正常运转和办理公司对外融资、投资等事宜，负责公司资金、账务等的日常及预算控制管理工作，组织财务部内部审计和工程审计管理工作，合理控制公司的资金成本。

案例思考

湖南某通用航空公司组织架构

湖南某通用航空公司实行总经理负责制，按公司业务职能分工，下设飞行运营部，市场开发部，安全保卫委员会，办公室及航空安全委员会。其中，飞行运营部又分设飞行部和机务工程部等2个二级部门，在该二级部门下又划设飞机训练室、运行控制室、质量室、生产室和技术室5个科室。安全保卫委员会下划设安保办；公司办公室下划设人力资源部、行政办公室和财务部等；航空安全委员会下设安全监察室。

资料来源：http://www.hnhxth.com/gywm/i=7&comContentId=7.html（有改写）。

思考

1. 案例中的通用航空公司组织架构与其他行业企业有何不同？
2. 随着企业发展和业务调整，案例中的通用航空公司组织架构可以有哪些变化？

（三）基于飞行业务保障的组织架构

现代通用航空的飞行组织工作，是按专业化分工进行组织的。具体地，就是将职能相似的工作群组织在一起，形成专业化的功能模块。例如，应将市场开发与维护、交易处理等工作集中在一起，组织成专业机构，相应的还有机务、飞行基地网络开发与维护、航材采购与管理、飞行技术标准制定与管理飞行员管理、飞行运行调度与指挥等功能模块（图6-2）。此外，由于飞行安全是通用航空类企业维持正常运营和良好声誉的前提条件，因此质量管理及其控制、航空安全监察、风险评估与管理要分设，以发挥其管理、监督和评价职能。

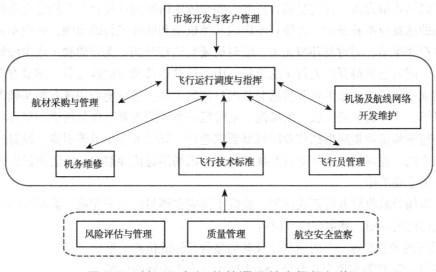

图6-2　基于飞行运营的通用航空组织架构

二、通用航空飞行实施的基本程序

通用航空接到生产任务后，如何操作与实施，是完成生产任务的核心。通用航空的操作与实施，一般包括飞行前的准备工作、作业中的工作和作业后的工作。

（一）飞行前的准备工作

通用航空在组织飞行前，需要进行大量的准备工作。准备工作做得好，是保证飞行任务完成的前提。准备工作具体包括以下几个方面。

1. 通用航空飞行任务的确定

通用航空的飞行任务，一般由通用航空公司生产管理部门来确定。通用航空公司在确定任务之前，生产管理部门要召集有关部门开会，共同研究本次飞行属于何种性质的任务，与以往飞行有哪些特点和不同，在飞行过程中有哪些技术要求，飞行的地区属于哪家通用航空所管辖的区域，飞行区域地形地貌有哪些特点，作业区的机场在哪里，是否具有飞行条件，离作业区多远。此次飞行飞机的状态如何，当地的气象条件如何，哪个飞行队具有完成此次任务的能力，以及各种保障措施等。这些都要统筹安排，全盘考虑。飞行部门要根据任务安排好机组和飞行人员；机务维修部门要准备好飞机；航务部门要联系好机场和有关空域；财务部门要做好飞行的预决算。在安排通用航空任务时要留有余地，如对此次任务的地形、机场或其他条件没有把握时，必须与飞行中队共同研究，确定飞行方案，必要时还要派出有经验的飞行干部、技术人员进行现场勘察和空中视察，确定可以保证飞行安全时，方可承担任务，签订合同。

通用航空如果承担的是国境线附近或其他特殊地区的飞行任务，在进行作业之前，必须上报民航总局和中央军委有关部门，由民航总局和有关部门经过协商批准后，方可实施。

对于作业飞行时使用新药剂、剧毒药剂及新作业项目的试验，必须按照有关规定和程序，报民航总局或地区管理局。

2. 临时机场的选定和布置

临时机场是指为某一特定目的、任务需要在短期内使用且符合有关修建规范的机场。临时机场的选址应本着安全、方便且不影响其他机场和航线飞行的原则，并应不影响附近公众的生产和生活，同时对环境无害。临时机场宜选在开阔、无障碍物（或少障碍物）的平坦地带，同时还要避开行人行车的道路、山洪行洪道及架空的线路等。跑道方向、进离场方向的确定要考虑气象因素和机场与日出日落的关系。尽可能利用现有的基础条件，如废弃的机场、废弃的公路或农村的场院。临时机场布置的主要工作是场道的整备和标志的设置。场道的整备质量应根据作业的机型要求进行，同时考虑季节等因素。设置的标志主要是跑道方向、进离场方向和滑行路线的标志。机场的通信导航设备安装调试也属于机场布置的一项重要工作。

临时机场经验收后方可正式使用，验收工作应在调机前三天完成。临时机场在使用前应制定机场使用细则，其主要内容包括：

① 机场的地理坐标，与附近城镇及其他显著地标的位置关系。

② 机场标高和距跑道中心半径7000米以内高大障碍物的位置。

③ 跑道方向、长度、硬度及安全道的资料。

④ 最低天气标准、气象特点和盛行风方向。

⑤ 通信导航设备情况。

⑥ 机场的位置和管理规定。

⑦ 特殊情况的处置方法和备降机场资料。

⑧ 标画的起降地带和跑道、场界标志的规格、间距、颜色。

⑨ 特殊要求和规定的说明。

3. 调机飞行

通用航空的作业飞行多数在临时机场和作业区进行，航空器通常需要从基地机场调机到临时机场。由于临时机场的场道、设备条件比较差且周围的环境条件比较复杂，不为机组所熟悉。因此，由基地调往临时机场前，必须进行认真准备。

执行通用航空任务的航空器，在具备下列条件后方准调机：机组的飞行准备工作已经完成，有关的航行资料和其他文件及备用物品携带齐全；航空器及专业设备情况良好，并且准备好必要的工具设备和备份器材；临时机场已经修建完工，机场标志已经画好，并且取得可靠资料；油料已经运到临时机场；临时机场电台已经开放；使用单位准备工作就绪。

（二）作业中的工作

作业飞行任务的环境与条件大多数是比较复杂的，飞行人员对地形地物往往不了解。作业的种类和科目也随用户的不同而不同。况且，低空飞行时航空器受地表影响，飞行中常常颠簸，难以保持飞行高度；额外的设备降低了飞行性能，给飞行人员操纵航空器增加了难度，因此，完成任务比较困难。

1. 作业前的工作

机组到达临时机场后，应进行下列工作。

① 机长亲自检查机场的修建质量和场面布置是否符合规定的要求；了解航路、作业区有无靶场、射击和爆炸作业场所；使用航空器单位的作业准备工作是否就绪等。

② 在熟悉场地飞行时，了解机场附近的地形和障碍物；根据机场附近及跑道延长线上的明显地标，确定低能见度进场方法，修订机场使用细则，检查无线电高度表是否准确。

③ 视察飞行时，校对作业区地形图和障碍物的位置、高度，选择低能见度条件下进场可以利用的明显地标和可供迫降的场地。

④ 视察飞行后，拟定作业飞行方案；对不符合安全规定的地区，应放弃飞行。如果机长认为需进一步摸清某些地段的情况时，还应进行地面视察。根据视察结果，制定保证飞行安全的措施。

2. 作业飞行

通用航空作业飞行是极具艰难且有挑战性的工作，它涉及的面极宽，每一方面出现的问题都有可能使任务进行不下去。因此，必须做好可能发生各种情况的准备，从最困难的情况出发，朝最好的方向努力。

① 在安排作业飞行时，应尽量做到有两套计划：天气稳定时，在复杂地区或较远地区作业；天气不够稳定时，在简单地区或近距离地区作业。根据作业区距离、地形和天气特

点，研究确定飞行计划和作业飞行方法。

② 作业飞行的开始和结束飞行的时间应根据任务性质、作业地区地形确定。只有在能够清楚看到地标和能够目视判断作业飞行高度的情况下，方可起飞，但不得早于日出前30分钟（山区日出前20分钟）；着陆时间不得晚于日落时间（山区日落前15分钟）。

③ 作业飞行中，密切注意天气变化，当出现危险天气或在超低空飞行有下降气流时，应立即停止作业。清晨在沿海、湖滨多雾地区作业时，应保持有足够去备降机场的油量。如果作业区距离机场较远，必须与机场电台保持联络。

④ 两架以上航空器在同一地区作业飞行时，如果作业区邻近，必须制定安全措施，及时通报情况，正确调配间隔；在飞行中，航空器之间必须保持通信联络。

⑤ 在国境地带作业飞行时，必须严格按照飞行计划实施；准确报告进入、飞离国境地带的时间和方位；未经批准，禁止飞越国境线。

（三）作业后的工作

通用航空作业完成后，还要对通用航空作业的质量进行检验，看是否达到了通用航空作业质量的要求。通用航空作业的质量检查主要包括两个方面的内容：一是看作业区域是否达到了作业要求，二是看对其他不需要作业的区域是否产生了危害。对没有达到质量要求的作业还要进行重新飞行。对产生危害的作业还要进行赔偿。通用航空任务完成后，还要与生产单位的人员办好交接手续，清理好所带的物资和设备，最后返回通用航空的基地。

第二节
工业航空作业飞行

能力培养 ✈

1. 正确理解工业航空概念与作用。
2. 熟悉典型工业航空活动类型。
3. 掌握航空摄影和海上石油服务作业注意事项。

一、工业航空概述

（一）工业航空的概念

工业航空是使用航空器进行与工业生产相关的，如航空摄影、航空物探、航空石油服务、航空遥感、航空巡线、空中吊装等各种飞行活动的总称。它是通用航空飞行作业的重要组成部分。工业航空在高空进行作业，能够进行人类在地面无法完成的各种生产活动，因而在工业生产建设中发挥着重要作用。

（二）工业航空的功能与优势

工业航空飞行的首要任务不是将乘客或货物以固定航班的形式从A点运送往B点，而是完成与工业生产有关的航空活动。工业航空活动有如下四个功能：

①探测功能　包括航空探矿、航空遥感等。

②巡视功能　包括航空巡线、环境监测、海洋监测等。

③服务功能　包括为城市建设提供帮助、引水作业、石油航空、广告宣传等。

④生产功能　包括空中吊装、航空测绘、带电作业等。

利用航空器进行工业生产活动有诸多优点：

①高空作业可以完成人类在地面无法完成的各类生产活动，如航空摄影、航空拍照等。

②能够降低生产成本，提高工作效率。例如，利用航空器快捷、机动性高的特点从事航空探矿、航空遥感，其工作的效率和准确性可以是在地面进行这类工作的几十倍甚至上百倍。

③能够提高安全生产的水平。例如，通用航空在危险性比较大的海上石油开采中的应用，充分发挥了通用航空提供便利快捷的交通、安全的服务以及紧急救援的作用，有效地提高了安全水平。

二、典型工业航空作业飞行

工业航空包含的种类多种多样，限于篇幅，下面仅介绍几种典型的工业航空作业类型。

（一）航空摄影

航空摄影是指借助架设在通用航空器（飞机、气球等）上的摄影设备对地面景物进行航空拍摄的通用航空作业，又称航拍（见图6-3）。航空摄影不仅大量用于地图测绘，而且在国民经济建设、军事和科学研究等许多领域中得到广泛应用。

航空摄影始于19世纪50年代，当时从气球上用摄影机拍摄的城市照片，虽只有观赏价值，却开创了从空中观察地球的历史。1909年美国的W. Wright第一次从飞机上对地面拍摄像片。此后，随着飞机和飞行技术，以及摄影机和感光材料等的飞速发展，航空摄影相片的质量有了很大提高，用途日益广泛。

按摄影的实施方式分类，航拍可分为单片摄影、航线摄影和面积摄影。单片摄影是指为拍摄单独固定目标而进行的摄影，一般只摄取一张（或一对）相片；航线摄影是指沿一条航线，对地面狭长地区或沿线状地物（铁路、公路等）进行的连续摄影；面积摄影（或区域摄影）是指沿数条航线对较大区域进行连续摄影。

航空摄影的准备工作至关重要，直接关系到飞行安全、拍摄成本和质量。一般来说，准备工作包括如下内容。

①起飞前，摄影者要与飞行员、领航员、地面指挥员到现场观察地形，对要拍摄的景物作详尽了解。有条件者可先试拍一次，将照片放大，使空勤人员了解拍摄意图，确立拍摄方案。

图6-3 航空摄影

② 掌握天气动态，随时与气象台（站）保持联系，对风向、风速、能见度都要做到心中有数。

③ 重视航拍时的通信联络。飞机在航行中噪声大，除了按地面协同、规定的航线外，要改变角度时，就要及时与飞行员沟通联系。使用报话机、对讲机最理想，还可以采用写纸条、标牌的方法来代替。

④ 在飞机上拍摄，紧张而又忙乱，乘坐直升机时，经常是打开舱门拍照，风力随着飞机的速度不断加大。在南方盛夏季节还会遇到气流使飞机颠簸。摄影者必须系好安全带，摄影器材要分类固定好，确保人身、器材的安全。

⑤ 航拍时，摄影者身体不能紧靠在飞机上，应与发动机保持一定的距离，以免震动过大影响照片的清晰度。

⑥ 在升空前，用酒精棉球把飞机窗玻璃擦拭干净，以免影响照片的清晰度。

（二）航空物探遥感

航空物探遥感是以航空器为平台，采用遥感及电磁、能/光谱、重力等地球物理/化学方法对基础地质、地质资源、生态环境等进行调查和监测的通用航空应用领域。航空物探遥感典型应用包括：基础地质调查；矿产资源勘查；地质灾害调查与监测；土地资源及生态环境的调查与动态监测；水文地质与工程地质调查与监测；海洋及海岸带资源调查与动态监测；城市资源调查与数字城市等。航空物探遥感所用的航空器平台主要为小型桨状固定翼飞机和直升机，如运系列（Y-12、Y-11、Y-8、Y-5）、Cessna208（赛斯纳）、DHC-6-300（双水獭）、安-30等固定翼飞机和AS350B2、米-8等型号直升机。

航空物探作业尤其适用于地形复杂地区的勘查测量工作。重要矿区及其外围大多地形复杂，地面物探工作效率很低，施工困难，多数地面物探测量工作区分布面积偏小，在一定程度上影响了物探深度和外围物探效果。而以飞机和直升机为平台，则可充分利用它们的飞行性能，沿地形起伏飞行进行勘查和测量工作，具有速度快、测量面积大、信息完整丰富等优点。

在航空物探领域，直升机平台相对于固定翼飞机，测量精度和异常分辨率更高。直升机物探测量系统分为吊舱式和硬架式两种（图6-4和图6-5）。其中，吊舱式直升机测量系统一般由电磁系统、磁力仪、数据收录系统、GPS导航定位系统、高度测量系统、模拟记录仪、电源系统等组成。硬架式直升机测量系统由航空磁力仪、航磁补偿仪、GPS导航定位设备、GPS差分定位设备、数据显示设备等组成。

图6-4 吊舱式

图6-5 硬架式

无论采用直升机还是固定翼作为平台，航空物探测线飞行都是沿地形起伏飞行，测量总精度取决于测线距、导航定位精度、飞行高度、测线偏航距。相对于固定翼飞机，直升机在爬升率允许的范围内升降自如，非常适合目的性比较强的小规模精细探测。另外，由于直升机转弯灵活，也可以多次重复飞行，因此可以直到得到满意结果为止。在一些地形陡峭的地区，甚至可以利用慢速和悬停功能，精细获取航空物探测量数据，更是固定翼飞机无法比拟的。

（三）海上石油服务

海上石油服务简称为海上飞行，是指使用直升机担负海上石油钻井平台、采油平台、后勤供应船平台与陆地之间的运输飞行（见图6-6）。其主要任务包括，运送上下班的职工、急救伤病员、运输急需的器材、设备及地质资料、在台风前运送人员紧急撤离、发生海难事故后进行搜索与援救，空中消防灭火等。海上飞行具有如下特点：飞行区域离海岸较远；导航设备较少，缺乏气象资料，天气变化不易掌握；着陆平台面积小，距障碍物近，给领航和起飞、着陆带来一定困难。

图6-6 海上石油作业飞行

为了保证海上飞行的安全，从事海上石油服务还有一些特殊要求，例如：海上飞行，必须安装浮筒，飞机上必须携带可供飞行人员、工作人员使用的救生衣、救生艇、药剂、驱鲨剂、应急电台、信号枪等防备物质；飞行人员必须达到规定的飞行标准，飞行时间不得少于20小时，有一定的海上飞行经验。海上飞行一定注意天气的变化，按照规定的飞行标准飞行。海上飞行要带好充足的油料等。

1. 飞行前准备工作

相对陆上石油服务，海上石油服务飞行条件更为复杂，风险更高。因此，在执行海上飞行之前，必须做好充分的准备工作，主要包括：

① 了解着陆点的天气实况和天气预报，与调度员研究飞行方案，进行领航计算，提出需要的导航设备和开放时间，办理离场手续。

② 根据航程，检查携带油量是否符合规定，飞机的设备是否齐全，并对飞机进行认真检查。

③ 检查和校对各种飞行文件是否齐备。

④ 装载货物时，分配一名驾驶员检查货物固定情况和重心位置。

⑤ 了解移动式钻井船平台的位置、面积、距水面的高度以及船平台与障碍物的位置，研究在不同风向的起降方法。

⑥ 了解海岸着陆点的情况和飞行方向。

⑦ 在航图上标出基地、海岸着陆点至各船平台的航向、距离以及各检查点与着陆点的无线电方位，到备降机场的航向与距离。

⑧ 了解本机场、海域和备降机场的有关规定等。

2. 海上飞行实施

空勤组在飞行过程中，必须严格遵守规章制度和操作规程，确保安全高效地完成任务。

① 开车、起飞前的检查，必须严格按照检查单进行。当能见度小于5千米时，应收到导航台信号后方可起飞。

② 除有培训计划外，起飞、着陆都应由机长操纵。高度到达50米后方可交给副驾驶操纵。

③ 进入海上飞行前，应对飞机、发动机工作情况进行检查，确保其工作正常，做好进海准备后方可进入海上飞行，并向基地指挥调度部门报告。

④ 在低空或超低空飞行时，应当使用无线电高度表。

⑤ 在船平台着陆前，应询问降落条件。在没有通信设备的船平台着陆时，要根据风向袋或海面上的波浪、浪花判断，按风向建立起落航线，尽量逆风着陆。

⑥ 第一次在船平台着陆前，应以大于经济速度通过平台，看清平台情况后方可着陆。当两架飞机在同一船平台着陆时，前机应尽量靠一边着陆，并要特别注意旋翼与障碍物的距离。

⑦ 当需要在船平台关车加油时，应按操作程序进行，特别要注意燃油质量。关车后，风速超过10米/秒时，应系留旋翼、尾桨。

⑧ 船平台起飞重量要严格遵守规定。飞机离开船平台后，必须经过悬停检查，确保飞机、发动机工作正常后再增速。船平台起飞按无地面效应操纵，禁止增速掉高度。

⑨ 在整个飞行过程中，应建立可靠的通信联络，通常每隔15分钟向基地报告一次飞行情况。

3. 海岸着陆点的保障工作

当基地离海岸线较远时，为保证飞机载量，应在海岸线附近设固定着陆点，以补充燃油。海岸着陆点的保障设备应有导航台、通信电台、风向风速仪和风向袋、贮油、加油、灭火以及系留设备和飞机启动电源。当使用海岸着陆点时，还应根据需要配备气象员（按要求将天气实况报告基地和着陆船平台）、无线电机务员和通信员、油料员（负责保管油料和给飞机加油）。必要时，还需配备负责维持场面秩序的警卫人员。

（四）航空吊挂

航空吊挂又称吊挂作业，是指利用直升机的载重力将地面的物质和设备实施吊运安装的通用航空作业。航空吊挂主要包括两个方面的内容：一是吊装运输，是指将地面的物质通过吊挂的方式进行运输，如将森林中采伐下来的木材通过吊装的方式运送到规定的地点；二是吊挂安装，是指通过直升机的载重力对地面的设备进行的安装作业，如输电设备的安装、空中架线等（见图6-7）。航空吊挂只能通过直升机进行，因为直升机可以在空中悬停，而固定翼飞机做不到。

图6-7 航空电力巡线

航空吊挂能够完成没有地面道路的运输，完成工作场地无法安装吊运设备不能进行安装而进行的安装作业。使用航空吊挂，是直升机所具有的特殊功能，必须考虑飞机的吊运能力，保证飞行安全。进行吊挂的直升机，一般载重能力较大，如俄罗斯生产的米-26，其吊挂总量达到了26吨，被广泛用于边远地区水电站的建设和输电线路的吊装以及森林木材的采伐吊运。

欧美航空电力作业

随着航空技术逐渐成熟、航空器性能逐步提升、安全状态趋于稳定，欧美国家自 20 世纪 60 年代开始，广泛开展以直升机作为专业平台实施电力作业。在线路巡查、基建施工、导线修复、通道清障、带电作业等领域积累了丰富的运行经验。

利用直升机开展红外和可见光巡视线路采用常规机外吊舱的方式，载人电力作业在 20 世纪 90 年代以前大多采用"平台法"：导线修理、更换标志球和间隔棒、绝缘子水冲洗等电力作业。所谓"平台法"是：利用直升机的滑撬式起落架为支点或者在机身一侧螺栓为固定支点，搭建工作平台的方式进行电力作业。采用该方式有其显著的优点：搭建平台便捷快速，采用的方法简单，所需要的设备也较容易实现。然而采用平台法要求直升机离线距离近、悬停作业时间长，对于直升机飞行员有着较高的操控能力要求和较大的操作强度，同时作业也受气象条件更多的制约，如风速和能见度的影响。

平台法对直升机提出更严格的要求：优越的悬停性能、旋翼产生下洗气流应尽可能小、驾驶员的视野广阔等。若进行直升机带电作业，则有着更苛刻的限制：直升机需通过等电位测试，线路产生的电场和磁场不得干扰直升机操纵、通讯、显示等设备。目前全球仅有 Bell206 系列和 MD500 进行等电位测试。

进入 21 世纪，不少美国直升机电力作业公司也采用吊人法进行电力作业，包括：吊绳法、吊椅法、绞车的方式进行电力作业。相对于线路巡查、基建施工、通道清障这类航空电力作业，直升机载人电力作业因机外搭载人员，难度高、风险大。

资料来源：http://www.lyunx.com/article-31707-1.html。

第三节
农林航空作业飞行

能力培养

1. 正确理解农林航空概念及内涵。
2. 熟练掌握农林航空作业实施流程。

直升机野外作业的运行组织措施

直升机野外作业临时性、随机性的属性导致其本身不可控风险相比其他作业形式更多、更复杂。也正因如此，保证野外作业运行安全需要有更好的组织措施。"凡事预则立，不预则废"，野外作业前完善的准备会大大减少不确定风险造成的安全被动。以下内容是实施野外作业前运行组织的一些建议措施。

1. 现场考察

现场考察也就是事前派人到现场进行踩点，证实作业现场的场地符合性。场地是否符合作业要求，一要根据公司的运行标准判断，二要根据周边环境对飞行安全的影响判断。现场考察应当形成文字记录，记录作业点的坐标、标高，场地大小，作业季节的盛行风向和温度，地标特征等。分析和制定作业点的最佳起飞和进近的航径、重要障碍物对飞行的影响等。实施现场考察会使机组在作业时心里更踏实，不实施现场考察，抓起来就飞很帅但很不安全。

2. 机组选择

通航作业团队的领头羊是机长，机长肩负着安全和顺利执行任务的使命。对于执行次数少，经验乏的任务，应当挑选经验相对丰富，技术和作风相对过硬的机组实施。这样做的原因很简单，一是要保证特殊任务的安全，二是为以后和他人参与同类型作业沉淀一点经验。

对于机组而言，不要忽视简单的任务，跟头一般栽在熟悉的地方，认真对待每一次的野外任务是直升机飞行员应当养成的职业习惯和素养。有条件的公司，最好能配置除飞行机组外的其他机组一起参与野外任务。这样既可以培养飞行队伍，也可以增加分析问题的"脑力"和实施飞行的"眼力"，起到三个臭皮匠顶个诸葛亮的作用。参与野外作业的人员最好是参与飞行任务的机组，便于责任落实和飞行实施时对现场的深度认识。

3. 风险评估

风险评估应当从参与运行的各个环节做起，组织人员进行头脑风暴，从人、机、环各个方面进行分析。例如参与运行的人员是否有相关的经验，飞机的状况是否满足作业的需要，影响运行的主要环境，任务的难度，以及针对这些风险应当采取的缓解措施。

4. 备份方案

留点余地总会在意外的时候起到意外好的效果。不确定的环境使得我们并不能保证每次任务都顺利完成。如果因为人员、设备、保障条件等不能安全实施野外飞行，我们的退路是什么，最低的标准是什么，这些应当在实施前思考完备。做个任务的备份方案，留条退路，飞行起来底气也更足。

5. 性能分析

了解和掌握飞机的性能是一名职业飞行员应当具备的基本能力，也是野外和临时任务安全的基本保障。飞行前根据任务需要，计算油量和作业时间，给客户提供的商载，作业场地的高度、温度和风的情况，需要采取的起飞和进近的方式，有地效和无地效悬停的功率都需要在任务实施前有所准备。特别是发动机的功率和商载量的控制，对于保证飞行安全有很重要的意义，应当避免小马或老牛拉大车的情况。

思考

1. 直升机野外作业前需要做哪些准备？为什么要提前做好准备预案？
2. 直升机野外作业时需要注意的问题有哪些？

一、农林航空概述

（一）农林航空概念

农林航空是我国通航运营领域的特有概念，通常包括农业航空、航空护林和人工降水三大方面，其中，农业航空占有主体地位，且增长速度相对稳定。农业航空（agricultural aviation），是使用民用航空器从事农业、林业、牧业、渔业生产及抢险救灾的作业飞行，如农作物化学除草、叶面施肥、喷施微量元素、防治病虫害、草原播种、防治森林害虫等飞行活动。农业航空可以极大地提高劳动生产率，在防御自然灾害和防治有害生物、改善人类生活环境和生态平衡方面发挥重要作用。尤其对于我国北方大面积露地农业，航空作业是保障土地能够真正实现规模化生产的必要条件，更是提高土地规模化生产效率的保证。

（二）农林航空作业的用途

农业航空的作用主要体现在如下几个方面。

1. 农业航空作业能够提高田间管理质量，保障稳产、高产

农作物持续的高产和稳产依赖于逐步提高管理水平，而作物中后期田间管理水平偏低是目前我国农业生产面临的主要问题。如作物病虫害防治、叶面喷施微量元素、叶面施肥、促进作物早熟、健康防病、提高品质等技术措施，都是在作物生长的中后期进行，但该时期作物生长繁茂，田间郁闭，人工劳动强度大，工作效率低，机械作业极易趟倒或压倒植株，还可能压伤植物根系，在一个较大的区域内很难达到统一防治和迅速控制的目的。而使用飞机作业就不受其影响，航化作业起到地面机械和人工不可替代的作用，作业效果及质量好，而且不破坏土壤物理结构，不影响作物后期生长。由于受气候条件影响，尤其是遇到内涝严重季节，地面机械无法进行作业，此时唯有飞机可以发挥它的独特性能，实现农事操作（见图6-8）。

2. 农业航空作业突击能力强，能够防御和控制重大生物灾害

突发性生物灾害具有发生时间集中、蔓延迅速、危害严重等特点，不仅受害的农田要

立即进行防治，而且部分非农田的公共地带也必须进行统防统治，这样才能从根本上控制其危害。如草地螟、东亚飞蝗和黏虫等，都曾因为人工防治速度慢而造成及大危害。采用航化作业，飞机作业机动性强，作业半径大，在防治农作物病虫害方面显示了很强的突击能力。同时，飞机作业效率高，作业效果好，在严重春涝、夏涝的雨年份更能显示其优越性。

图6-8　农业喷洒

3. 农业航空作业效率高，能够逐步实现土地规模化生产

航化作业效率高、速度快、病虫害控制明显。此外，航化作业用药量少，最低仅为人工喷洒的十分之一，成本低廉。以水稻为例，水稻生长期需要施药2~3次，人工喷洒每亩用药500毫升，人工成本35元/亩左右。而航化喷洒仅需100毫升药量，喷洒成本6~8元/亩，航化作业可以节省80%的用药量，人工成本可以节省58~81元/亩，具有巨大的经济效益。

4. 农业航空能够为农业生产节本、增效并降低农药残留

飞机航化作业采用超微量喷洒法，作业时间短，还可以实现立体防治，即利用飞机飞行产生的气流吹动植物叶片，使叶片正反面均能着药着肥，喷洒雾滴小、喷洒均匀，能有效地沾着在植物体和害虫表面，被植物和害虫吸收后杀死植物体内的病原菌和害虫，同时也能杀死空气中流动的病原菌和害虫，全面抑制病原菌的侵染，控制害虫的蔓延，这样可以提高防治效果15%~35%。在作物生产的关键阶段，喷施叶面施肥和微量元素，而不是简单地人工扬撒或拌到土中，增产效果明显，平均增产10%以上。

人工降水是指当云中降水条件不足，用飞机在云中飞行扰动和搅拌空气，并播撒催化剂，促进云中冰晶或云雾滴迅速形成，进而达到雨雪下降。人工降水飞机对深厚层状云系播撒催化剂，可增大降水量10%~20%；对旺盛浓积云催化，可增大降水量1~2倍。除缓和农牧区旱情外，在林区还有降低火险等级和灭火的作用（见图6-9）。

航空护林是指采用航空技术进行森林防火和消防工作。航空护林一般包括：日常巡查、机降灭火和空中消防。对于后两者，通常采用大型直升机飞行，而日常巡查，通常采用成本较低的固定翼，近年来还出现了采用无人机实时图像监控的技术。我国森林覆盖率较低，因此航空护林的年度作业量相对稳定。见图6-10。

图6-9　人工降水

图6-10　航空护林

（三）农林航空发展概况

航空器装上喷撒（洒）系统，可进行森林、草地和农作物的病虫害防治、施肥、除草。装上播撒系统，可飞播造林、植草、播种（如播水稻、大豆）等，还可进行护林防火。早在1911年，德国人就提出了用飞机喷撒化学药剂，以控制森林害虫的计划。1918年美国用飞机喷药防治牧草害虫取得成功，随后加拿大、苏联等国相继将飞机应用于农业。

第二次世界大战后，各种杀虫剂、杀菌剂和除草剂大量问世，要求用高效能的喷撒机具来满足工作的需要；与此同时，大量军用飞机和驾驶员转向农业，遂使农林业航空迅速发展。20世纪50年代开始设计制造专用和多用途农业飞机。50年代末，直升机也加入农业航空行列。至1983年，全世界拥有农用飞机约32000架，作业总面积56.25亿亩，约占世界总播种面积的25%。

我国农林航空作业始于1952年，60余年来农航作业获得了长足的发展。2013年，我国农林航空作业飞行时间为3.2×10^4小时，占通航飞行作业总时间的6%，农化作业面积285×10^4公顷。农林航空作业领域从单一的治蝗扩展到水稻、小麦防病，美国白蛾、旱蝗统防统治，草原播种、灭鼠，森林消防等多个业务种类，是我国通用航空产业中最重要的组成部分。但是受到我国农业经营规模小、经营分散的影响，农林航空作业的增长速度不高，处于一个持续稳定增长的状态。

截止到2016年年底，我国处于经营状态的189家通航企业中，具备飞行运行资格的企业129家，其中拥有农林作业资质的企业42家，处于常规运行状态的37家。农林作业是我国通用航空企业重点业务来源之一。

二、农林航空作业实施

按照先后顺序，农林航空作业实施按下列三步完成：农艺准备、作业飞行和作业后维护保养。

（一）农艺准备

农艺准备包括机场选择、作业区划、作业地图、气象条件、地面组织等。

1. 机场选择

农业作业机场一般设在作业区中心或近于中心，交通水源方便的地区，每架次作业时间不超过25分钟，作业半径10～20千米为宜。作业范围较大地区，应设置临时机场。机场要配备足够的消防设备，并对器材进行检查维修，过期的要重新更换。对跑道、停机坪要及时进行维修，对水泥道面起层部分进行修补，对跑道上的石子、水泥碎块、沙粒等杂物清扫干净。将侧、端安全道刮平压实，插好安全旗，画好复飞线。临时土跑道要在飞机进场前重新对跑道和停机坪压实，并在飞机停靠位置、螺旋桨下方准备一块大铁板，防止飞机试车时将沙粒旋起打坏螺旋桨。加油、加药设备必须进行启封维修，使之处于完好状态。将作业时加药用的水罐、水池、加药管等清洗干净，注入清水待用。对加油管路、油罐进行检查清洗，并接好地线防静电打火。调机前航空部门要派专业人员或安检人员到作业基地，对机场进行全面检查验收，双方验收合格后方可调机。

2. 作业区划

以作业区分布面积、地块数目、作业项目、气候差异、地理位置以及每架次作业面积为依据，选择经济合理的飞行路线和作业方法。在年初作种植计划和地号设计时，要统筹安排飞机作业地号，将计划航化作业的作物按种类连片种植。作业前要认真研究和全面安排作业区。

3. 作业地图

飞行员在农业航空飞行作业中，最重要的依据就是作业地图，因此准备作业地图是农艺准备的重要内容。绘制作业地图要根据地形、地物、作业项目、渠道、林带等情况，将作业区划分为若干个作业小区，并标出作物种植面积、地块长、宽，附近敏感作物种类、作业顺序和架次，以便安排作业。作业时要打破地块和生产队的界限，作业小区长度1000～2000米，如小地块可考虑套喷、串联法等作业方式。作业地图由机场农艺师准备。对于除草作业，在准备作业地图时应注意忌避作物。忌避作物是指在农业航空除草作业中对所用除草剂敏感的作物。

4. 气象条件

作业前，要了解当天的气象情况。对于除草作业，当出现风速超过5米/秒、下风头有忌避作物、空气相对湿度低于60%、大气气温高于28℃、4小时内有降雨等情况时，就要取消当天的作业。

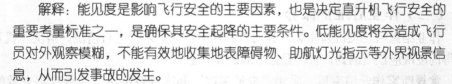

影响能见度的大雾

事例：某单位一架直升机实施超低空航行并结合转场飞行，直升机在接近山区时遇到浓密的大雾，此时已不符合飞行条件，但机组没有采取返航或尽早上升高度等正确措施，仍然保持低高度飞行，导致直升机偏离航线撞山，机组7人遇难。

解释：能见度是影响飞行安全的主要因素，也是决定直升机飞行安全的重要考量标准之一，是确保其安全起降的主要条件。低能见度将会造成飞行员对外观察模糊，不能有效地收集地表障碍物、助航灯光指示等外界视景信息，从而引发事故的发生。

5. 地面组织

包括作业田间信号安排、信号员培训、机场加药的组织及培训、人员安排、地号区划、作业安排、药剂配方、通信联系、作业质量监督、检查及善后处理等项工作。

（二）作业飞行

不同的作业类型，对飞行高度、作业喷幅、飞行速度等有不同的要求。农业航空作业飞行通常在低空或超低空飞行，飞机距离农作物、林木高度较小，欧美国家一般为4～5米，甚至低于4米，我国作业高度，大田作业为5～7米，林区和地形复杂地区为10～15米，超低空飞行受地面障碍物（山坡、山丘、电线杆等）威胁，安全问题至关重要。农药毒性对操作人员健康有害。农药喷洒漂移，会造成环境污染，农药对飞机结构和施药设备会产生严重腐蚀，为了保证飞行安全，减少农药的负面影响，应严格遵守相关操作准则。

一般来说，各机组每日飞行不得超过7小时，每月不超过80小时，任务紧急可增加到100小时。连续5个飞行日，飞行时间超过30小时，应休息一日。在能看清障碍物和目视判断作业飞行高度的情况下，准许在日出前30分钟（山区20分钟）开始作业，通常在日落前30分钟着陆。如果次晨不飞行，有照明设备，能在夜间检修飞机，准许作业至日落时（山区日落前15分钟）着陆。当大气温度高于35℃（气象台百叶箱或者室外背阳处温度）和湿度低于60%时不准作业，以减少药剂蒸发和漂移损失。在作业飞行时，禁止飞入药物形成雾带或在雨区内作业。

在狭长地段上作业，采用分段穿梭法，将所载的药物一次喷完，如果作业地段过长，可以分若干地段喷洒。在宽度不小于1200毫米或者在两个位置大致平行、面积基本相等的地段上作业，应采用包围作业法。在小块地段分散作业时，如果两个地段在一条直线上，可以串联喷洒作业（三种方法分别见图6-11）。侧风喷洒农药，飞机作业方向和风向垂直，第一个喷幅在下风头作业，然后顶风移动到下个喷幅。

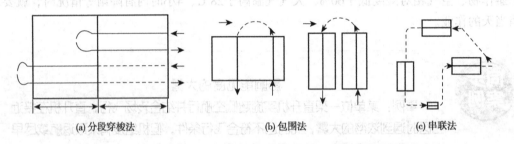

(a) 分段穿梭法　　　　　　　　(b) 包围法　　　　　　　　(c) 串联法

图6-11　农林航空作业飞行方法

（三）作业后维护保养

作业结束后，飞机和相关机具内部和外表面都必须再进行清洗。清洗飞机和喷雾机具所得的废液应该喷洒到该农药登记注册的作物上。

常规喷雾作业结束后，采用"少量多次"办法进行清洗，即每次用少量的清水清洗3~4次。如果喷洒超低量油剂，就不能用水清洗，必须用适量的溶剂来清洗喷雾系统。

喷雾作业完成后，必须做好施药机具存放的准备。喷雾药液箱的内部和飞机的外表面都必须彻底冲洗，对于整个喷雾系统必须充分地清洗，以保证所有的管道和软管干净清洁。为避免飞机部件的损坏，对飞机构件的清洗特别重要，所有飞机控制部件表面都必须要干净，适当时还要加润滑油润滑。

对于喷雾机具和飞机都要参照生产厂商的有关操作说明，安装喷雾机具的飞机通常在喷雾作业结束后要卸下喷雾机具，以便飞机执行其他任务。喷雾机具在最后存放前应保持干燥，这更适合于机具在阴暗环境中存放，更加安全可靠。在存放前，喷雾机具和飞机必须彻底清洗干净（清除残余药液）并晾干。飞机的存放要依据当地的法规。飞机应该在覆盖下存放，并且做到绝对安全可靠。

第四节
其他通用航空

1. 熟悉公务航空特点及类型。
2. 掌握低空旅游运行和保障条件。
3. 熟知航空运动的常见类型。
4. 熟悉航空医疗救援的特点和开展条件。

一、公务航空

（一）公务航空概念

通用航空活动的一种方式，系指使用民用航空器按单一用户（企业、事业单位、政府机构、社会团体或个人）确定时间和始发地、目的地，为其商业、事务、行政等活动提供的无客票飞行服务。通常使用30座（含）以下的民用航空器，一般使用公务机。公务机中大多数为喷气式公务机，部分公务机也使用涡桨发动机，但喷气式公务机具有更好的性能已经成为了公务机市场的主流配置。公务航空是按高端乘客或单位的特别需求执行公务包机飞行。公务航空最大的特点是高效、优质、私密，服务定制化和个性化。公务飞行执行不定期航班，灵活快捷，具有定期航班无法比拟的优点。

（二）公务航空的特点

公务飞行能够按照客户的需要执行公务飞行，为客户设定专门的航线，在约定的时间内，向旅客提供包机飞行业务，不受航班时间和目的地的限制。作为一个空中办公室，公务机有益于企业或个人提高工作效率，有利于保护个人隐私和商业秘密。对于客户而言，具有安全可靠、灵活、省时、高效率、隐私性强、彰显尊贵等特点。

① 安全性　无论是从飞机的性能、维修水平还是飞行安全记录显示，公务机远超定期航班飞机，公务机是目前世界上最安全的交通工具之一。

② 高效性　公务飞行通过减少定期航班具有的多点经停和起降来节约时间，提高生产力。客户只需提供包机合同和相关身份证明即可登记，不必花费时间浪费在订票、候机、检票、通关等程序上。

③ 灵活性　客户可以根据工作计划自行决定起飞时间，根据需要定制航班时间表。公务机的性能先进，因而可以到达很多定期航班无法起降的机场，到达地点尽可能地接近目的地。

④ 隐秘性　公务飞行可以为客户提供高度的隐秘空间，保护个人行踪和商业机密。减少了旅行的曝光度，有效避开大众的关注。客户可以方便地在飞行途中进行资料处理、召

开会议、会见重要客人等，不必担心信息泄露。

⑤ 提高企业形象　乘坐公务机是企业运营良好的表现，提升了企业形象。如邀请客户乘坐公务机，能给客户留下深刻的正面形象，无形中起到广告宣传的作用，而且能够提高企业的信誉度和知名度。

⑥ 个性化服务　根据不同的客户需要制定有针对性的服务方案。在饮食上，有专业的配餐人员为客户奉上符合个人口味的食品、饮品。全程无缝隙地与客户对接，听取客户意见，尊重客户感受，做到让客户满意、放心。

（三）公务航空的运行种类和商业模式

从公务机使用者的角度来说，公务机运行有私用和商用两类。私用运行方式包括个人或企事业单位的私用自驾飞行、航空器托管运行，合伙联合购机运行、航空器干租交换、航空器湿租交换、公务机时间分享、航空器部分产权项目（产权共享）等；商用方式就是直接由包机公司来提供运输服务的运行方式，其中在商用方式中包机公司也可以将自己管理的个人或企事业单位托管的飞机用于商业包机飞行服务，但从严格意义来说也是商业的范畴。私用和商用两种类型在政府行政管理、法规要求、运行方式和管理模式等方面都具有显著的不同。

1. 个人或企事业单位的私用公务机自驾飞行

对于自驾和员工驾驶飞行来说，其实采取这种方式运行的动机在于个人对航空的爱好，也就是说飞机的驾驶者是航空和飞行爱好者，所以出于这种目的个人或企业购买飞机来自驾飞行，所选择的飞机也往往是载客量不大的比较低端的小型单发飞机或小型直升机，飞机的航程性能不是很远，实际只能在一定范围内自用飞行，一方面达到了交通的目的，另一方面也满足了驾驶者的爱好需求。

企事业单位自建飞行部来运行飞机，是目前比较流行的公务机运行方式，也就是企事业单位自己购买或租赁飞机，并自己雇佣专业的飞行人员来运行飞机，提供本单位的航空运输服务。这种方式可以选择比较高端的涡轮发动机飞机，也可以自己公司组建自用的航空公司。这种方式有如下的优势和不足。

这种方式的优势是：

① 单位有最大程度的对飞机的使用控制权，飞行员和其他保障人员都是自己的员工，执行起来比较直接和快速，也非常灵活。同时也是保证性很好的方式，所有的事情都按自己单位的计划来保障，可以做到随时出发。

② 飞行人员是雇佣的专业飞行员，飞行技术有保障，单位对飞行员的培训也很好保证和监控。在其他人力资源方面也有一定的优势，原来公司的员工可以兼职做一些保障飞行的事情，这样人力成本相对比较低。

③ 本公司使用自己的飞机，相对来说对于各类人员比较熟悉，比如固定的飞行人员，这样就比较私密和安全。

④ 这种方式的不足是：机型受到限制，通常来说机型比较单一，飞机的性能不能全方位地满足出行的需要，比如航程的限制或载客量的限制等，自己想去的地方自己的飞机飞不到，这样就不得不选择其他包机公司来提供服务了。

2. 飞机托管运行

飞机托管运行的定义：个人或企事业单位（飞机所有权人）将自己购买或租赁的飞机按协议委托给专业的航空器代管人，由航空器代管人向个人或企事业单位提供飞机管理和航空专业服务。航空器代管人（或管理公司）提供服务主要包括：提供飞行人员和人员培训，并进行飞机和机组排班计划；飞机维修管理和维修；运行保障和运行控制及监督。

由于有些个人或企事业单位起初对飞机运行的不熟悉，也有些个人或企事业单位为了方便和安全不想直接介入到飞机的运行管理中，所以将自己的飞机委托别人来管理，从而满足自己对飞行的需求。

通常来说飞机托管运行有两种费用：管理公司收取的管理费用（服务费用），一般按月支付；运行飞机所产生的运行成本。这两种费用都需要在约定的期限内由个人或企事业单位支付给管理公司。

公务机管理公司也可以将自己管理的飞机提供给飞机所有权人以外的客户进行包机服务（这种情况相当于飞机的所有权人将自己的飞机租赁给管理公司，管理公司用飞机来做获利的商业包机服务，这时的管理公司的角色发生了变化，变成一个商业的包机公司，需要具备经营许可证），通过包机服务能够获取一定的利润来抵消一些所有权人的运行成本，但很难抵消大部分的成本，除非市场情况很好。当然，如果提供第三方客户的包机服务，那将牺牲飞机所有权人自己使用飞机的利用率，同样会加快飞机使用寿命的损耗。

3. 时间分享方式

公务机时间分享方式就是航空器托管人或航空器运营人将自己管理的飞机在自己不用的时间段内，将飞机提供给其他客户使用，来共同分享飞机的飞行时间，客户只支付相应的运行成本，提供的方式实际可以理解为租赁的关系（湿租）。

这种模式表面上很像是商业包机服务，但实际只是航空器运营人将自己飞机的剩余飞机时间提供给别人私用，客户只支付相应的运行成本，航空器运营人没有从中获取商业利润，所以并不属于商业包机的范畴。但这种分享只是局限于一些特殊的客户，比如说飞机所有权人的朋友，也可能是重要的合作伙伴或客户，也可能是私用公司飞机的公司的员工。

4. 公务机部分产权项目（产权共享）

公务机产权共享是航空器代管人管理航空器的一种组织方式，就是个人或企事业单位从航空器代管人那里可以按一定比例购买航空器的全部或部分产权（比如购买一架飞机的1/8的产权），也可以说是很多个人或单位一起拥有一个机队的产权，并且其中至少一架飞机由不止一个所有权人拥有，在所有部分产权所有权人之间签有相互干租交换航空器的协议，签定了多年有效的部分产权项目协议，包括部分财产所有权、部分产权项目的代管服务和代管航空器干租交换协议等方面的内容。

实际部分产权项目是合伙联合购买一架飞机的扩大版本，就是将一架飞机扩大到很多飞机的机队，并有很多合伙者参与，这样合伙者都有权利使用机队中的飞机，可使用的飞行时间按购买产权的大小来确定，比如购买1/8产权的产权人就获得一年100小时的飞行时间。每个参与者按期给管理人支付相应的管理费和运行成本，一般约定在使用飞机之前的4到12个小时通知管理人就可以，并且管理人要确保按时提供飞机。

部分产权项目在我国的法规中归类在航空器托管的范畴里面，也是私用方式的一种，不可以进行以获利为目的的商业活动，所以只能以航空器代管人的角色来进行部分产权项目的开展，但这种方式对参与者没有要求，个人或企事业单位都可以，运行需要满足CCAR-91部的要求。

5. 商业包机（通常所说的公务机航空公司）

商业包机就是航空器运营人利用公务机进行的包机运输服务，主要是进行不定期的包机航空服务，是进行商业取酬的航空运输服务。在我国行政管理方面，从事公务机商业包机的公司需要获得通用航空经营许可证，在运行方面需要通过CCAR-135部的审定，并需要获得民航局颁发的运行审定合格证，运行规范后才可以进行商业包机服务。

从严格意义上来说，公务机商业包机服务是公共航空运输的一部分，是进行不定期航班的航空公司，可以用大型飞机，也可以用小型飞机，如果使用大型飞机就适用于CCAR-121部，如果使用小型飞机那就适用于CCAR-135部，但都是属于公共航空运输。

综合性的公务机航空公司是公务机运行发展的主要方向和趋势，托管业务和商业包机服务业务相结合的运行方式在资源利用上有巨大的优势，在飞行员共享、维修资源共享、飞机资源共享、人力资源共享、信息资源共享等的情况下，通过规模经营和有效的管理，产生规模经济效应，这将大大降低运行成本，给飞机的所有权人、飞机代管人以及运营人都带来不错的收益。

案例思考

北京某公务航空有限公司成立于1995年，作为亚洲公务航空领域的翘楚，是国内从事专业公务机租赁、私人飞机托管、公务机地面代理和维护、空中医疗救援以及私人飞机购买咨询等服务的专业运营商，是中国公务航空行业的开创者和引领者。该公司针对客户的需求，建立了从托管前期的飞机购买咨询、融资租赁咨询，到飞机托管中的运营、飞机维护、个性机供品、定制配餐、资产保险、费用结算、机库租赁，到旧飞机处置的"一条龙"服务产品链。

公司共运营和管理50余架公务机，建立了闪耀整个亚洲的公务机机队，机型主要为湾流450/550等系列公务机，BBJ737/787等大型公务机，可涵盖国内外各类型客户的需求。公司已拥有北京、西安、深圳、长沙、广西（南宁、桂林）、三亚、海口等FBO。未来几年，将计划在国内更多城市建立FBO，形成覆盖全国的公务机地面服务网络，为在中国境内的公务机飞行提供从空中到地面一体化的便捷服务；同时利用成熟的保障平台网络，由专业的优秀保障人员进行全程管家式保障服务，可以在任何机场为客户提供标准一致的高水准地面服务。

公司对服务细节的专注，赢得了《胡润百富》杂志连续6年"最受青睐公务机运营商"奖项，赢得《罗博报告》严苛考评后的"极品之选"最佳服务奖，也赢得了来自美国知名高端旅行杂志《GT Traveler》的"亚洲最佳公务机公司"称号。

资料来源：http://www.deerjet.com/about/advantage.html（有改写）。

思考

1. 公务航空特点是什么？案例中的公司针对客户需求，做了哪些努力？
2. 从案例中可以看出该公司采用了哪些运营和管理模式？

二、低空旅游

（一）什么是低空旅游

尽管低空旅游热度非凡，但低空旅游却无准确定义。翻阅民航规章，并无"低空旅游"的提法，与之相关的是飞行体验、空中游览和非定期载客运输飞行。

飞行体验包括经营性飞行体验与非经营性飞行体验，其中非经营性的飞行体验按照CCAR-91部私用飞行运行，由私照驾驶员带飞，客户在获得授权后可体验操纵，但不能取得飞行经历；经营性飞行体验，需通过CCAR-91部H章商业非运输运营人运行合格审定，并申请飞行训练运行种类，驾驶员具备商照、客户通过体检并办理学生照，可以取得飞行经历。

空中游览是指按照CCAR-91部H章商业非运输运营人运行合格审定，并申请空中游览运行种类，配备商照驾驶员，在本场半径40千米范围内开展的观摩飞行。

非定期载客运输飞行，是指按照CCAR-135部，使用旅客座位不超过30座和最大商载不超过3400千克的多发飞机或单发飞机或旋翼机，配备商照以上级别驾驶员，在A、B两点间开展的非定期载客运输飞行服务，在此期间观赏景点，或作为旅游的交通解决方式。

根据低空旅游的观赏对象，可分为以下三类。

① 城市型游览　主要是对城市建筑（如北京鸟巢、水立方，纽约自由女神像等）、地标性景观（如上海黄浦江等）和城市夜景（如日本东京等）的空中游览，但城市运行会带来噪声和安全方面的问题。

② 景区型游览　主要是在自然景观地，使用航空器开展空中俯瞰或穿越飞行，由于景区往往远离城市，因此噪声影响不大，但路途比较遥远。

③ 旅游交通型　以通用航空短途运输的方式连接两个人口密集区，沿途赏景。

从低空旅游面向的游客需求，又可分为以下三类。

① 飞行体验需求　满足没有乘坐通用航空器经历的消费者的好奇和体验心理。现阶段，我国多数低空旅游的消费者是出于此类需求特点。

② 空中观光需求　某些景区特别是山区、峡谷，空中俯瞰伟岸壮阔、山隙飞行紧张刺激、朝霞落日光影变幻，使用航空器的空中观光成为一种特殊的赏景视角。

③ 高端旅游需求　我国部分省份幅员辽阔、景点分散、路途遥远、交通不便，使用航空器作为旅游的交通工具，既能够从空中俯瞰景点，又能有效节约时间。

（二）哪些地方适合开展低空旅游

开展低空旅游，对所在地区的经济社会条件有一些具体的要求，包括以下几个方面：

1. 经济水平与消费特点

目前国内外10分钟空中游览的单座价格均在人民币1000元左右，项目能否成功很大程度上取决于当地经济发展水平与消费特点。作为一种可替代性较强的旅游消费品，总结国内外实际案例，空中游览单价如果与当地旺季四星级酒店标准间房价相当，则能够较好地吸引顾客。度假区和景区的旅游性消费特点也能够更好地支撑低空旅游消费。

2. 天气与气候特点

空中游览对气候条件要求较高，所在地点的可飞天数应比较多。如三亚气候适宜，除台风季节之外基本可飞。部分山区景点雾气较大（如黄山、庐山），难以常态性开展游览业务。

3. 景点与空域

从选点的逻辑上，首先要求有可使用的低空空域，其次空域内要有可供观赏的景观，最后旅游景观内有具备消费能力的庞大的游客基数，从中能够筛选出足够分担企业运行成本所必需的客户数量。根据国内已开展低空旅游业务的地区，城市一般要求年接待游客超千万人次，单一景点年接待游客一般需要在百万人次以上。

从配套要求看，目前单纯的低空旅游尚难实现盈利，因此需要以飞行为亮点，实现综合配套开发。如提供游客拍照录像服务、婚纱摄影写真服务、航空文化产品销售、航空主题宾馆（报废飞机改装旅馆、飞行主题宾馆等）、娱乐风洞、模拟飞行体验馆等，并在景区配套钓鱼、烧烤、爬山、骑行、真人CS、摩托艇、游艇等。

（三）低空旅游所必需的运行与保障条件

1. 对运营企业资质和能力的要求

对于开展空中游览的企业，需要具有CCAR-91部运行资质；对于开展低空载客运输旅游业务的企业，需要具有CCAR-135部资质；对于开展与执照培训相结合的游览业务的企业，还需要具有CCAR-61部资质。

在运营能力上，首先企业应有较强的军民航双方及地方政府的协调能力，确保天气好就能飞；其次应具有良好的运行组织保障能力，确保飞行安全，做好油料、维修等自我保障；再次要有一定的配套设施，如舒适的座椅、恒温的阳光房、地面娱乐服务；最后要有强有力的营销推广模式及团队。

2. 对起降场地的要求

低空旅游业务可以使用通用机场或起降点。作为企业运营基地的起降场，一般应按照二类以上通用机场建设。城市型游览一般在市内公园、体育场、楼顶等地设置起降点，景区型游览则要求起降点尽可能地接近景点。成熟的低空旅游企业往往开通多条线路，因此需要网络化分布的起降场。

在起降场的设施要求方面，一般要求配备安检设施，包括手探、身份证验证器、防爆罐等，此外监控、消防和安保等设施和措施也应具备。

3. 对航空器的要求

开展空中游览活动需要使用小型轻便、成本低廉、平稳安全、适于低空慢速飞行的航空器，其中城市型、景区型游览以6座级单发直升机和西锐SR-20等下单翼固定翼飞机为主，体验型、训练型游览以罗宾逊系列直升机、赛斯纳172等上单翼训练飞机为主，交通型游览则以赛斯纳-208、皮拉图斯PC-12、Y-12E等19座以下固定翼飞机为主。

4. 对航路航线的要求

根据不同的飞行类型，所使用的航线有所不同，但城市型游览飞行高度一般在300米以上。此外企业应根据景点特点，设计价格不同、长短不一的航线供客户选择，同时一点为中心运营，开通多条航线，增加产品的多样性。

5. 对专业人员的要求

空中游览要求使用商照飞行员。对于与短途运输相结合的CCAR-135部低空旅游，如按目视飞行则使用商照飞行员，仪表飞行则需要配备航线飞行员。

（四）低空旅游的典型运营模式

第一类是以单一通航运营企业为主体，以低空旅游增加飞行量和业务收入。这种模式多在某一景点或城市开展一条或多条线路的游览。由于目前国内低空旅游业务量有限，这类游览业务或季节性开展（如青海湖游览等），或与培训等业务搭配开展（如天津拓航、北京精功等），或采用包机模式预约后飞行（如华彬天星等），并由运营企业与专业渠道商合作进行推广。多数情况下，低空旅游仅是运营企业诸多业务中的一种，换言之，单一的低空旅游业务尚难支撑一家运营企业甚至一架飞机的专门投入。

第二类是以集团化运作的通航企业为主体，以游览业务促进飞机销售或地产开发。这种模式下，开展低空旅游业务的企业往往附属于某大型集团（如正阳集团旗下的金汇通航在上海黄浦江及厦门厦金湾开展的游览业务），使用的机型往往为集团代理，航空器性能好、舒适度高，但游览收费单价普遍偏低（如使用AW109单座价格仅为580元人民币），有时仅能覆盖变动成本，但通过游览业务的开展带来的航空器销售或地产开发收益则能够覆盖其亏损并带来收益。

第三类是以旅游景区或旅游公司为主体的低空旅游开发。由于目前我国低空旅游规模偏小，但旅游业发展成熟，"通航+旅游"的模式下通航企业往往要遵从旅游业的游戏规则，因此以旅游企业为主体开发低空项目更为适宜。如纽约直升机公司的空中游览是由景点与直升机运营商、旅游公司联合组成营销团队，在各大商场、酒店、景点、地铁宣传推广。首航直升机在大连、长白山、盘锦等地区开展空中游览业务，也与景区合作由景区购买保底小时后进行渠道推广和销售。但由于各地对低空游览的认知度不高，这种模式在国内还不普及。

案例思考 ✈

低空旅游困局：认知度不够，赔本赚吆喝成现状

放眼全球，低空旅游早已成为一项发展火热的旅游项目。但在国内来看，由于通用航空业务发展的滞后，低空旅游一直不温不火。

"全世界低空旅游做得最好的地方，是在美国的科罗拉多大峡谷，每天有40多架飞机不停穿梭。而云南并不缺乏这样的地方，许多景点景区比美国的还要美。"位于海埂公园内的昆明滇池凤翔通用航空服务有限公司目前推出的低空旅游项目包括A、B、C三条观光线路。A线"海埂风光赏景游"，价格为390元/人，游览时间为3~5分钟；B线"滇

案例思考

池风光全景游"，价格为600元/人，游览时间约为7~10分钟；C线"技巧飞行体验"将在滇池上空进行绕点转弯、侧飞体验、8字飞行、大坡度盘旋等特技飞行技巧，价格为1000元/人，时间为15分钟。但是，敢于"尝鲜"的游客寥寥无几。

这样的状况，对云南做低空旅游的多家通用航空公司来说，其实是常态。一个更为普遍的共识是，单靠低空旅游项目支撑的通用航空公司，几乎难以实现盈利。因为低空旅游项目根本无法独立生存，往往需要搭配私人包机、航拍等其他业务，才能实现盈利。

业内普遍认为，低空旅游发展的最大瓶颈，是大众对通用航空尤其是低空旅游的认知度还不够。对于目前消费观念还较保守的国人来说，低空旅游还是一种"奢侈品"，这就需要一个长期的市场培育过程。

事实上，低空旅游并不是在任何地方都适合发展，只有构建在科学规划的基础上，才能得到持续、快速、健康的发展。除通用航空企业的自发摸索前行之外，低空旅游市场的繁荣发展，更需要政府组织、区域政策层面的积极引领和强力助推。

资料来源：四川通航飞行服务中心，2018-04-10。

思考

1. 国内低空旅游陷入困境的深层次原因是什么？
2. 低空旅游开展的突破口在哪些方面？

三、航空运动

（一）航空运动概述

航空运动（air sports）是利用飞行器或其他器械在空中进行的体育运动。航空运动是伴随着飞行器的诞生和发展而开展起来的，既属于通用航空领域，又属于空中运动范畴。国际上普遍开展的航空运动项目有飞行运动、航空模型运动、跳伞运动、滑翔运动、热气球运动等。其中，飞行运动是飞行员驾驶本身推进的飞机进行飞行的一项航空运动（见图6-12）。

图6-12　航空运动

航空运动在我国是一项新兴的体育运动。20世纪初开始萌芽，30年代逐步兴起，中华人民共和国成立后得到了迅速发展。1952年6月成立的中央国防体育俱乐部（1956年11月，改称中国人民国防体育协会）将航空运动纳入其开展的重要项目之一。我国的航空运动首先从航空模型活动开始，随后，滑翔站、滑翔学校、航空俱乐部、航空干部训练班在各地建立起来，培养了大批各类航空运动人才。

（二）跳伞运动

跳伞运动是指跳伞员乘飞机、气球等航空器或其他器械升至高空后跳下，或者从陡峭的山顶、高地上跳下，借助空气动力和降落伞在张开之前和开伞后完成各种规定动作，并利用降落伞减缓下降速度在指定区域安全着陆的一项体育运动。它以自身的惊险和挑战性，被世人誉为"勇敢者的运动"。

1. 跳伞运动的发展

跳伞运动的源起是受到一位名叫拉文的囚犯用一把雨伞越狱的启发。1785年，法国的白朗沙尔受拉文冒险越狱的启迪，把狗和重物运上半空，然后乘降落伞下降获得成功。1797年，法国的一位飞行员乘气球升上高空，使用自己的降落伞下跳成功。从18世纪末开始，跳伞在欧美各国迅速发展，并逐渐流行于世界上许多国家。1926年，美国率先将跳伞运动正式列为空中比赛项目。20世纪50年代，跳伞由起初的救生和利用于军事，发展成为一项国际性体育竞赛项目。1951年在南斯拉夫举行了第一届世界跳伞锦标赛，该种竞赛从1954年起，每两年举行一次。

跳伞的升空方式也从最早的热气球跳伞发展到飞机跳伞、伞塔跳伞、牵引升空跳伞，当今喜爱冒险运动的人们又发明了从悬崖和摩天大厦跳伞等。跳伞项目除了传统的特技、定点、空中造型、空中踩伞等项目外，又新增添了空中自由式跳伞和空中滑板跳伞，从单纯的竞技型向休闲、娱乐和极限运动演变。

跳伞运动已经成为全球最为普及的航空体育项目之一，也成为年轻人最时尚的极限运动之一，甚至被发展成为一种技巧高超的体育活动。旋转、翻筋斗、转向、特技编队表演、传递接力棒，甚至不带降落伞从飞机上跳下，在半空中从另一位跳伞者那里取得降落伞等。

2. 跳伞运动的主要装备

为了保证跳伞安全和成功，背带、容器、主伞盖、备用伞盖是跳伞人的必备装备。此外，为了确保整个系统正常工作，还装备有以下。

① 固定开伞索和挂钩（仅限固定开伞索跳伞）或主开伞索，用于打开主伞盖。

② 切断手柄，用于使主伞盖与跳伞人分离。只有主伞盖无法正常打开时才使用该手柄。该手柄清除跳伞人上方的空气，使备用伞盖可以打开并保证不会与主伞盖缠绕。

③ 备用手柄，用于打开备用伞盖。

④ 前后升降器，用于操纵伞盖。

⑤ 自动激活设备（ADD），该设备是一种大气压设备，不断分析周围的压力，确定高度以及下降的速度。当高度低于300米、垂直速度超过每秒38米时，该设备将激活，打开备用伞盖。

⑥ 高度计，用于在跳伞时测量高度。

⑦ 护头装置，以便在坚硬的地面上着陆时保护跳伞者的安全。要求坚固轻便，内部有缓冲点，为减少阻力，应具流线外形，视野开阔，尺寸要与头型吻合。初次跳伞的人可能要使用坚硬的头盔。经验丰富一些的跳伞人可能希望使用皮质的帽子，尽管保护性能差些，但是更加灵活。

⑧ 卫星定位仪（GPS），GPS除能准确确定飞行中的位置外，其最有用之处是可以将飞行航线以程序形式输入仪表，在空中进行飞行指示，显示飞行平均速度和到达下一站的预计时间。对在比赛和长途越野飞行中寻找目标转弯点，准确控制飞行航线有很大帮助。因此，国际航联才批准将GPS应用于航空运动中。

⑨ 服装，用于防寒保暖、防潮、防水、伪装等。

3. 跳伞主要赛项

按载人器具，跳伞运动包括从飞机、直升机、滑翔机、飞艇、气球等各种航空器上跳伞和地面跳伞塔跳伞。国际上分为伞塔跳伞、氢气球跳伞和飞机跳伞三种。其中飞机跳伞是我国开展跳伞运动的主要形式。飞机跳伞竞赛项目很多，国际上开展的项目有定点跳伞、特技跳伞、造型跳伞、踩伞造型跳伞和表演跳伞；此外，还有在7000米以上高度进行的高空跳伞；日落后1小时至日出前1小时内的夜间跳伞；在江、河、湖、海等水域上进行的水上跳伞等。

（三）滑翔运动

滑翔运动是驾驶滑翔伞（机）在空中滑翔和翱翔飞行的一项航空运动。滑翔运动是一种不依靠动力，利用重力和空气阻力在空中滑行的航空运动方式。滑翔运动由于其独特的刺激性，在欧美国家广泛普及，仅在欧洲，滑行伞飞行者已有300多万人，在我国也已成为广大航空运动爱好者向往、追求和迷恋的体育运动。中国航空运动协会滑翔伞委员会正式注册的选手已达800多人，经常飞行的爱好者无法计数。目前我国滑翔伞运动俱乐部已有上百家。

滑翔运动采用的器材有滑翔伞和动力滑翔伞。滑翔伞由伞翼、吊袋和备份伞组成。动力滑翔伞是在滑翔伞基础上发展起来，它是在座包后加上一个动力推进器，质量15～25千克，推力40～80千克，飞行时间达1～5小时，可以在平地起落，受场地限制小，较为方便。但飞行时噪声较大，价格也贵，主要用于培训及商业飞行。相比之下，普通滑翔伞价格要便宜得多，飞行乐趣也多，它一般在山坡上起飞，找到热气流或动力气流后盘旋上升，气流好时可升至2～3千米。滑翔伞留空时间的世界纪录已达24小时，飞行直线距离350千米。

随着滑翔伞性能及飞行员技术的提高，比赛种类越来越多，大致有以下的几种：滞空、定点着陆、定时赛、折返赛、距离标杆、指定路线、指定路线的自由飞行、开放式的自由飞行等。

滑翔伞的操作程序包括起飞、转向、爬升、下降和着陆等五个步骤。滑翔伞的起飞需要长度为10米、坡度为15°左右的向风面山坡。起飞须正对风向，飞行员控制伞翼充气到头顶后即开始加速起飞。通常当伞翼的空速达到6米/秒左右时会将人带离地面，对于有经验的飞行员来说起飞会在3步之内完成。滑翔伞可以自由转向。滑翔伞拥有刹车组伞绳，刹车组连接在伞翼的尾端，飞行时左右手各持相应一侧的刹车手柄。当拉下一侧刹车手柄后，该侧尾段被拉下，阻力增大，伞翼会向该方向旋转，从而达到转弯的目的。

如无外力影响，通常滑翔伞会以1～1.5米/秒的速度下降。在发生紧急情况时，可采取单鞭操作。具体为：用两手抓住A组最外侧的伞绳，然后拉下，以减少有效翼面面积，从而达到增大下沉率的效果。需要注意的是，进行此操作以后无法使用刹车线，旋回必须完全靠重心移动来完成。同时，这项操作有可能会引起滑翔伞失速，单鞭操作和加速器的并用会减轻失速的危险。结束此项操作时，先解除加速器操作，然后放开拉着的A组最外侧的伞绳。或进行B组失速操作，即双手抓住B组，同时用力拉到胸前使伞面变形并造成失速，这样可以获得较大的下沉率（5～7米/秒）。这种失速状态与完全失速不同，是可以被控制的。结束此项操作时，将拉着的B组完全放开即可。但需要注意的是，滑翔伞并不会立即开始滑翔，因此过早的刹车线操作将会导致滑翔伞完全失速。必要时采取旋转下降，此时下沉率大于14米/秒。进行此项操作的飞行员需要有高超的技术，同时此项操作伴有飞行员黑视（black out）的危险性。

最后一步是着陆。滑翔伞着陆与飞机跳伞的冲击着陆不同，滑翔伞着陆要轻柔得多。着陆前滑翔伞须正对风向减小对地速度，在距离地面数米处通过双侧施加较大幅度的刹车可以实现接近零速度零下落的雀降。

（四）航空模型运动

航空模型运动，以放飞、操纵自制的航空模型进行竞赛和创纪录飞行的航空运动（见图6-13）。航空模型是一种有尺寸和重量限制的雏形航空器，分为自由飞行（代号F1）、线操纵圆周飞行（代号F2）、无线电遥控飞行（代号F3）、像真模型（代号F4）4大类，共计26种。竞赛分为比赛项目和纪录项目。航空模型运动有助于培养人们对航空事业的兴趣，普及航空知识和技术，培养航空人才，发展智力，增进身体健康。

图6-13　全国青少年航模大赛

航空模型运动被列入世界锦标赛的有12个项目，按惯例分别举行世界自由飞行（3项）、线操纵圆周飞行（4项）、无线电遥控特技、无线电遥控模型滑翔机、像真模型（2项）和室内模型6个锦标赛。各锦标赛每两年举行1次。此外，还有欧洲锦标赛和各国公开赛。世界锦标赛和重大国际比赛通常采用每项由3名（或3组）运动员参加单项团体和个人比赛的办法，对获得前3名的选手给予奖励。航空模型运动不同于一般运动项目，它必须用自己制作（装配）的航空模型参加竞赛，因此它不仅是一项单纯的竞技运动，而且包含着丰富的工程技术理论和制作内容。

（五）飞行竞赛与特技飞行

飞行竞赛和特技飞行（见图6-14）是现今开展比较普遍的飞行运动项目。飞行竞赛项目包括在装有活塞式、涡轮螺旋桨式、喷气式发动机的各种重量级飞机上创造飞行速度、高度、航程、续航时间、上升速率、载重量等方面纪录的飞行；在装有活塞式发动机的单座运动飞机和双座教练机上，比赛封闭航线竞速飞行、直线往返飞行、起落航线飞行、绕标飞行等。特技飞行项目是在简单气象条件下，驾驶运动飞机比赛高级特技。

图6-14　特技飞行

飞行竞赛和特技飞行不仅表现在运动本身，也是对飞机设计师、机械师和驾驶员努力增加飞机的飞行速度、航程和可靠性的挑战。在飞行中产生的想法和方法，大部分都被用到军用和民用航空方面，从而促进了飞机制造的发展、驾驶技术的提高和航空理论的深入研究。

四、航空应急救援

（一）航空应急救援概念

航空应急救援是应急救援的一种方式，特指采用航空技术手段和技术装备实施的一种应急救援，其在救援的目的和对象上同其他应急救援方式相比没有本质区别。但其独特之处在于所使用的技术条件和组织管理与其他救援方式存在区别。航空应急救援使用了科技含量非常高的装备，需要通过特定的救援主体实施救援，并需要贯彻专业化的救援原则。航空应急救援充分体现了应急救援必须快速反应的原则，其在人类应急救援发展史上发挥的作用难以估量。

（二）通用航空与应急救援的关系

一般来说，现场航空应急救援中通用航空飞行器是绝对的主力，尤其是救援直升机。随着航空技术的发展，救援航空器更多地涵盖了包括飞艇、热气球在内的浮空器和无人飞行器，这些都是通用航空飞行器的一部分。可以说，没有通用航空产业的发展便谈不上航空应急救援产业的发展，通用航空产业的发展水平直接决定了航空应急救援产业的发展水平。举例来说，直升机发明后首先就被应用在医疗救援上，而且民用直升机至今仍是航空应急救援的主体。

国际上，最早使用直升机应急救援是在20世纪50年代，经过几十年的发展，目前主要发达国家和部分发展中国家已形成比较完善的直升机应急救援体系，具有很强的应急救援能力。关于直升机在应急救援中的突出作用，美国西科斯基飞机公司创始人西科斯基先生有一句堪称经典的描述："如果一个人正亟待救援，喷气式飞机能做的只是飞过他的头顶，撒下花瓣，而垂直起降的直升机却能挽救他的生命。"从直升机的技术特性来看，其垂直起降、空中悬停、前后左右飞行，且不受机场和跑道限制等优势，相比其他类型的航空器，更适合承担复杂的救援任务。

当然，从另一角度来说，航空应急救援产业的发展也推动了通用航空技术的进步和发展。航空应急救援产业的逐步建立和完善，为通用航空产业的发展开辟了空间，以更加具体实际的需求带动了通用航空产业的发展，使航空应急救援成为通用航空的重要市场增长点之一。因此，可以说航空应急救援与通用航空产业的发展好似鱼和水的关系。通用航空产业的健康发展为航空应急救援产业的发展提供了可能，而航空应急救援产业的发展也为通用航空产业的发展提供了庞大的市场空间和应用环境。

（三）航空医疗救援

航空医疗救护作为一种反应迅速、专业化程度高的救护手段，成为现代社会不可或缺的公共服务，越来越受到社会各界的关注。根据民航规章CCAR-290《通用航空经营许可管理规定》对航空医疗救护的定义，航空医疗救护是指"使用装有专用医疗救护设备的民用航空器，为紧急施救患者而进行的飞行活动"。航空医疗救护的事例见图6-15。

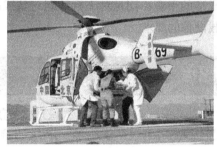

图6-15　直升机应急救援

医疗救护是我国应急救援体系的组成部分，两者之间既有联系又有差异。航空应急救援是指发生大面积自然灾害、重大事故或重大公共事件时，利用航空器进行的救援活动，一般由政府主导，参与主体多元化，政府能够调动各种社会资源实施救援；而航空医疗救护主要针对的是常态化的救护，主要服务于高速公路事故、野外搜救、病患救助等其他日常情形，参与者为机构或个人。因此，应急救援一般定位为公共物品，由政府主导承担，而航空医疗救护在很多国家定义为准公共品，存在商业化运作的空间。

1. 分类和特点

按救援任务发生的阶段不同，常态化的航空医疗救护主要可以分为"院前急救"和"院间转运"。"院前急救"是指通过航空器将医护力量运送到达现场并采取一些必要措施，直至通过地面交通工具或航空器将病员送达医院急诊室之间的这个阶段；"院间转运"则指从病患在一个医院经过救治稳定后，通过航空器向其他医院转运的活动。

按使用航空器不同，又可以分为固定翼、旋翼机及使用较少的热气球或其他航空器的救援，其中固定翼主要用于转运，旋翼机可广泛用于各种类型的救援。旋翼机以直升机为主，5座及以下直升机由于空间限制，不太适合改装和执行常态化的医疗救护任务，而重型直升机由于成本高，不经常用于医疗急救。

2. 开展航空医疗救援的基本条件

（1）对运营企业资质的要求 由于航空医疗救援一般在两点或多点间飞行，一般要求运营企业具有CCAR-135部资质，并在经营许可中有"医疗救护"项目。

（2）对起降场的要求 院前急救一般使用直升机起降点，既包括专门的楼顶高架直升机场，也包括操场、停车场、公路等改造的临时起降点。从布局上，既包括以医院为基地的模式，也包括以人群集中的社区为基地的模式。根据国外经验，单一基地可服务半径在60~90千米范围内的区域。由于医疗救援需求的突发性，往往对夜航能力提出要求。

院后转运一般使用固定翼医疗专用飞机，转、接诊医院所在地都需要设有机场，一般使用运输机场、公务机专用机场或跑道级别较高的通用机场。

（3）对航空器的要求 航空医疗救援主要使用直升机和固定翼两类航空器，其中院前急救主要使用直升机，院后转运主要使用固定翼飞机。具体来说，在航空器选型方面主要考虑以下几个方面：一是性能与安全，良好的性能与较高的安全性是任何航空器选型都重点考察的内容；二是空间与设备，要有充裕的空间，足够的设备和合理的构型；三是考虑价格和成本的平衡；四是对飞行计划与航线的要求；五要考虑对专业人员的要求；六要考虑对机载设备的要求。

案例思考 ✈

直升机搜救与转运案例

转运救援全程大约80分钟，环境、时间、举例、伤病情况将影响任务执行时间。流程及耗时如下。

15分钟：准备直升机并装载所需物品；对飞行员进行情况讲解。

30分钟：飞往事故现场观察情况后，降落至起降点；飞行员及侦查员到现场进行"紧急医疗短途运输"现场观察；直升机与事故现场保持沟通，对任务地点环境进行评估；GPS集成压力高度、外部温度、风速、方向、阵风、动力余度与旋翼空间余度信息；所有机组人员完成GAR风险评估表后，决定是否执行任务。

10分钟：完成悬吊、人员二次检查、风险评估；展开并检查吊索；将二次释放组建链接至直升机；将手动释放吊索链接至飞行员；将吊索链接至主钩；对主、次释放装置进行检查；二次检查系统、吊挂人员对××××装备进行检查；二次检查Spottor装备。

注意：直升机与吊挂人员通过专属FM频段及手势进行沟通。

20分钟：实施转运救援；吊索长度可至76米（约250英尺）左右；固定伤病员，决定是否需要硬板支撑。

案例思考

5分钟：在起降点将伤病员转至下一个运输工具；飞往转运点，救护车、下一航段直升机等已在转运点等待。

资料来源：https://mp.weixin.qq.com/s?__biz=MjM5NzAwNzc3Ng。

思考

1. 直升机搜救与转运的作业流程可以归纳为哪几项？
2. 直升机搜救与转运过程耗时最长为哪一阶段，为什么？

1. 简述通航公司组织架构及部门职责。
2. 简述通用航空飞行实施的基本程序。
3. 简述工业航空的概念与作用。
4. 典型工业航空活动有哪些？
5. 海上石油服务作业注意事项？
6. 航空吊挂作业注意事项？
7. 简述农林航空概念及内涵。
8. 简述农林航空作业实施流程。
9. 公务航空特点是什么？我国公务航空运营管理模式有哪些？
10. 简述低空旅游运行和保障条件。
11. 航空运动的常见类型有哪些？
12. 简述航空医疗救援的特点和开展条件。

思考题

课后练习

第七章

通用航空器适航与维修

微课

主要内容

本项目通过介绍通用航空器的适航与维修等概念、内涵，使学习者了解通用航空器适航审定体系与基本要求，并对通用航空器维修体制、维修类别和维修的特点以及通用航空器维修工作准则和典型维修工作任务做了详细的分析。

学习目标

1. 了解通用航空器的适航、适航类别、适航管理、适航基本要求。
2. 熟悉通用航空器维修体制、维修类别和维修的特点。
3. 掌握通用航空器维修的工作准则和典型维修工作任务的具体要求。

30年来民航适航审定工作情况

我国适航管理从无到有，走过了一条从艰苦创业到快速发展的道路。1974年，我国承认国际民航组织公约并承担相应义务，建立本国适航管理法规和管理成为履行国际民航公约义务的保障。

1. 组织机构

1987年6月1日，民航局成立航空器适航管理司，后更名为航空器适航司，这是民航适航管理部门的创始。1987年适航司刚建立时，仅有30名工作人员。经过30年建设，全系统工作人员为360人。在7个地区局设有二级管理机构，在4个安全监督局设立有三级管理机构。4个航空器审定中心、3个适航审定培训机构，并计划在成都和广州增设2个审定中心。

民航局将提升适航审定能力作为重要改革任务并加以推进，联合外交部、国家发展改革委、工信部、财政部、商务部，于2017年4月印发了《适航攻关专项方案》。该方案从提升基础保障能力、教育培训能力、立法定标能力、产品审定能力和国际合作能力五个方面，提出21项具体实施项目。

2. 服务国家项目审定

30年来，适航审定部门对Y7、Y8、Z9、Z11等20多项国产航空产品实施适航审定，并颁发型号合格证件。颁发1200份改装批准，适航指令9200份，完成9000架飞机的适航检查，为保障航空器安全运行，促进使用国际先进航空产品和技术，奠定技术基础。

近两年，适航审定部门全力开展并重点保障C919、AG600、MA700、AC312和CJ-1000A等29项国产航空产品适航审定工作。

3. 积极开展国际合作

截至2017年11月，中国和其他民航局方签署双边技术协议244份，其中双边协议/谅解备忘录/执行程序与28个国家和地区共签署226份，适航双边会议纪要签署12份。涵盖了欧洲、美国、加拿大和巴西等航空发达国家和使用国产民用航空器国家。

2017年10月，中国民用航空局与美国联邦航空局先后签署的《适航实施程序》（IPA）正式生效。该双边协议实现了两国民用航空产品的全面对等互认，此次IPA实现了中美航空产品的全面对等互认。

中欧双方已经对《中欧民用航空安全协议》及其适航审定附件草案达成一致，预计12月上旬双方草签协议，2018年年底正式签署生效。

4. 未来工作重点

近年来，适航司在航油航化审定方面开展了创新管理，2011年成立航油航化审定，对航油航化产品、生物航煤和煤制油进行审定；积极探索无人机适航审定政策，目前已经建立了注册体系，今后将在无人机政策方面做出政方面做出政策研究；根据按照民航局两翼齐飞的整体发展战略，在保障安全的基础上，积极探索通航适航审定新政策。

资料来源：http://news.carnoc.com/list/425/425141.html。

 思考

从我国适航管理的发展历程看，构建通用航空器适航审定技术体系包含哪些工作？

第一节
通用航空器的适航

能力培养 ✈

1. 掌握适航的概念，熟悉适航的类型。
2. 熟悉航空器的持续适航管理工作和通用航空器适航基本要求。
3. 了解通用航空器适航审定系统。

案例思考 ✈

　　自2018年5月1日起，民航局简化和调整了包括航空器适航证件和国籍登记证办理管理、国内通用航空公司设计小改和大改管理、通用航空企业油料供应管理等在内的部分通用航空适航审定政策，以进一步提高通用航空适航审定效率，为通用航空发展创造良好环境，促进通用航空发展。

　　2018年1月19日和3月2日，民航局以"放管结合、以放为主"为原则，结合国内通用航空的发展状况，分别发布了两份关于改进通用航空适航审定政策的通知，对部分通用航空适航审定政策予以简化和调整，并于5月1日起正式施行。其中，简化和调整的内

案例思考

容涉及航空器研制和验证阶段特许飞行证管理，国内通用航空公司设计小改和大改管理，套材组装、自制、航空比赛和展览航空器管理，航空器适航证件和国籍登记证办理管理，通航领域设计保证系统的要求，轻型运动航空器和超轻型航空器的审定要求，用于医疗救护和抢险救灾等用途的航空器加改装的审定要求，通用航空企业油料供应管理，增设实验类适航证等。

政策调整后，在航空器适航证件和国籍登记证办理管理方面，通过建立适航证件和国籍登记证网上申办系统，全面改进办理流程。在用于医疗救护和抢险救灾等用途的航空器加改装的审定要求方面，一般情况下，专门用于医疗救护和抢险救灾用途的航空器设计和改装方案应先获得适航审定批准后，才能实施改装。但在紧急情况下临时加装设备的，可先执行救护救灾任务，执行任务的单位或个人对航空器安全性负全部责任并应采取措施确保航空器的运行安全。

在国内通用航空公司设计小改和大改管理方面，国内通用航空公司为其拥有或代管的航空器进行的设计小改采用备案制管理，无需向局方申请设计批准；为其拥有或代管的非载客运行航空器（包括驾驶员在内最大座位数为10座及以下）申请补充型号合格证时，可采用局方直接批准或通过委任代表批准两种方式。

民航局适航司相关负责人表示，此次简化和调整的部分通用航空适航审定政策，采取了"事中事后"监督的管理方式，更多地允许通用航空企业和个人自主完成适航符合性验证工作，体现申请人的适航安全主体责任。同时，为保证申请人能够按照诚实、守信原则开展适航符合性验证工作，民航局始终保留对各项符合性验证工作的核查权力，并将建立行业信用信息记录。

资料来源：http://finance.sina.com.cn/roll/2018-05-10/doc-ihaichqz4266744.shtml。

 **思考**

1. 不同类型通用航空器的适航审定有哪些区别？
2. 通用航空器的适航对其维修提出了怎样的要求？

一、通用航空器适航性及其基本要求

（一）适航的概念与类别

适航也称为适航性，是指航空器包括其部件及子系统整体性能在预期运行环境和使用限制下的安全性和物理完整性的一种品质。这种品质要求航空器应始终符合其型号设计并始终处于安全运行状态。航空器的适航是保证航空安全的最基本条件。

适航分为初始适航和持续适航两部分。

初始适航是指在航空器交付使用前，适航部门依据各类适航标准和规范，对航空器的设计和制造所进行的型号合格审定和生产许可审定，以确保航空器和航空器部件的设计、制造是按照适航部门的规定进行的。

持续适航是指民用航空产品持续保持其已经具备的符合适航性要求的安全水平，涉及确保航空器在其整个使用寿命内的任何时候都符合有效的适航要求并处于安全运行状况的所有工作过程。持续适航主要是指航空器使用和维修过程中的适航要求。

（二）航空器持续适航管理

为确保航空器在使用和维修过程中符合适航要求，始终处于安全运行状态，需对通用航空器进行持续适航管理。即在使用或维修中，如果需要维修或更换零部件，维修或更换的零部件应当满足适航要求，或零件的设计和制造已经得到局方的批准。因此，可以说，维修本身就是确保航空器适航的手段。

航空器在使用过程中应与批准的型号设计保持一致。强制性的检查和改装等工作，通常用通过适航指令（airworthiness directive，AD）颁发。在完成强制性工作过程中，要特别注意重复检查项目以及实施项目的完全性。

任何改装、修理，任何部件、零件、设备或材料的更换，都要按照批准的方法、设计要求以及规定程序和维修方案进行，必须遵守航空器零部件制造商批准书（parts manufacturer approval，PMA）和技术标准规定项目批准书（CAAC technical standard order authorization，CTSOA）中的相关要求，并按规定间隔完成审定维修要求（CMR）和适航性限制（AWL）。

如果放行的航空器上有丢失的结构件或口盖，则应按照外形损缺清单的规定使用航空器；如果放行的航空器上有未经修理的小损伤，则这些损伤必须在结构修理手册所规定的范围之内；如果放行的航空器上有不工作的系统、部件和设备，则必须符合批准的最低设备清单要求。

持续适航工作处于航空器设计国和航空器注册国民用航空当局的控制之下，具体工作内容如下：

① 设计准则。该设计准则为检查工作提供必要的可达性并使得为实施维修工作而制定的工艺和措施能得以使用。

② 由负责型号设计的机构将维修航空器所需的规范、方法、程序和任务及这些信息的出版物转化为能便于被营运人采用的一定格式而做的准备工作。

③ 营运人使用由负责型号设计的机构提供的信息，对规范、方法、程序和任务加以采用，并将这些资料制定成适合其营运的维修方案。

④ 根据登记国的要求，营运人就缺陷和其他重大维修和使用信息向负责型号设计的机构的报告。

⑤ 由负责型号设计的机构、设计国和登记国对缺陷、事故和维修及使用信息的分析和信息的建立和传递以及根据分析结果而采取的推荐或强制性的措施。

⑥ 对根据负责型号设计的机构或设计国提供的信息所采取的被营运人或登记国认为合适的措施的考虑。特别着重于被指定为"强制性"的措施的考虑。

⑦ 营运人完成的对特别是具有疲劳寿命限制的航空器的强制要求和合格审定程序所要

求的或随后发现对于保证机构完整性是必要的任何特殊测试或检查。

⑧ 制订并符合补充结构检查大纲和其后有关老龄航空器的要求。

（三）通用航空器适航性基本要求

适航性首先体现的是技术要求，包括系统安全性与物理完整性等要求。其次体现的是管理方面的要求，包括技术状态管理与过程控制管理等。同其他民用航空器一样，通用航空器保持适航性也具有如下特点：

① 适航性以在航空器实际飞行中所应具有的安全性为归宿。

② 作为航空器固有的属性，适航性是通过航空器全寿命周期内的设计、制造、实验、使用、维护和管理的各个环节来实现和保持的。

③ 适航性是航空器中每一涉及安全的部件和子系统，以及整体性能和操作特点的安全品质的综合反映。

④ 强调了适航性是以预期运行环境的航空器使用限制为界定条件的。

⑤ 包括了持续运行的动态因素。

⑥ 适航性也包括维修和使用等。

除上述共同点之外，通用航空器与航线航空器适航还存在一定差异，主要表现为各种类型航空器的适航要求有专门的规章和/或规范性文件（见表7-1）。

表7-1　各类通用航空器的适航要求

通用航空器类别	相关规定/规范性文件编号	相关规定/规范性文件名称
运输类飞机	CCAR-25-R4和CCAR-26	《运输类飞机适航标准》和《运输类飞机的持续适航和安全改进规定》
超轻型飞行器	CCAR-91(无适航审定要求）和AC-21-06	初级类航空器适航标准——超轻型飞机
轻型运动飞机、滑翔机、旋翼机、轻于空气航空器	AC-21-AA-2009-25	轻型运动航空器适航管理政策指南
甚轻型飞机	AC-21-AA-2009-05R1	甚轻型飞机的型号合格审定
滑翔机	AC-21-AA-2009-07R1	固定翼滑翔机与动力滑翔机的型号合格审定
初级类航空器	CCAR-21.24/AC-21-AA-2009-37	初级类航空器
正常类/实用类/特技类/通勤类飞机	CCAR-27-R3	《正常类、实用类、特技类和通勤类飞机适航规定》
正常类旋翼航空器	CCAR-27-R1	《正常类旋翼航空器适航规定》
运输类旋翼航空器	CCAR-29-R1	《运输类旋翼航空器适航规定》
轻于空气航空器（气球）	CCAR-31	《载人自由气球适航规定》
轻于空气航空器（飞艇）	AC-21-AA-2009-09R1	飞艇的型号规定
业余自制航空器	无	无
组装航空器	无	无

二、通用航空器适航审定系统

（一）小型航空器适航审定系统简述

1. 小型航空器适航准则

目前，我国通用航空器适航审定基本与国际接轨。1997年4月8日，中国民航局航空器适航司依据CCAR-21部制定了"初级类航空器适航标准——轻型飞机（AC-21-05）""超轻型飞机（AC-21-06）""滑翔机与动力滑翔机（AC-21-07）"三个咨询通告。这些咨询通告为申请符合CCAR-21.12/18要求的超轻型飞机提供了一种可接受的适航标准。

2009年5月5日，中国民航局航空器适航司废除适航管理文件AR93002《关于下发"初级类航空器适航管理暂行规定"的通知》，而发布咨询通告"初级类航空器（AC-21-AA-2009-37）"，该咨询通告为初级类航空器提供了可选择性的适航规定。

2. 小型航空器适航证

适航证分为"标准"和"特殊"两类，由局方颁发。"标准"适航证采用AAC-023。标准适航证指定的"类别"表明了颁发给"型号设计"的型号合格证类别。航空器型号合格审定用到的"适航标准"（即设计标准），收录在CCAR-23、CCAR-25、CCAR-27、CCAR-29、CCAR-31和CCAR-34部中。安装在航空器上的发动机和螺旋桨的适航标准，收录在CCAR-33和CCAR-35部中。

针对某些特殊类别航空器，如滑翔机、飞艇、甚轻型飞机，适航标准还没有被编入民用航空规章，因此局方采用可接受的适航准则对其进行型号合格审定的程序。持有标准适航证的航空器必然是在局方批准的生产质量保证系统下制造的，或是具有由被认可的外国适航当局颁发的出口适航证的航空器。应当注意的是，被型号合格审定为特殊类别的航空器也可以获得标准适航证。

特殊类适航证或者特许飞行证与美国适航基本相同，主要面向一些小型航空器。持有特殊适航证［AAC-231（04/2007）］或者特许飞行证［AAC-054（04/2007）］的航空器不得用于商业用途，不满足国际民航组织附件8 关于国际运行的要求，也可能不必满足持标准适航证的航空器所面临的维修要求（应视实际适航证类别而定）。持特殊适航证的航空器面临的运行限制要比持标准适航证航空器面临的运行限制更苛刻。

初级类适航证是为了只能获得特许飞行证的航空器与满足标准适航证要求的航空器之间的置信水平的空缺而引入的。型号合格审定为初级类的组装包组装的航空器可以获得初级类适航证或者特许飞行证。如果组装包组装的航空器的设计作为初级类航空器进行型号合格审定，其部件是在局方批准的生产质量保证系统下制造的，但没有在制造商的质量保证监督下进行组装，则只能获得特许飞行证。

3. 甚轻型飞机适航审定政策及其用途

甚轻型飞机是特殊类别航空器，可以获得标准适航证，但不可以在夜间或仪表飞行规则条件下运行。对于甚轻型飞机设计，JAR-VLA是可接受的适航准则。对于安装在甚轻型飞机上的发动机和螺旋桨的型号合格审定，JAR-VLA允许使用动力滑翔机的发动机和螺旋桨(动力装置)的适航要求，即JAR-22的H和J分部。当发动机和螺旋桨作为飞机的一部分进行型号合格审定时，局方也接受使用JAR-22动力装置的要求。在型号合格审定中，这些飞机设计满足"甚轻型飞机——特殊类别"标准适航证的要求，但仅限于在白天或目视飞行规则条件下运行。

我国甚轻型飞机的适航审定政策JAR-VLA有四种不同用途。

① 获取CCAR-23部"正常类"型号合格证　对于甚轻型飞机的型号合格审定，可以认为JAR-VIA与CCAR-29部中相应要求是等效的。因此，如果安装在甚轻型飞机上的发动机和螺旋桨分部根据CCAR-33、CCAR-35部进行型号合格审定，则JAR-VLA再加上一些CCAR-23部中其他要求，即可作为甚轻型飞机的审定基础。如果再加上在夜间和仪表飞行规则条件下运行的相关要求，则允许甚轻型飞机在夜间和仪表飞行规则条件下运行。

② 获得特殊类别航空器的型号合格证　当发动机和螺旋桨符合JAR-22部要求时，JRA-VLA可用于获得特殊类别航空器的型号合格证，但仅限于在白天和目视飞行规则条件下运行。

③ 获得初级类航空器的型号设计批准书　JAR-VLA还可用于获得初级类航空器的型号设计批准书。如果航空器是在局方批准的生产质量保证系统（包括飞行员兼所有人在生产许可证持有人的监督下构造和检查的情况）下制造的，或者航空器经被认可的外国适航当局进行过合格审定，则JAR-VLA可以用于获得初级类特殊适航证。

④ 获得特许飞行证　如果飞机组装包的设计经局方按照初级类型号合格审定程序和JAR-VLA审定，组装包的部件是在局方批准的生产质量保证系统下制造，则组装的航空器可以获得特许飞行证。

（二）通用航空器适航审定技术体系

为了保证航空器的安全，适航性需要通过开展一系列的技术活动，必须满足适航当局颁布的适航性技术要求。因此，为确保航空器符合适航当局的适航安全要求，工业部门都极为关注且必须认真解决型号研制中的适航性技术问题。通用航空器适航性技术体系主要包括通用航空器适航性设计、适航性生产控制、适航性验证和适航性保持等。通过构建并逐步完善通用航空器适航性技术体系为通用航空器型号设计、制造和维护、应用等的适航工作提供了有力的技术支持。

1. 航空器适航性设计与验证技术体系

类似于民用航空器的适航性设计与验证技术，通用航空器适航性设计与验证技术体系包括通用航空器适航性设计与验证技术、发动机与螺旋桨适航性设计与验证技术和零部件机载设备材料适航性设计与验证技术等部分。

通用航空器适航性设计与验证技术将由总体性能、结构强度、飞控系统、动力装置、液压系统、环控系统、航电系统、电气系统、旋翼系统、传动系统和通用基础等专业方向构成。

发动机和螺旋桨适航性设计与验证技术体系由总体性能、结构强度、控制系统、润滑系统、启动系统、点火系统、监视系统、空气系统、防冰系统、燃油系统和液压系统等专业方向构成。

零部件、机载设备和材料相关的适航性技术包括自动飞行、辅助动力、电池、装货设备、碰撞与气象预防、通信设备、电气设备、客舱设备、撤离和救生设备、防火、燃滑油和液压油、加热器、软管组件、发动机和飞行仪表、起落架、灯、导航、氧气设备、零组件以及记录仪系统的零部件、机载设备和材料适航性设计与验证技术体系。

2. 适航性生产控制技术体系

通用航空器适航性生产控制技术体系将由设计偏离控制、软件质量控制、制造工艺、制造控制、供应商质量控制等方面构成。

3. 适航性保持与管理技术

通用航空器适航性保持技术体系将由客户支援、航材管理、持续文件、组织机构等方面构成。通用航空器适航性管理技术体系主要包括组织机构、管理模式、设计程序、制造程序、实验试飞程序以及供应商管理程序等构成。

国产民机运-12F 获"全球市场通行证"

由中航工业自主研制的新一代先进涡桨通用支线飞机运-12F 近日获得美国联邦航空管理局（FAA）颁发的型号合格证。这标志着该型飞机获得"全球市场通行证"。

这是继运-12IV 和运-12E 型飞机取得 FAA 型号合格证后，运-12 系列中第三个获得 FAA 型号合格证的机型，也是目前世界范围内 8 吨级 23 部通勤类飞机中唯一取得 FAA 型号合格证并投入市场的机型。

业内人士表示，运-12F 获得 FAA 型号合格证，标志着该型号飞机设计能力达到了最新的国际适航标准，是国产民机制造业又一具有里程碑意义的重大突破，对国产民机参与国际市场竞争、提升国际影响力具有重大意义。

中航工业有关负责人介绍，运-12 系列飞机由中航工业哈飞研制，是中国首个取得美、英、俄等发达国家型号合格证的国产民机。作为运-12 家族的崭新明星，运-12F 广泛应用航空领域成熟技术，按照中国民航 CCAR-23-R3 和美国联邦航空局 FAR23 部（至 61 号修正案）适航标准研制的新型涡桨通用飞机。

资料来源：http://news.carnoc.com/list/337/337555.html。

第二节
通用航空器的维修

1. 了解航空维修的概念和航空维修管理体制。
2. 理解和熟悉通用航空维修的特点。
3. 掌握通用航空维修的类别。
4. 掌握通用航空维修的工作准则。
5. 掌握通用航空维修典型工作任务的维修要求。

案例导入

江苏省徐州农航站运五B飞机大修保安全

4月27日，随着B-8051号飞机试飞成功，飞行员报告的各种飞行参数符合规定要求。至此，徐州农航站顺利完成飞机大修工作。

去年12月份以来，农航站根据飞机现状，严格按照运五B飞机维护大纲的维修规定，精心筛选维修厂家。为保证飞机维修质量、维修进度，农航站选派技术人员对飞机的维修情况进行跟踪检查把关。

一是听，听厂方汇报飞机四个月维修中所做的工作及流程，更换、修理了哪些机件，排除了哪些故障、缺陷和隐患；

二是问，提出问题，由厂方负责答复，如飞机大修中机件校验检修实施情况，有无资质、有无AAC-038（批准放行证书/适航批准标签）；

三是看，看飞机整体大修情况，表面的除锈、防腐、喷漆情况；

四是查，检查飞机所有系统、部附件的安装情况是否良好，有无故障、缺陷；

五是排，农航站技术人员接收飞机时检查出的27条不符合标准部位由厂方限时排除到位；

六是试，试车检查发动机的性能参数是否符合要求，试操纵系统是否灵活可靠；

七是飞，通过飞行检查飞机、发动机的空中工作状态是否良好。

总之，徐州农航站从每一个部附件的校验检修到飞机外部的喷漆处理，从检查验收到飞机资料规范填写，从飞机的试飞到交接，把握住每一个维修细节和维修过程，使飞机大修质量得到了保证，为该站全年的农林化飞行安全奠定了基础。

资料来源：http://news.carnoc.com/list/343/343623.html。

思考

1. 从案例可以看出，通用航空器维修的典型工作任务是什么？
2. 从事通用航空器维修工作，需要具备怎样的职业技能和素养？

一、通用航空维修概念及特点

（一）航空维修

1. 维修的基本概念

维修就是维护和修理的简称。维护就是保持某一事物或状态不消失、不衰竭，相对稳定。修理就是使损坏了的东西恢复到能重新使用，即恢复其原有的功能。

维修是为使装备保持、恢复或改善规定技术状态所进行的全部活动。

2. 航空维修的内涵

航空维修是指保持、恢复和改善航空装备规定技术状态而在航空装备寿命周期过程中所进行的一切工程技术和管理活动。

航空维修的主要目标就是确保航空器的运行安全，航空维修主要包括航线维修、机体、发动机大修和系统部附件修理等。其中航线维修中维护工作多于修理工作，主要包括飞行前/后检查、过夜检查、每日检查、航空器地面装备维护及保养；机体、发动机大修主要包括飞机及发动机定期检查、结构修理与改装、模组件修理和试车、飞安通报检查与执行等；系统部附件修理包括气液压、电器、燃油、起落架、机轮刹车等系统部附件检修，航电、通信、导航、雷达及视讯系统等检修。

（二）我国航空维修业管理体制

1. 我国航空维修业的主管部门和管理体制

根据《中华人民共和国民用航空法》规定，维修民用航空器及其发动机、螺旋桨和民用航空器上设备，应当向民航局申请领取生产许可证书、维修许可证书。经审查合格的，发给相应的证书。

目前，民航局对航空维修业实行维修许可证书两级管理制度，分别为维修单位许可和维修项目许可。民航局统一颁发民用航空器维修许可证书，地区民航管理机构根据民航局维修管理职能部门的授权负责本地区维修单位维修许可证书的签发与管理，并履行民航局维修管理部门授权的其他维修单位的合格审定和监督检查职责。同时，航空维修企业需要取得所开展维修项目相应的维修项目许可后方可开展相关维修业务。

2. 我国航空维修业的相关法律法规

除《中华人民共和国民用航空法》外，我国航空维修业涉及的主要规定还有《民用航空器维修单位合格审定规定》（CCAR-145-R3）、维修和改装一般规则（CCAR-43）和《民用航空器维修人员执照管理规定》（CCAR-66-R2）等。

（三）通用航空维修的特点

我国大部分通航运营企业的机队规模小，通航维修从业人员数量少，尤其是成熟的机务维修人员紧缺，人员结构难以与快速扩张的通航机队规模相适应。通航维修资源有限，维修能力不足，直接导致通航企业维修成本增加，送修周期长，严重影响了通航运营的可持续发展。要适应通用航空的快速发展，通用航空维修发展趋势主要表现为新技术的应用和新要求的出现、规模化与专业化、一站式维修模式等。

1. 新技术的广泛应用和绿色维修理念

通用航空维修的新技术主要体现在高新技术和信息技术的应用。首先是微电子技术、精密机械、机电一体化、光电技术等高新技术已在通用航空领域广泛应用，尤其是在机体大修方面已颇具规模。其次是信息新技术的应用。计算机技术在通用航空器维修中的应用能够降低通用航空器的维修成本、增强通用航空器的维修综合能力等。例如，根据飞行数据以及维修检测数据，对通用航空器进行故障诊断，实现维修过程的自动化；运用以人工智能为特色的自动检修技术检测通用航空器结构；计算机仿真技术在产品的设计、制造领域的应用，能够大大减少通用航空器的订货、库存管理和维护周期。

绿色维修的推广是现代通用航空器维修的新要求。绿色维修概念是针对目前国内对环境保护的重视以及众多出台的环保条例。传统修理技术，特别是清洗、表面处理和退漆技术，必须适应时代的要求进行技术革新。当然，也必须兼顾成本与实效，这对传统维修是一种挑战，但也是今后的发展趋势。

2. 专业化与规模化发展

航空维修业专业化是国际航空维修业发展的重要趋势。越来越多的航空公司将维修业务，特别是除航线维修以外的其他维修业务从自身的运行系统中剥离出来，委托给专业维修企业，以提高设备的完好率和降低成本。我国航空维修业专业化已初步形成，出现了一大批专业化维修机构。

另外，随着成本压力的不断增加，客户要求的不断提升，以及监管部门对维修质量要求的不断加强，航空维修业利润可能无法有效提升。因此，技术力量薄弱、后续资金投入不足的小型航空维修企业生存发展空间有限，而技术实力强、资金雄厚、服务优质快速的航空维修企业将利用规模化优势占据行业主导地位。

3. 一站式维修的组织模式

随着航空维修业的发展，客户对全方位的一站式服务模式的需求越来越强烈。为应对挑战，航空维修服务企业需不断开发新的维修技术，拓展维修范围。飞机维修涉及范围非常广泛且民航当局对大修、发动机维修、各部附件维修等项目采取分别许可制，所以要成为一家真正意义上的一站式维修服务的企业，难度还是很大的。实际操作中，客户或维修企业需将部分维修业务外包给其他厂家，通过合作来实现一站式维修服务。特别是通用航空维修，由于航空器生产厂家、型号众多，即使行业龙头企业，也只能针对某一型号的飞机或发动机维修，不可能针对所有型号。

二、通用航空器维修的类别

（一）通用航空器维修的工作类别

按工作类型，通用航空器维修可分为检测、修理、改装、翻修、航线维修和定期维修等。

1. 检测

检测是指不分解通用航空器部件，而根据适航性资料，通过离位的实验和功能测试来确定航空器部件的可用性。

2. 修理

修理是指根据适航性资料，通过各种手段使偏离可用状态的航空器或者航空器部件恢复到可用状态，包括所进行的任何检测、修理、排故、定期检修、翻修工作。

3. 改装

改装是指根据民航当局批准或者认可的适航性资料进行的各类一般性改装，但对于重要改装应当单独说明改装的具体内容，不包括对改装方案中涉及设计更改方面内容的批准。

4. 翻修

翻修是指通过对航空器或者航空器部件进行分解、清洗、检查、必要的修理或者换件、重新组装和测试来恢复航空器或者航空器部件的使用寿命或者适航性状态。

5. 航线维修

航线维修是指按照航空营运人提供的工作单对航空器进行的例行检查和按照相应飞机、发动机维护手册等在航线上进行的故障和缺陷的处理，包括换件和按照航空营运人机型最低设备清单、外形缺损清单保留故障和缺陷。下列一般勤务工作不作为航线维修项目：

① 通用航空器进出港指挥、停放、推、拖、挡轮挡、拿取和堵放各种堵盖。

② 为航空器提供电源、气源、加(放)水、加（放）油料、充气、充氧。

③ 必要的清洁和除冰、雪、霜。

④ 其他必要的勤务工作。

航线维修工作包括三类：过站检查、日检/周检和类似A检的小修，如表7-2所示。

表7-2 航线维修

级别	关键内容描述	维修间隔	停厂周期
过站检查	绕机身检查	每飞行循环	1～4小时
	特定的目视检查、回顾检查记录和缺陷、缺陷处理和简单排故处理		
日检/周检	过夜检查	每24～36小时（或48小时）	日检：5～10小时 周检：10～30小时
	7/8检、3/4检		
	例行工作检查、依据维修计划的检查	每4～8天	
小修	通用航空器主基地完成工作	350～450飞行小时	50～100小时
	依据维修计划机型的缺陷处理等		

6. 定期检修

定期检修是指根据适航性资料，在航空器或者航空器部件使用达到一定时限时进行的检查和修理。定期检修适用于机体和动力装置项目，不包括翻修。

民航局或者地区管理局可以根据具体情况对以上维修工作类别进行必要的限制。

（二）通用航空器维修的项目类别

维修项目类别可分为：

① 机体。

② 动力装置。

③ 螺旋桨或旋翼。

④ 除整台动力装置或者螺旋桨以外的航空器部件。

⑤ 特种作业。

⑥ 中国民航局认为合理的其他维修项目。

机体、动力装置和螺旋桨项目可以包括其相应的持续适航性文件中规定的部件离位或不离位的维修，但当部件离位的维修工作后不以恢复安装为目的时，应当按照除整台动力装置或者螺旋桨以外的航空器部件项目申请。除整台动力装置或者螺旋桨以外的航空器部件项目应当附有规定的"维修能力清单"。

1. 机体大修

机体大修是指机体和部件的详细检查，包括防腐项目和复杂的结构检查及通用航空器大修。机体大修按照特定时间间隔对通用航空器机体进行检查和修理工作。通用航空器大修的时间间隔和工作内容由通用航空器制造厂、国家航空管理当局（如FAA、EASA和CAAC等）和通用航空器营运人共同确定。最后按照国家法规，确定能够满足安全和运营要求的通用航空器大修间隔形成通用航空企业的客户化修理方案，即通用航空器维修方案中的机体大修内容。

机体大修中的定期检查工作按照固定的飞行小时数安排。与商用喷气式飞机不同的是，通用航空器也有两种级别的检修，小检修和大检修，小检修类似于商用喷气式飞机中的A检和B检，属于航线维修的一部分，大检修类似于C检和D检，归属大检修。但是通用航空器相应的工作比商用喷气式飞机内容上要简单一些，如表7-3所示。

表7-3　通用航空器机体大修要求

维修级别	关键内容描述	维修间隔	返厂周期	维修工时
小检修	包括油量、胎压、灯光等系统的检查	300~500飞行小时	1天以内	4~15小时
大检修	全面检查和通用航空器大修（类似于商用飞机的D检）	3000~6000飞行小时	5~7天内	因维修项目而定

2. 动力装置大修

根据通用航空器发动机制造商制定的标准，为恢复发动机的设计操作性能而进行的离位修理以及零部件的更换。主要包括发动机分解、检查、零部件按需修理和更换、重新组装和测试。对于通用飞机来说，发动机大修是根据发动机制造厂家的标准，按特定的维修间隔进行大修。另外，通用航空器还规定了热部件检查（HSI），热部件检查通常使用孔探方法来确定发动机内部磨损情况，如表7-4所示。

表7-4　通用航空器发动机大修要求

种类	维修级别	主要工作内容	维修间隔/小时
通用航空器发动机	热部件检查	热部件孔探检查	1000 ~ 3000
	大修	分解、检查、零部件的修理和更换、组装、试车等	3500 ~ 7000

这些是与商用飞机发动机大修不同的，商用飞机发动机大修是根据实际需要来进行的，但不包括更换时寿件（life-limited parts，LLP）。时寿件是根据民航当局所规的固定时间进行更换的。

3. 螺旋桨或旋翼大修

螺旋桨或旋翼大修是根据通用航空器制造商制定的标准，为恢复螺旋桨或旋翼的使用性能而进行的修理。其中螺旋桨或旋翼的重要修理项目有修理或加强钢制桨叶、修理或加工钢制桨毂、切短叶片、木制螺旋桨的重新去尖、更换固定式螺距木螺旋桨的外层、修理固定式螺距木螺旋桨毂里拉长的螺孔、木叶片的镶嵌工作、修理接合叶片、更换螺旋桨尖端的织物、更换塑料蒙皮、修理螺旋桨调速器、大修可控螺距螺旋桨、修理或更换叶片的内部构件等。

4. 部件MRO大修

通用航空器部件、附件的修理和大修用来保障通用航空器各系统最基本的飞行性能。包括对通用航空器控制和导航、通信、操纵面控制、客舱空调、电源和刹车等系统，如表7-5所示。典型的通用航空器装有不同制造商生产的众多部附件，因此附件的MRO市场极度分化。

表7-5　通用航空器附件维修工作

种类	维修工作	成本比例/%
机轮和刹车	刹车片、机轮、防滑系统、伺服活门的大修、修理和更换	17
电子设备	显示系统、通信设备、导航系统的大修、修理和更换	15
APU	APU及其附件的修理和更换	13
燃油系统	发动机燃油控制和通用航空器燃油系统的大修、修理和更换	13
液压动力	液压泵和传送组件的大修、修理和更换	6
飞行控制	主次飞行控制的作动筒的大修、修理和更换	8
电气设备	发电机及其电源分配系统的大修、修理和更换	6
其他设备	安全系统、气动系统等的大修、修理和更换	22

5. 特种作业

根据国家安全生产监督管理局相关文件规定，特种作业是指容易发生人员伤亡事故，对操作者本人、他人及周围设施的安全可能造成重大危害的作业，如焊接、无损检测等。特种作业人员必须接受与本工种相适应的、专门的安全技术培训、经安全技术理论考核和实际操作技能考核合格，取得特种作业操作证后，方可上岗作业；未经培训，或培训考核不合格者，不得上岗作业。

三、通用航空器维修的工作准则

（一）通用航空器维修的一般工作准则

任何人在对航空器或者航空器部件进行维修或改装工作时，都应当遵守如下准则。

① 使用航空器制造厂的现行有效的维修手册或持续适航文件中的方法、技术要求或实施准则。当使用其他方法、技术要求或实施准则时，应当获得民航总局的批准，并且不得涉及航空器持续适航文件中规定的适航性限制项目。

② 使用保证维修和改装工作能按照可接受的工业准则完成所必需的工具和设备（包括测试设备）；如果涉及制造厂推荐的专用设备，工作中应当使用这些设备。当使用制造厂推荐专用设备的替代设备时，应当获得民航总局的批准。

③ 使用能保证航空器或者航空器部件达到至少保持其初始状态或者适当的改装状态的合格航材（包括气动特性、结构强度、抗震及抗损性和其他影响适航的因素）。当使用航材的替代品时，应当获得民航总局的批准。

④ 工作环境应当满足维修或者改装工作任务的要求；当因气温、湿度、雨、雪、冰雹、风、光和灰尘等因素影响而不能进行工作时，应当在工作环境恢复正常后开始工作。

（二）通用航空器维修附加的检查工作准则

任何人在实施通用航空器的检查时，应当通过该检查确定航空器或其被检查的部分符合所有适用的适航要求。当被检查的航空器具有检查大纲时，应当按照该航空器的检查大纲执行检查。同时必须满足以下特殊要求的检查。

1. 年度检查和100小时检查

① 使用检查单进行检查，该检查单可以是制造商提供的，也可以自行设计，或者从其他途径获得。

② 活塞发动机驱动的航空器进行年度检查或100小时检查时，应当进行试车，确定功率输出(静态和慢车转速)、磁电机、燃油和滑油压力、气缸头温度和滑油温度等的性能满足制造厂推荐的性能值后方可批准恢复使用。

③ 涡轮发动机驱动的航空器进行年度检查或100小时检查或者渐进式检查时，应当根据制造厂的建议对航空器进行试车，以判断其性能是否满足要求。

2. 渐进式检查

① 对航空器进行渐进式检查时应当在开始建立渐进式检查系统并首次进行渐进式检查时，对航空器进行全面的检查。完成这次全面检查以后，再按计划进行例行的和详细的检查。例行检查包括目视检查或对设备、航空器或其部件、系统等进行原位检查。详细检查包括对设备、航空器及其部件和系统进行离位的彻底的检查。部件或系统的翻修被认为是详细检查。

② 在航空器远离通常实施检查工作的地点时，可以由实施检查的人员（具有相应资格的维修人员、维修单位或航空器制造厂）按照自己的程序和表格对该航空器实施检查。

3. 旋翼机的检查

对旋翼机实施检查时，除采用检查大纲的方式，还应当根据制造厂的有关维修手册或者持续适航文件检查以下系统。

① 驱动轴或类似系统。

② 主旋翼传动减速器。

③ 主旋翼和中央部分(或相应区域)。

④ 直升机上的辅助旋翼。

4. 时寿件的检查

为满足CCAR-91部对时寿件检查的要求，对于航空器上临时拆下的时寿件的处置应当满足如下要求：

① 在符合下述条件的情况下，为维修的目的临时从航空产品拆下并重新安装的时寿件可以不按照本段②的要求进行处置。

a. 时寿件的寿命状况没有改变。

b. 拆下并安装于同一序号的航空产品上。

c. 在时寿件拆下期间，该航空产品不再累积使用时间。

② 除本段①的情况外，任何从航空产品上拆下的时寿件应当按下述方法之一进行控制，确保到寿的时寿件不会被安装到航空产品上。

a. 记录保存系统　即是用一个记录保存系统来控制，该系统记录时寿件件号、序号和现行的寿命状况。时寿件每次从航空产品上拆下后，记录应与现行寿命状况一起更新。此系统可以包括电子、纸张或其他记录方式。

b. 挂签　即在时寿件上挂附标签或其他记录。标签或记录应包括时寿件的件号、序号和现行的寿命状况。时寿件每次从航空产品上拆下后，应建立一个新的标签或记录，或者在现有的标签或记录上更新现行寿命状况。

c. 非永久性标记：即用易读的非永久性标记在时寿件上标明其现行寿命状况。部件每次从航空产品上拆下后，其寿命状况应更新。但该标记应当不易被清除，且应当符合制造商的标记说明文件，不得破坏时寿件的完整性。

d. 永久性标记：即用易读的永久性标记在时寿件上标明其现行寿命状况。时寿件每次从航空产品上拆下后，其寿命状况应更新。但该标记应当符合制造商的标记说明文件，不得破坏时寿件的完整性。

e. 隔离：即对到寿的时寿件进行隔离，以防止被安装到航空产品上。对时寿件隔离时应当至少满足如下要求。

记录并保持该件件号、序号和现行寿命状况；

确保该件与其他可用的相同时寿件分开储存。

f. 破坏：即对到寿的时寿件进行破坏，以防止时寿件被安装到航空产品上。对时寿件进行破坏，该破坏应当使该件不可修复和重新使用，并明显地不适航。

③ 时寿件的转移：当时寿件由于拆下、出售或其他情况需要转移时，除非该部件被破坏，否则该部件应当按本条控制方法的要求进行标注或附带挂签或记录。

四、通用航空器维修典型工作任务

(一)飞机飞行前检查维护

飞机飞行前检查维护必须以最安全的原则操作，至少应该按检查单完全绕飞机一周进行检查。飞机飞行前检查主要从地面、外在和内在三个方面来进行：地面检查主要是观察飞机下面或飞机周围的事物是否有异常；外在检查主要是指可能影响飞行安全状况的可以看得见的部件；内在检查是指检查可能影响飞行安全状况的、看不见的或不易确定的部分。

1. 地面检查

首先观察飞机下面和周围的地面，始终保持停机坪干净整洁；查看是否有脱落的零件，是否有成摊的液体，如燃油或滑油。任何时候都不能在飞机下方看到油滴，因为这意味着飞机油路可能出现渗漏。

2. 外在检查

外在检查主要考虑两个重要因素：飞机的安全性和磨损情况。除了飞机维修检查单上的项目外，首先要进行飞机的清洁检查，探测油液是否渗漏，铆钉是否存在爆开痕迹。同时，对于磨损，则主要从天气、摩擦、过载、热和振动等对飞机长期的完好性方面进行检查。

3. 内在检查

内在检查的主要区域是发动机排气区域、起落架、轮舱区域、蒙皮接合部、检修门上的长条铰链以及电瓶舱和通风口。主要是从这些部位的内部进行检查，如蒙皮内部，重点检查蒙皮内部的锈蚀和腐蚀。

（二）年度检查和100小时检查的范围和详细项目

① 拆下或打开全部必要的检查盖板、接近盖板、整流罩和发动机罩，并全面地清洁航空器和发动机。

② 对机身和船体组的下列构件进行检查。

a. 蒙布和蒙皮　检查是否有恶化变形、配件不良或不安全的连接，及其他故障。

b. 系统和部件　检查是否有不当的安装、明显的缺陷或工作不良。

c. 外壳、气袋、压载箱和有关的部件　检查是否处于不良的状态。

③ 对座舱和驾驶舱的下列构件进行检查。

a. 全面检查　检查座舱和驾驶舱是否整洁，是否有可能存在使控制机构失灵的外物或松动的设备。

b. 座椅和座椅安全带　检查是否处于不良状态或有明显缺陷。

c. 窗和风挡　检查是否损坏或破裂。

d. 仪表　检查其状况、座架、标识是否符合要求，以及其操作性能是否良好。

e. 飞行和发动机控制机构　检查其是否安装正确、操作性能是否良好。

f. 电池　检查其是否安装正确、充电恰当。

g. 各种系统　检查其是否安装正确，是否有明显的缺陷，检查它们的一般状况。

④ 对发动机和短舱的下列构件进行检查。

a. 发动机区段　检查是否有润滑油、燃油或液压液的严重渗漏，及检查此类渗漏的来源。

b. 螺栓和螺母　检查是否有不当的扭矩或明显的缺陷。

c. 内部组件　检查气缸压力是否正常，在滤网和油池放油塞上是否有金属颗粒或异物。如果气缸压缩不充分，则检查内部的状态是否不良、内部的容差是否不当。

d. 发动机架　检查其是否有裂纹、支架松动或发动机与机架是否固定不牢。

e. 挠性减震器　检查其是否状态不良、有恶化现象。

f. 发动机操纵机构　检查其是否有缺陷、不当的行程或不当的保险。

g. 管路、软管和固定夹　检查其是否有滴漏、不良状态或松动。

h. 排气管　检查其是否有裂纹、缺陷或不当的连接。

i. 附件　检查其安装是否固定。

j. 所有系统　检查其是否安装不当、整体状态不良、有缺陷或连接不牢固。

k. 发动机罩　检查其是否有裂纹或缺陷。

⑤ 对起落架的下列构件进行检查。

a. 所有组件　检查其是否有不良的状态或不牢固的连接。

b. 减震装置　检查油液面是否正常。

c. 连接点、支架和部件　检查其是否发生了不应有或过分的疲劳和变形。

d. 收起和锁定装置　检查其是否有不当的运动。

e. 液压管路　检查其是否有渗漏或连接不牢。

f. 电气系统　检查其是否开关被磨损或有不当的运动。

g. 机轮　检查其是否有裂纹、缺陷，检查轴承的状态是否良好。

h. 轮胎　检查其是否有磨损或切口。

i. 刹车　检查其是否调整不当。

j. 浮筒和滑橇　检查其是否连接不牢固、有明显的缺陷。

⑥ 对机翼和中段组件的各种构件进行一般状况的检查，检查蒙布或蒙皮是否有恶化变形、不牢固的连接或其他故障。

⑦ 对整个尾翼组件的各种构件和系统进行一般状况的检查，检查蒙布或蒙皮是否有恶化变形、不牢固的连接和其他故障。

⑧ 对螺旋桨的下列构件进行检查。

a. 螺旋桨组件　检查其是否有裂纹、刻痕、划痕或漏油。

b. 螺栓　检查其是否有不当的扭矩或保险不适当。

c. 防冰装置　检查其是否运作不当或有明显的缺陷。

d. 控制系统　检查其是否运作不当、安装不牢固或动作受限。

⑨ 对无线电系统的下列组件进行检查。

a. 无线电和电子设备　检查其是否安装不当或工作不当。

b. 布线和电路　检查其是否路线不当、安装不牢固或有明显的缺陷。

c. 接地和屏蔽　检查其是否安装不当或状态不良。

d. 天线，包括拖曳天线　检查其是否状态良好、安装牢固、工作正常。

⑩ 其他构件的检查。

对已安装的其他构件进行检查，检查其安装是否牢固、工作是否正常。

a. 拆卸、安装和修理起落架轮胎。

b. 更换起落架上弹性缓冲器的绳索。

c. 对起落架的缓冲支柱加油或/和补齐。

d. 对起落架轮胎轴承进行勤务处理。

e. 更换有缺陷的保险丝或保险销。

f. 拆卸非结构件进行润滑。

g. 向液压油箱加注液压油。

h. 对机身等装饰涂层进行整修。

i. 对机舱、驾驶舱、气球吊舱内部进行装饰性布置和修理。

j. 对整流装置、非结构性防护板等进行简单修补。

k. 更换驾驶舱边窗。

l. 更换安全带。

m. 更换座椅或座椅件等。

n. 着陆灯损坏线路的排故和维修。

o. 更换航行灯和着陆灯的灯泡、反射镜和透镜。

p. 更换轮胎和滑橇。

q. 更换或清洗火花塞及调整火花塞间隙。

r. 更换除液压接头外的软管接头。

s. 更换预置燃油管路。

t. 更换滑油过滤器和滤芯。

u. 更换和维护电瓶。

v. 更换或调整非结构标准紧固件。

w. 拆除、检查和更换磁性铁屑探测器等。

（三）发动机的维修维护和大修

1. 飞行前发动机检查

飞行前检查工作，对发动机的注意事项是：冷却空气通路，包括空气入口、整流罩下的通路和空气流出区域。

滑油量也是飞行前检查的主要事项。在寒冷天气，除了恰当地使用滑油外，用手推动螺旋桨至少转6圈来带动滑油。

在整流罩下对发动机进行全面的安全检查。首先能发现滑油和滑油的渗漏问题。对发动机安装座用手推拉能证明发动机安装的完好性。最近一次的压缩性检查通常是用粉笔写在那里的，这是发动机整体状态的最好写照。

2. 预防性维护

预防性维护从正常的飞行前检查开始，围绕发动机运行的各个方面。垫圈、密封物和圆形密封圈需要经常润滑以保持良好的状态。最好的预防性维护是定期正常使用发动机。私人飞机每年要进行一次检查，因此除了正常使用外，100小时检查是最好的预防性维护。100小时检查主要是为发现发动机在发生严重故障前的故障征兆。

发动机工作和状态不正常的主要指示器之一是火花塞。火花塞应每100小时拆下检查，正常的火花塞是棕灰色。这种检查基本会找到三个问题：燃油污垢、铅污垢和滑油污垢。其中，导致燃油污垢的一种情况是慢车状态下混合物过富油，地面操作太多，经常富油停车，运行温度过低。铅污垢表现为火花塞上的灰色沉积物过多，过多的灰色沉积物就要求经常清洗火花塞，它通常是燃油辛烷值过高的结果。滑油污垢则主要是在底部的火花塞上，这将导致气缸壁磨损过大，阀门导杆磨损，甚至活塞环破裂。

空气过滤器也要至少100小时更换一次，在多灰或多烟的环境里要加大更换频次。空气过滤器易受灰尘的影响，很快会导致功率损失。

压缩检查是发动机能否产生额定功率的真实的指示。将气缸压力和一个已知压力比较，通常为80帕。这种检查应由一名有资质的机械师完成，因为产生压力时存在被螺旋桨打击的危险。压力不足主要是由积炭引起的阀门密封不严引起的，机械师通常通过恰当的重击摇杆阀门，打掉积炭。当然，机械师在工作中一般还要利用孔探仪对气缸壁、活塞环和活塞顶进行无损检测。

3. 发动机大修

每台发动机最终都会面临发动机大修问题。大修后的发动机要恢复到制造商批准的"服役限制"。FAA指南对服役限制的描述是：可用旧的可用件替换不可用件。然而，使用过的零部件可能处于使用容限的边缘，可能使用几个小时后就会超限。因此，从实用角度考虑，大修车间很少会继续使用接近使用容限的部件，故在发动机保修期内，大修车间一般都会要求更换掉这些部件。

当发动机接近发动机大修间隔时，应根据飞行员操纵手册操纵飞机，同时应及时进行50小时和100小时检查，以延长TBO。对于大修过的发动机，应该根据主管部门许可的方法、技术和措施及需要，对发动机进行分解、清洁、检测、修理，然后重新装配；依照已获批准的、主管部门可接受的标准和技术数据等进行过测试。

通常制造商也会进行发动机大修，但是与非制造商大修机构有显著差异。按照惯例，制造商使用新的原设备制造厂部件更换掉所有的关键件。同时，也会依照飞机改型的变化，使用最新改型的机件。

（四）飞机仪表的维修维护

仪表是飞行员了解飞机和各系统工作状况的窗口，飞行员通过仪表控制各个系统，也能够判定各个系统性能的好坏。因此，对飞机仪表进行及时的维修和维护，对于保证仪表各系统正常工作至关重要。

1. 总压-静压系统仪表

飞机五个主要的飞行仪表中，与总压-静压系统有关的指示出飞机在大气中性能的仪表主要包括空速表、高度表和升降速度表。

飞行前应拆下总压-静压管套，同时要检查总压管、排水管和静压孔是否堵塞，情况是否正常，总压-静压管轴线位置是否正确，特别是在飞机被清洗或喷漆后，要检查静压孔遮盖带或其他保护措施。

飞行前仔细检查是否有异物进入通风孔和开口，尤其是总压管和静压孔。应该注意到，如果不及时进行彻底检查，因脏物、冰、雪和其他外来物堵塞总压管将会引起不安全事件。

驾驶舱检查应该包括按当时当地的气压制定高度表，使高度表指示机场海拔，若误差超过75英尺（1英尺≈0.3048米），飞机必须停场。发动机启动前，空速表和升降速度表读数应为零。

总压–静压仪表的精度应在地面调整完毕。及早发现问题，才能及时中断起飞，或避免按仪表飞行规则驾驶飞机，寻找安全机场迫降。

2. 陀螺仪表

陀螺飞行仪表有地平仪、陀螺半罗盘和转弯仪三种。地平仪通常作为人工地平线，是三者中使用最广泛的一种。

（1）飞行前检查　在获得精确的指示值之前，要有充足的时间使陀螺转子的旋转达到额定转速。对于气动陀螺，至少要5分钟，电动陀螺大约只需3分钟。在天气寒冷时期这一点尤为重要，因为仪表内的污染物和润滑剂能形成软泥，严重阻碍转子转动。

在飞机滑行时，注意观察地平仪，除非在非常陡的地形下滑行，否则俯仰角和倾斜角变化都不应超过50°。同时注意任何猛烈的刹车对飞机都是有害的，还会引起陀螺轴承的严重损伤。地平仪中的小飞机模型的位置是可调的，允许飞行员校正，作为水平直线飞行的基准。在做仪表起飞前，绝不要做快速的90°滑行转弯，否则陀螺半罗盘和地平仪都会产生进动，导致在起飞或起始爬行阶段，仪表提供的信息失效。一般通过缓慢滑行或起飞前在飞机与跑道对准后等待1分钟来避免这一不安全事件。

所有没有磁罗盘修订的陀螺半罗盘必须定期重置以补偿漂移。陀螺半罗盘每5分钟超过30°的漂移误差意味着陀螺接近失效。只有当磁罗盘稳定下来，飞机没有在加速、水平直线飞行的状态下，陀螺才可以被重置。

在使用转弯仪之前，需要5分钟使其转子达到额定转速，电动陀螺需要3分钟。滑行时观察转动仪，指针应指示正确，而侧滑球应滚到转弯弧的外侧。

（2）预防性防护　延长陀螺寿命最重要的工作是保持空气过滤器清洁。一般认为，每500小时换一次过滤器比简单的清洗效果会更好。

陀螺极易被震坏，最易损坏的是轴承。陀螺只能由有资质的机械师进行维修，而且要用吸震包装箱运送。否则，长期的震动将使陀螺失效，如果万向支架轴承受到震动，将导致过量的、随机的进动。因此，也决不允许其他物体撞击到陀螺上。规范的车间维修陀螺时总是在下面放一个软垫。

需要一直使用原有的包装，除了有资质的维修单位认定的清洁区域外，其他任何地方都不要卸下仪表包装，以防弄脏仪表。

当从飞机上拆卸陀螺仪表时，切断电源至少要等10分钟，确保陀螺停止旋转，决不能在陀螺仍旋转时就进行拆卸工作。

（3）故障排除　陀螺仪表的常见故障为陀螺半罗盘漂移过大（15分钟，超过3°）、转弯仪响应迟缓、地平仪直立缓和和平飞中产生不正确的偏移。这些故障可能是由多方面因素综合作用引起的，但是最常见的原因则是轴承磨损、摩擦力引起的过大漂移。

这些故障也可能预示着陀螺动力不足。对气动陀螺来说，可能由于泵不工作，调节阀设置不正确，气压管或接头漏气，或文氏管堵塞，应检查真空计；对电动陀螺来说，可能是由于电动机不工作或故障导致的系统电压过低，应检查电流表警告灯。

如果采用的是旧的文氏管系统，首先应该检查文氏管是否堵塞。轴承磨损或损坏可通过陀螺转动的抖振声进行判断：如果轴承损坏，在发动机关闭后立即仔细倾听，会听到陀螺仍然快速旋转的抖振声。

真空计读数过低可能是由于压力调节阀设置过低，或者管路或接头漏气；真空计读数过高可能是由压力调节阀设置过高，或者空气过滤器堵塞所致。在这种情况下，最差的做法则是降低压力调节的设置，但会使进入陀螺的大气变得更少。因此，在没有检查空气过滤器前，绝不要降低压力调节阀的设置。

3. 磁罗盘

在现代飞机上，磁罗盘只作为一种备用仪表，方位陀螺仪已经取代磁罗盘在飞机上的使用。因此，现在磁罗盘是飞机仪表中最容易被忽视的仪表之一。

磁罗盘在使用中，要求很高的精确性，尤其是在南北极这两个极端的飞行地点工作时。保证陀螺精确必须保持磁条水平，为此整个装置（罗盘、磁条和浮子等）必须悬挂在轴尖下。如果悬挂得太高，磁条将出现磁倾误差，而且在飞机处于高纬度飞行时罗盘将偏离水平面；反之，如果悬挂得太低，过分下垂，在转弯和加速时容易产生摇摆。最好的情况是北半球时磁条的指北端将微微倾斜，在南半球飞行时正好相反。同时，为减少误差，需要在罗盘里装满液体，即罗盘阻尼。

在用罗盘油阻尼的罗盘中，叶片装置应被小心地固定在一个带有透明玻璃的防滑的盒子里，想罗盘内装入罗盘油，要注意不能有气泡产生，因此要安装一个柔性的、钻孔的上导流挡片，保证罗盘气腔内充满液体，而不是气体，另外，有的厂家在罗盘后也放一片隔膜，基本类似于空气室。

（五）螺旋桨维修维护

1. 飞行前的检查与试车

对所有类型的螺旋桨，在飞行前都必须对螺旋桨毂附近进行滑油和油脂的泄漏检查，并检查整流罩以确保安全，整流罩必须安装到位，以产生适当的冷却气流，同时无论何时在螺旋桨及其附近工作，都要确保磁电机和主电门是切断的、混合开关被切断等。

要始终遵守飞行员操作手册的程序，在发现螺旋桨蓄压器冲压压力减小甚至没有压力时，应该缓慢地移动油门杆，防止潜在的螺旋桨超速而造成破坏损伤。

要坚决避免在砾石地、石头地、裂开的沥青以及松软的沙地等地面进行试车，如果没有其他选择，则必须操纵螺旋桨在低油门下旋转，逐渐增加到起飞功率。

另外，需要在地面小心缓慢地滑行，避免撞到跑道上的外来物等，应将危险降到最小。通过螺旋桨轴下部拖动飞机是一种错误的操作方法，会造成桨轴应力过大。如果确有必要通过螺旋桨移动飞机，应尽可能接近桨毂，抓住螺旋桨轴，慢慢加力直到飞机开始移动。

2. 螺旋桨维护

螺旋桨作为独立于飞机的部件，由生产商推荐的返修寿命与其他核心部件（如发动机）不同，依据生产商建议，确定螺旋桨返修寿命。在每一次飞行前，机务人员和飞行人员都要检查桨叶的磨损、缺口、凹痕和其他损伤。如果存在问题，则由具有资质的飞机和动力装置维修人员进行修理；若问题严重，则需要返厂修理。

100小时检查或年检由具有资质的机务人员进行检查，拆开螺旋桨桨毂盖，检查桨毂的磨损和损伤程度，了解充气和润滑情况。另外，还需定期检查转速表的精度，如果转速表有一个红色区域，则应每100小时检查一次转速表的精度，确保在工作状态指针不会无意识进入红色区域。

螺旋桨在大修中，还必须进行螺旋桨平衡项目。一般制造商建议每500小时螺旋桨进行一次平衡工作，但是当发动机气缸重新翻修，螺旋桨或发动机被大修，以及出现任何不正常的震动，就必须进行螺旋桨平衡实验。螺旋桨平衡主要包括静平衡和动平衡两种形式。为螺旋桨做静平衡，必须从飞机上拆下螺旋桨并放在车间的台架上，静平衡是不考虑发动机、附件、框架以及螺旋桨桨毂整流罩影响的螺旋桨平衡实验，而动平衡则是将螺旋桨安装在飞机上进行，考虑到所有的空气动力影响因素，可以在不同的转速下进行。

3. 螺旋桨预防性维护

螺旋桨预防性维护最基本的工作是保持螺旋桨的清洁，一般清洗木制螺旋桨，使用柔软的刷子或布，同时使用温水，用不刺激的肥皂清洗整个桨叶，清洗完成之后，用柔软的毛巾擦干，而清洗金属螺旋桨，则使用制造商认可的非油基清洗液，严禁使用酸性或腐蚀性清洗剂，用柔软的刷子或布沾清洗溶液清洗，然后用柔软的布擦干，再用高质量喷涂蜡给桨叶打蜡防止腐蚀。

螺旋桨修理必须由制造商或经过授权的修理单位进行处理，常由有资质的维修工程师承担，一般人员则只可进行基础预防性维护，如更换有缺陷的安全保丝或者键销等。

螺旋桨的预防性维护还包括依据相关咨询通告所规定的可接受的方法、技艺和实践等修理螺旋桨桨叶的凹痕、伤疤以及刻痕等。

螺旋桨可修理的切痕和凹痕一般都很小，如一个直径小于10.6英尺的螺旋桨，在桨毂和24英寸（1英寸≈2.54厘米）半径站位之间的刻痕大小不允许超过桨叶宽度的3/64，如果桨叶的宽度为6英寸，那么刻痕深度超过1/4英寸，桨叶则将被更换。

螺旋桨工作中产生推力、气动扭转力、扭矩以及离心力（多达20吨），但螺旋桨故障率很低。通常螺旋桨故障是由非常小而引不起人们注意的刻痕和其他的伤疤造成的疲劳裂纹引起的，由于潜在的问题可能更多，必须严格遵守制造商规定的螺旋桨日常维护项目。通常以飞行小时和日历为基础，进行包括完全分解、检查、重新调整，以及依据需要进行部件更换和重新装配等工作。

木制螺旋桨更容易出现凹痕和刻痕等问题，如果发现及时，裂缝小可以通过镶嵌进行修理，其他比较小的缺陷可以用充填物进行处理，与纹理平行的小裂缝，用树脂胶黏合。末端的织物要保持平整，金属末端则应保持平滑，并及时进行良好修理。当然，有些缺陷则是无法进行维护修理的，如垂直于纹理的刻痕或裂缝、变长的螺钉孔、桨叶弯曲、缺口或碎裂、明显的木头缺失、过分扩大的桨毂轴孔，裂开的桨叶以及螺钉孔之间的裂缝。

而铝制金属螺旋桨最大的隐患则是腐蚀。腐蚀会形成细小的、很深的向内部扩散的孔洞，在螺旋桨的表面下形成隧道现象，并在其他地方出现化学蚀洞，影响飞机运行可靠性。在螺旋桨出现结冰或前缘磨损的情况下，需要每100小时仔细地检查腐蚀情况，尤其是在高的湿度和盐碱地区运行的飞机螺旋桨更应该受到特别的关照。需要说明的是，在维护中禁止使用钢质丝绒、砂布、钢丝刷子（不锈钢除外）或强的研磨性物质去除腐蚀。

1. 何谓适航与适航管理?
2. 简述通用航空器适航的基本要求。
3. 简述航空器的持续适航管理工作。
4. 简述通用航空器适航审定系统。
5. 何谓航空维修? 有哪些管理要求?
6. 简述通用航空维修的特点。
7. 通用航空维修有哪些类别?
8. 简述通用航空维修的工作准则。
9. 通用航空维修典型工作任务有哪些? 具体有怎样的维修要求?

思考题

课后练习

第八章

飞行员驾驶执照培训

微课

主要内容

本项目介绍了飞行驾驶员执照的种类、获取及权利维护，使学习者了解飞行员执照获取方式及权利维护，熟悉国外及国内飞行员执照培训模式及中外培训差异；并对飞行培训如何开展实施进行了详细分析。

学习目标

1. 掌握飞行员概念及其执照种类。
2. 掌握飞行员执照基础条件。
3. 熟悉国内外飞行员执照培训模式及相互差异。
4. 掌握飞行培训特点及其实施。

飞行执照其实离你我并不遥远

事实上，在大部分发达国家，持有一本飞行驾照是一件极平常的事，但在大部分国人眼中，一趟"说飞就飞的旅行"，似乎还是一个"可望而不可即"的梦想。

目前国内飞行员年薪较高，吸引了不少看好航空市场的在职人员前来学习驾照。以直升机市场为例，目前的直升机飞行员缺口超过1000人，是一个巨大的市场。目前学习私用飞行驾照的主要有三类人：一是飞行爱好者，主要是企业老板；二是今后想要从事飞行事业的人；三是其他通航公司已有私人飞机执照的飞行员来进行深造和教员培训。

自2010年，我国低空空域开放破冰之后，不少"富人"便加入"飞行大军"尝鲜，飞行驾照也一度成为"富人"的身份象征。"私飞"正在褪去"富人"的标签，逐步向"平民化"方向发展。

近些年来，国内航空业发展迅速，飞行人员的培训却步履蹒跚。自20世纪80年代到现在，国内每年培训飞行人员仅100多名，这对于目前正处在蓬勃发展期的民航企业来说，显然是供不应求的。据了解，飞行员驾驶执照分为私用、商用、航线运输、多成员驾驶执照等，其中私用飞行驾照是最基础的飞行驾照，主要用于私人飞行或娱乐，驾驶不以取酬为目的非经营性运行的相应航空器。与民航飞行员千里挑一的要求不同，学习私用飞行驾照的门槛也相应偏低。

国家民用航空局的咨询通告显示：只要年满17周岁，具有初中或初中以上文化程度，经过体检鉴定取得民用航空人员体检合格证，完成40个小时的理论学习、40个小时的飞行训练，通过相应的考试，即可取得私用飞行驾照。课程具体流程主要包括：体检、理论学习、理论考试、模拟器训练、飞行训练、飞行考试6个步骤。对于很多想学私用飞行驾照的人来说，最害怕自己迈不过的坎，应该就是体检这关。业内人士表示，只要能通过汽车驾照的体检，基本上就能通过飞行"私照"的体检。

在以往，私人飞行由于种种限制，在国内一直没得到很大的发展。私人飞机行业是中国与美国等发达国家差距最大的行业之一。不过随着推进通用航空产业发展的《低空空域管理改革指导意见》的出炉，数十年来没变的空域划分和低空空域管制有望正式破冰，一个私人畅意飞行的时代正在到来。

资料来源：http://www.sirenji.com/article/201607/83362.html。

思考

1. 在我国考取飞行员执照的基本条件是什么？不同等级执照要求有哪些区别？
2. 如何获取飞行执照？我国飞行执照有哪些培训模式？

第一节
飞行员驾照认知

能力培养

1. 掌握飞行员分类与飞行执照种类。
2. 熟悉飞行执照获取基本条件。
3. 了解飞行执照权利维护。

一、飞行员驾照及其种类

如同驾驶机动车、船舶需要持有相应的执照一样，驾驶航空器也需要持有相应的执照。在社会生活中，飞行活动种类、航空器类别等十分丰富，自然需要相应地对航空器驾驶员及其所持执照实施分类管理。

（一）飞行员分类

航空器驾驶员是指在航空驾驶舱内，通过操纵机上设备和系统，使航空器实现飞行运行的驾驶者。在日常社会生活中，人们通常称航空器驾驶员为飞行员、航空器驾驶员执照为飞行执照。

飞行员有广义和狭义之分。从广义上讲，飞行员也称空勤人员，指所有在驾驶舱内参与航空器运行操作的人员，包括飞行员、领航员、空中机械员和通信员等。从狭义上讲，飞行员是专指在驾驶舱内直接操作机上设备、系统，操纵、控制航空器飞行状态和轨迹的人员。随着航空器结构、性能的不断改进与提升，广义上的飞行员所包含的专业类别减少，逐渐向狭义上的飞行员趋同。本书所指的飞行员为狭义上的飞行员。

相对于单个飞行员配置而言，在多人制机组配置中，根据技术等级或执行飞行任务中的分工不同，飞行员分为机长、副驾驶和飞行教员、飞行学员等不同的类型。

机长，是指在飞行时间内负责航空器的运行和安全的飞行员。

副驾驶，是指在飞行时间内除机长以外的、在驾驶岗位执勤的持有执照的飞行员，但不包括在航空器上仅接受飞行训练的飞行员、学员。

飞行教员，是指具有较为丰富的航空器驾驶经验，并且以传授航空器驾驶技术为目的而参与驾驶航空器的飞行员。通常情况下，在实施飞行教学的同时，飞行教员行使机长职责。

飞行学员，也称学生驾驶员，是指以获得航空器驾驶技术的提高为目的，参与或独立驾驶航空器的人员。当其作为航空器唯一驾驶员时，行使机长职责。

（二）飞行活动分类

在民用航空活动中，各类飞行任务的性质有所不同。从飞行员的角度讲，大体上可以进行以下分类。

1. 商用飞行

该类飞行任务以为他人提供航空器驾驶及其衍生服务为手段，以获取报酬为目的。例如：客货运输飞行，通用航空作业飞行，训练飞行，私人航空器代驾飞行。

航线运输飞行是商用飞行的一种特殊形式，它以驾驶航空器提供航空运输服务为手段，以获取报酬为目的。

2. 私用飞行

该类飞行任务以为自己或他人提供航空器驾驶及其衍生服务为手段，并不以获取报酬为目的。例如：个人空中交通飞行，个人家庭农场作业飞行。

3. 运动飞行

驾驶运动类航空器，为自己或他人提供航空运动、娱乐飞行服务的取酬或不取酬的飞行活动。例如：航空运动训练飞行，表演飞行，比赛飞行，个人或团队娱乐飞行。

4. 学习飞行

在飞行教员指导下，通过参与或独立驾驶航空器进行训练的飞行活动。例如：本场训练飞行，转场训练飞行。

（三）飞行执照种类及其等级

执照是指由政府主管部门正式签发的准许做某项工作或活动的资格证明。飞行执照是由国家民航主管部门正式签发，准许驾驶航空器及其从事相应飞行活动的资格证明。

飞行活动的形式多样，性质各异；航空器的种类繁多，并且相互之间驾驶操纵方法有较大差异。因此，需要根据飞行活动及航空器类别，对执照持有人准许从事的飞行活动及驾驶的航空器做出适当的限定，由此也就形成了对飞行执照的分类管理。

就飞行执照管理而言，准许从事不同范围的飞行活动，形成了执照的种类；准许驾驶不同类别的航空器，形成了执照的等级。这与机动车驾驶证有所不同，后者的类别、等级仅与车型直接相关，其驾驶行为的私用、商用等性质则用其他证照予以限制，例如出租车营运证，公共交通营运证。

1. 飞行执照种类

世界上各国飞行执照种类有一些差异。我国飞行执照大体分为以下六类。

（1）学生驾驶员执照　学生驾驶员执照（简称学生执照）是除运动驾驶员执照外的飞行执照拟获取人，在正式取得飞行执照之前，为获得并提高飞行技术而取得的航空器驾驶员资格。此执照持有人，可以按照经过批准的培训大纲或类似文件规定，在飞行教员指导下，参与或独立驾驶航空器进行飞行。

很显然，这种飞行是单纯的训练飞行，而不是任何非训练属性的运行飞行。为此，有关规章对学生驾驶员执照持有人的驾驶航空器行为做出了限制：如不得以取酬为目的、不得载运旅客驾驶航空器等。

（2）运动驾驶员执照　顾名思义，运动驾驶员执照（SPL，简称运动执照）特许准予驾驶运动航空器（见图8-1）。有关民航规章明确了此类执照持有人的权利和限制：可以在相应类别和级别等级的航空器上担任机长；如滑翔机载运乘客，运动驾驶员执照持有人在取得滑翔机类别等级后，应当再建立不少于10小时的飞行经历时间；以取酬为目的在经营性运行的航空器上担任机长，或为获取酬金在航空器上担任机长，运动驾驶员执照持有人应具有不少于35小时的飞行经历时间，其中，20小时作为本类别和级别（如适用）航空器驾驶员的飞行经历时间；未满18周岁的运动驾驶员执照持有人，不得在以取酬为目的的航空器上担任机长；不得从事商业航空运输运行。

（3）私用驾驶员执照　私用驾驶员执照（PPL，简称私照）持有人，准予从事不以取酬为目的的航空器驾驶活动（见图8-2）。有关民航规章明确了此类执照持有人的权利和限制：可以不以取酬为目的在非经营性运行的相应航空器上担任机长或者副驾驶；不得以取酬为目的在经营性运行的航空器上担任机长或副驾驶，也不得为获取酬金而在航空器上担任飞行机组必需成员。

图8-1　运动驾驶员执照　　　　　图8-2　私用驾驶员执照

（4）商用驾驶员执照　商用驾驶员执照（CPL，简称商照）持有人，准予驾驶航空器从事以取酬为目的的飞行活动。有关民航规章明确了此类执照持有人的权利和限制：在以取酬为目的经营性运行的航空器上担任机长或副驾驶，但不得在相应运行规章要求机长应当具有航线运输驾驶员执照的运行中担任机长；为获取酬金而担任机长或副驾驶。

（5）多人制机组驾驶员执照　多人制机组驾驶员执照（MPL）是为以获得航线运输驾驶员执照为目的的一类人员而设计的过渡性执照。因此，其持有人的权利和限制也比较特殊：行使飞机类别的私用驾驶员执照持有人的所有权利；在多人制机组运行中行使飞机类别仪表等级的权利；在其执照签注型别等级的飞机上行使副驾驶权利；在单驾驶员运行的飞机中行使商用驾驶员执照权利之前，执照持有人需取得商用驾驶员执照。

（6）航线运输驾驶员执照　航线运输驾驶员执照（ATPL，简称航线照）持有人，准予驾驶航空器从事以取酬为目的的公共航线运输飞行。有关民航规章明确了此类执照持有人的权利和限制：可以行使相应的私用和商用驾驶员执照以及仪表等级的权利；可以在从事公共航空运输的航空器上担任机长和副驾驶。

如果飞机类别的航线运输驾驶员执照持有人以前仅持有多人制机组驾驶执照，除非其飞行经历已满足对在单驾驶员运行的飞机中行使商用驾驶员照权利的所有要求，否则，在其执照的多发飞机等级上签注"仅限于多人制机组运行"。

在美国考取飞行执照分为以下三种。

第一种：私照。

私照的用途主要是用于私人度假以及交通。私照在 3~6 个月可以考取，可以在晚上飞行。私照也分为两种，单引擎飞机和双引擎飞机。大部分人都是从单引擎的飞机开始学习，之后再进阶到双引擎。只要考取了单引擎私照，所有 12500 磅以下的单引擎飞机都可以飞。双引擎也是一样（TIP：一般人如果只是作为兴趣飞行，只考取私照就可以）。

第二种：仪表执照。

仪表执照的用途主要是能见度达不到起飞和降落要求，肉眼无法飞行或是飞机巡航高度超过 18000 英尺（1 英尺 =0.3048 米）时需要。仪表执照在私照通过后学习 3~6 个月可以考取。

第三种：商业执照。

商业执照的用途主要是能驾驶民航飞机、能做空中导游。商照在取得私照后经过 3~6 个月可以考取，所以加起来大概 1 年到 1 年半之内就可以考取商照（TIP：也可以考完商照后再考仪表执照）。

资料来源：http://news.carnoc.com/list/396/396659.html。

2. 飞行执照等级

如前所述，航空器有不同的分类，如飞机、旋翼机。在同一个分类中有不同的级别，如在飞机中有陆地飞机和水上飞机。在不同的级别中有不同的号区别，如在陆地飞机中有体积、重量较小的型号和体积、重量较大的型号，等等。因此，相应地需要对飞行执照实施分等级许可管理。通常情况下，飞行执照根据航空器的分类分为不同的类别等级、级别等级和型别等级。当然，不同种类飞行执照等级划分也有一些差异。

（1）私用、商用和航线运输驾驶员执照等级　航空器类别划分为飞机、直升机、飞艇、倾转旋翼机4个等级。飞机级别划分为单发陆地、多发陆地、单发水上、多发水上4个等级。目前，我国其他航空器尚未划分级别等级。

航空器型别等级的划分，根据航空器类别有所区别。其中，审定为最大起飞全重在5700千克以上的飞机，3180千克以上的直升机和倾转旋翼机，以及涡轮喷气动力的飞机和通过型号合格审定的其他航空器，需要按照相关标准划分型别等级。上述标准以外的航空器，不划分型别等级。也就是说，只要持有相应航空器类别和级别等级的飞行执照，即准予驾驶没有型别等级的一类航空器。例如，持有商用种类、飞机类别、单发陆地级别等级的飞行执照，即准予驾驶5700千克以下的所有没有型别等级的单发陆地飞机，而对像赛斯纳172、西锐SR22、"钻石"40等诸多具体型号没有具体限定。驾驶具有型别等级的航空器则不同，飞行员除了持有符合相应要求的种类、航空器类别、级别等级的飞行执照外，还必须获得相应的型别等级许可。例如，驾驶空中客车A320飞机执行航线运输飞行任务，飞行员所持有的执照种类应是航线运输，航空器类别等级应是飞机，航空级别等级应是多发陆地，航空器型别等级应是A320。

（2）仪表等级　仪表与目视是两种差异较大的航空器驾驶方式，因此，需要据此对飞行执照有所限定。对于私用和商用驾驶员执照，仪表等级分4类，即仪表-飞机、仪表-直升机、仪表-飞艇、仪表-倾转旋翼机。持有仪表等级签注的飞行执照，才准许在仪表条件下飞行。否则，只能在目视条件下飞行。

（3）教员等级　飞行教员也需要具有一些特殊要求。对于商用和航线运输驾驶员执照，飞行教员分为基础教员、仪表教员和型别教员等3个等级。其中，基础教员分为单发飞机、多发飞机、直升机、飞艇和倾转旋翼机等5个类别，仪表教员分仪表-飞机、仪表-直升机、仪表-飞艇和仪表-倾转旋翼机4个类别，型别教员则需要限定具体的飞机型别。

（4）运动驾驶员执照等级　运动驾驶员执照划分为5个航空器类别等级，即初级飞机、自转旋翼机、滑翔机、自由气球和小型飞艇。初级飞机类别划分为陆地、水上两个航空器级别等级，其他航空器类别未划分航空器级别等级。运动驾驶员执照教员等级分为初级飞机、自转旋翼机、滑翔机、自由气球和小型飞艇5个类别。

飞行执照与机动车驾驶证类比

在日常社会生活中，民众持有机动车驾驶证已经是一件比较寻常的事情，而持有飞行执照却并不多见。因此，普通人对飞行执照一般都怀有神秘感和好奇心。其实，飞行执照与机动车驾驶证有不少相似之处，将二者做一番类比，也许更加有利于揭开蒙在飞行执照上的神秘面纱。

机动车驾驶证大体分为五个档次，其中，第一档俗称 A 本，包括 A1、A2、A3；第二档俗称 B 本，包括 B1、B2；第三档俗称 C 本，包括 C1、C2、C3、C4、C5；第四档俗称 D 本，包括 D、E、F；第五档，包括 M、N、P。

A 本是机动车驾驶证中档次最高的，准驾车型包括大型客车和城市公交车。在飞行执照中也有一种与机动车 A 本相似的执照叫 ATPL，即航线运输驾驶员执照，它是飞行执照中档次最高的，准驾机型包括大型客机。

B 本是机动车驾驶证中第二档次的，准驾车型包括中型客车和货车。在飞行执照中也有一种与机动车 B 本相似的执照叫 CPL，即商用驾驶员执照，它是飞行执照中第二档次的。持有这种飞行执照的飞行员，虽然不能在大型客机上担任机长，但可以担任副驾驶，协助机长工作；也可以在很多工农业的航空器上担任机长，因这类航空器没有那么多载客、载货的任务，所技术要求相对低一些。

C 本是机动车驾驶证中最为普及的一种，准驾车型是以私家车为主的各种小型客、货车。在飞行执照中也有一种与机动车 C 本相似的执照叫 PPL，即私用驾驶员执照，它是飞行执照中最普通的一种。持有这种执照的飞行员，虽然不能在商业运营的航空器上担任飞行员，但可以驾驶私家航空器飞行。

D 本是机动车驾驶证中档次最低的一种，准驾车型是摩托车，要求戴头盔驾驶。在飞行执照中也有一种与机动车 D 本相似的执照叫 SPL，即运动驾驶员执照，它是飞行执照中最低的一种。持有这种执照的飞行员，只能在轻型运动航空器上担任飞行员。这类航空器有些座舱是敞篷的，如自转旋翼机，也要求戴头盔飞行。

在机动车驾驶证管理规定中，准驾车型具有一定的向下兼容性。例如，准驾车型为 A2 的机动车驾驶证持有人，其准驾车型向下兼容到 B1、B2；而 B1、B2 又可以向下兼容到 C1、M；C1 还可以向下兼容。由此形成了嵌入式兼容链条。与机动车驾驶证准驾车型兼容性类似，各类飞行执照也具有一定的向下兼容性。

与获取机动车 C 本和 D 本相对比较容易类似，在飞行执照中，PPL 和 SPL 的获取也相对简单一些。规章规定，SPL 的最低训练时间是 30 小时左右，根据不同的机型有所区别；飞机类 PPL 的训练时间是 40 小时。不过，一般人这样的训练飞行小时数达到之后，很难达到获取 SPL 和 PPL 的技术水平。据统计，国内平均获取飞机类 PPL 的训练飞行时间是 60~65 小时；相当一部分人需要训练到 80 小时左右。这一点与获取机动车驾驶证的训练过程差不多。很多人最低上车训练小时数到了，却还没有达到相应的驾驶技术水平，需要继续加练。

当然，驾驶航空器和驾驶机动车毕竟不是一回事。车在路上跑，如果车坏了，可以停在路边打电话救援。航空器在空中坏了，处理起来就要比在地面复杂得多。所以，飞行执照对航空理论学习的要求比较高，包含的内容也比较多。

二、飞行执照获取

在蓝天白云间自由翱翔，是人类长久以来的梦想。当人们抛弃模仿鸟类飞行的幻想，制造出能够升空飞行的机器装备时，学习飞行技术、拿一本飞行执照便成为了现实追求。那么，怎样才能取得飞行执照呢？

（一）飞行执照获取基础条件

驾驶航空器飞行，是人类一种非常特殊的活动；飞行技术是一种十分复杂的心智、动作技能，不仅需要有一定的基本条件，而且还要经过相当严格的训练。

1. 基本条件

根据行使权利和履行义务的不同，对申请各类飞行执照人员的年龄、品行、言语能力、受教育程度、体格检查等基本条件提出了不同的要求。

（1）学生驾驶员执照　年满16周岁；5年内无犯罪记录；能正确读、听、说、写汉语，无影响双向无线电通话的口音和口吃，因某种原因不能满足部分要求的，局方应当在其执照上签注必要的运行限制；持有现行有效Ⅱ级或者Ⅰ级体检合格证。

申请运动驾驶员执照的学生驾驶员，无须办理学生驾驶员执照，但须遵守学生驾驶员的单飞要求。

（2）运动驾驶员执照　年满17周岁，但仅申请操作滑翔机或自由气球的为年满16周岁；5年内无犯罪记录；能正确读、听、说、写汉语，无影响双向无线电通话的口音和口吃，因某种原因不能满足部分要求的，局方应当在其执照上签注必要的运行限制；具有初中或者初中以上文化程度；持有局方颁发的现行有效体检合格证。

（3）私用驾驶员执照　年满17周岁；5年内无犯罪记录；能正确读、听、说、写汉语，无影响双向无线电通话的口音和口吃，因某种原因不能满足部分要求的，局方应当在其执照上签注必要的运行限制；具有初中或者初中以上文化程度；持有现行有效Ⅱ级或者Ⅰ级体检合格证。

（4）商用驾驶员执照　年满18周岁；无犯罪记录；能正确读、听、说、写汉语，无影响双向无线电通话的口音和口吃，因某种原因不能满足部分要求的，局方应当在其执照上签注必要的运行限制；具有高中或者高中以上文化程度；持有现行有效Ⅰ级体检合格证；持有私用驾驶员执照。

（5）多人制机组驾驶员执照　年满18周岁；无犯罪记录；能正确读、听、说、写汉语，无影响双向无线电通话的口音和口吃，因某种原因不能满足部分要求的，局方应当在其执照上签注必要的运行限制；具有大学本科或大学本科以上文化程度；持有现行有效Ⅰ级体检合格证；持有私用驾驶员执照；通过ICAO英语无线电通信3级或3级以上等级考试。

（6）航线运输驾驶员执照　年满21周岁；无犯罪记录；能正确读、听、说、写汉语，无影响双向无线电通话的口音和口吃，不能满足部分要求的，局方应当在其执照上签注必要的运行限制；具有高中或高中以上文化程度；持有现行有效Ⅰ级体检合格证；持有商用驾驶员执照和仪表等级或多人制机组驾驶员执照。

2. 专业条件

若想获取正式的飞行执照，除了需要满足一些基本条件之外，还需要通过训练满足专业方面的条件。这些条件内容十分复杂，专业性也较强。概括起来，主要体现在以下三个方面。

（1）航空知识　航空知识从知识、理论层面回答涉及航空器驾驶有关的问题。其内容较为庞杂，主要包括人、机、环境三大方面的知识。

① 人　飞行员生理与心理相关知识。在空中这种特定的物质环境之中，在运动中的航空器这种特定的"小社会"里，在随时有可能遇到各种突发情况的安全与时间压力之下，无论是单个飞行员，还是机组成员之间，以及机组成员与航空管制员等地面有关人员之间，生理、心理都会出现一些特殊的变化。了解并掌握这方面的知识，对于航空器驾驶者来说十分必要。

② 机　航空器有关知识。驾驶航空器当然需要首先了解航空器。因此，掌握必要的航空器基础知识，是飞行员航空知识学习的基本要求。主要包括：航空器结构知识，航空器飞行原理，空中领航和仪表飞行知识等。

③ 环境　飞行环境有关知识。航空器在特定的大气、机场和人文等环境中飞行，掌握一些这方面的知识也是对飞行员的基本要求。主要包括：航空气象知识，机场及其飞行管制知识，空中交通规则与有关航空规章等。

航空知识的内容十分丰富，对于某一类及其某些等级飞行执照申请人来说，对掌握航空知识的要求有一定的限度。

（2）飞行技能　飞行技能是飞行员所具有的驾驶航空器的技术与能力。从训练角度讲，它从内容结构、覆盖面等方面对飞行员的飞行技术水平进行规范与考核，着重回答"飞什么"的问题，是飞行员飞行技术水平质的规定性指标。

例如，申请飞机类单发陆地等级私用驾驶员执照，在飞行技能方面需要满足以下要求：威胁和差错的识别和管理；飞行前操作，包括重量和平衡计算，起飞前检查，飞机勤务和发动机使用；机场和起落航线的运行，包括在管制机场操作、无线电通信、防撞措施及避免尾流颠簸；参照外部目视参考的机动飞行；临界小速度飞行，判断并改出从直线飞行和从转弯中进入的临界失速及失速；临界大速度飞行，急盘旋下降的识别和改出；正常及侧风起飞、着陆和复飞；最大性能（短跑道和越障）起飞，短跑道着陆；仅参照仪表飞行，包括完成180°水平转弯；使用地标领航、推测领航和无线电导航设备的转场飞行；夜间飞行，包括起飞、着陆和目视飞行规则(VFR)航行；应急操作，包括模拟的航空器系统和设备故障；按照空中交通管制程序、无线电通信程序和用语飞往管制机场着陆、飞越管制机场和从管制机场起飞。

（3）飞行经历　飞行经历是飞行员实际驾驶航空器所经过的历程。从训练角度讲，它从飞行时间与飞行内容长度、厚度、难度等方面对飞行员的飞行技术水平进行规范与考核，着重回答"飞到什么程度"的问题，是飞行员飞行技术水平量的规定性指标。

例如，申请飞机类单发陆地等级私用驾驶员执照，在飞行经历方面需要满足以下要求：

① 在飞机上有至少40小时的驾驶员飞行经历时间。其中，包括按照规定的飞行技能要求，在单发飞机上由授权教员提供的至少20小时飞行训练（可以包括不超过2.5小时的飞行模拟机或飞行训练器上的飞行训练时间）和10小时单飞训练。

特别提示

关于飞行训练时间，按照航空法规要求，无论是直升机还是固定翼，最低40小时是有权力考取执照的，但是请记住那是最低标准。事实上，以美国为例，在联邦航空安全局FAA记录的数据中，几乎没有人（包括美国公民在内）在40小时获取私照。在美国获取私照的小时数平均在55~65小时之间。甚至有些飞到70小时获取私照也是很正常的。因为飞行培训的目的不单单的是获取执照，更重要的是安全，是希望在获取执照以后的飞行生涯中平安一生。

② 教员的带飞训练，至少包括：3小时单发飞机转场飞行训练；3小时单发飞机夜间飞行训练，包括10次起飞和着陆，以及一次总飞行距离超过180千米的转场飞行，不能满足本要求的，局方将在其驾驶员执照上签注"禁止夜间飞行"；至少3小时单发飞机仪表飞行训练，包括仅参考仪表进行平飞、上升、下降、转弯、从不正常姿态中改出，以及无线电通信、导航设备的使用和空中交通管制程序；3小时为单发飞机实践考试做准备的飞行训练，该训练应当在考试日期前60天内完成。

③ 单飞训练，至少包括：5小时转场单飞时间；一次总距离至少为270千米的转场单飞，在至少两个着陆点作全停着陆，其中一个航段的起飞和着陆地点之间的直线距离至少为90千米；在具有飞行管制塔台的机场做3次起飞和3次全停着陆。

案例思考

世界最年轻女机长

据英国《每日邮报》26日报道，26岁的凯特·威廉姆斯近日成为全球最年轻的商务航班机长。她13岁学开飞机，15岁在空中表演"翻筋斗"特技，16岁单独试飞成功，19岁生日那天，成为了一名合格的飞行员，也是世界上最年轻的美女机长。

威廉姆斯几乎每天都要跟他人讲述她的"飞行史"，让别人信服她有能力掌控好飞机。威廉姆斯至今飞过大约100个国家，包括冰岛首都雷克雅未克、以色列最大城市特拉维夫和摩洛哥城市马拉喀什等地。

"我个人认为能否胜任机长的位置跟年龄无关。因为与其他机长一样，我出色地完成了训练课程，并通过了考试。我相信我能够做好这个职务。"威廉姆斯驾驶的是空客A319和A320，与前不久被选为英国最年轻机师的卢克-埃尔斯沃搭档。

资料来源：http://news.sina.com.cn/s/wh/2016-09-27/doc-ifxwevmc5587963.shtml。

中国16岁最年轻飞行员

9岁的她，被爸爸带出去自驾游，结果一路开上珠穆朗玛峰。15岁的她，横穿澳大利亚，足迹遍布悉尼、堪培拉、墨尔本等多个城市。16岁的她，刚刚获得中国航空协会颁发的飞行执照，成为中国最小的飞行员。她是南京2000年后出生的女孩李雨然。

资料来源：http://www.chineseindc.com/article-90041-1.html。

　　飞行执照的获取条件是什么？案例中两位最年轻女飞行员获取执照的条件有区别吗？

（二）飞行执照获取条件相关性

　　前面已经提到，不同种类飞行执照具有一定的向下兼容性。那么，不同等级的飞行执照之间是否也具有一定的相关性呢？比如，已经持有商用飞机类别飞行执照，如何获取商用直升机类别飞行执照？是完全按照直升机的标准从头开始训练，还是可以从飞机飞行经历中带入一部分？同样，已经具有国家航空器的飞行经历，如何取得民用航空器驾驶员执照呢？

　　各国在设计飞行执照管理规则的时候，已经充分考虑了不同等级飞行执照之间的相关性。这种相关性，主要体现在对飞行经历的认同上。某一等级的飞行执照，在规定飞行经历时，通常明确总飞行经历和与申请等级相关的飞行经历两项指标。有的总飞行经历包括所有航空器或相关航空器的飞行经历，等级飞行经历则专指使用申请等级航空器的飞行经历。例如：

　　① 申请直升机类别商用驾驶员执照，对飞行经历的要求是应当在直升机上有至少150小时作为驾驶员的飞行经历时间。

　　② 持有倾转旋翼机等级的执照申请人，可以将其在倾转旋翼机上的飞行经历计入总体飞行经历时间，但最多不超过30小时。

　　③ 飞艇类别等级的商用驾驶员执照申请人，应当在航空器上有至少200小时作为驾驶员的飞行经历时间，其中包括50小时在飞艇上作为驾驶员的飞行时间。

（三）飞行执照获取基本程序

　　航空器驾驶是一项复杂的人类行为活动，需要由简到繁、由易到难地通过学习获得相应技术。因此，获取飞行执照的基本程序，也需要遵循由低级到高级的顺序。当然，获取执照程序也与拟获取者对执照的功能定位有直接关系。把它作为从业资格以满足社会需要，与作为兴趣爱好以满足个人需要，其目标不同获取执照程序自然也就有些不同。

　　一般来说，获取飞行执照，从取得学生驾驶员执照开始，通过系统训练，获得一定的飞行技术和经历，然后，依次获得私用驾驶员执照、商用驾驶员执照、航线运输驾驶员执照及其需要的相关等级。

　　例如，以从事航空运输飞行为职业目标，获取执照的基本程序为：学生驾驶员执照——私用驾驶员执照+飞机、单发、陆地等级——商用驾驶员执照+仪表、多发等级——航线运输驾驶员执照+所飞机型等级。

　　以驾驶自己的私用航空器为目标，获取执照的基本程序为：学生驾驶员执照——私用驾驶员执照+所需要的等级（如飞机/直升机/飞艇等级，飞机单发/多发、陆地/水上等级，仪表等级，多发等级）。

三、飞行执照权利维护

（一）执照有效期

各类飞行执照均设有有效期。其中，学生驾驶员执照有效期为2年，其他执照有效期限为6年。执照持有人只有在执照有效期内，才能继续行使相关驾驶航空器的权利。

（二）近期飞行经历要求与技术检查

飞行执照是飞行员行使驾驶航空器权利的前提条件。然而。它仅是从资格层次上所做出的规定，当时当地是否具备行使驾驶航空器的权利，还要看是否具备其他必要条件。例如：

①执照持有人是否持有与行使执照权利对应的现行有效的体检合格证。

②当执照持有人满足有关的相应训练与检查要求，并符合飞行安全记录要求时，方可行使其执照所赋予的相应权利。

③依据外国飞行执照颁发的认可函的持有人，仅当该认可函所依据的外国飞行执照和体检合格证有效时，方可行使该认可函所赋予的权利。

1. 机长近期飞行经历要求

俗话说"曲不离口，拳不离手"。航空器驾驶是一项以系统程序、动作技能为主的人的活动，其技术水平的提高与保持，与经常性的练习或使用密切相关。因此，在执照管理方面，也对执照持有人在行使机长权利前的连续飞行的经历有明确规定。

（1）一般经历要求　在载运旅客的航空器或型号合格审定要求配备一名以上飞行机组成员的航空器上担任机长的驾驶员，在该次飞行前90天内，在同一类别、级别和型别的航空器上，作为飞行操纵装置的唯一操纵者，应当至少完成3次起飞和3次全停着陆。为了满足上述要求，驾驶员可以在没有载运旅客的航空器上，在昼间目视飞行规则或昼间仪表飞行规则条件下担任机长完成飞行。

上述要求的起飞和着陆，可以在经批准的飞行模拟机上完成。

（2）夜间起飞和着陆经历要求　在夜间（日落后1小时至日出前1小时）担任载运旅客的航空器机长驾驶员，在该次飞行前90天内，在同一类别、级别、型别的航空器上，作为飞行操纵装置的唯一操纵者，应当至少在夜间完成3次起飞和3次全停着陆。

上述要求的起飞和着陆，可以在经批准的飞行模拟机上完成。

（3）仪表经历要求　在仪表飞行规则或在低于目视飞行规则规定的最低标准气象条件下担任机长的驾驶员，在该次飞行前6个日历月内，在相应类别航空器或相应的飞行模拟机或飞行训练器上，应当在实际或模拟仪表条件下完成至少6次仪表进近，并完成等待程序和使用导航系统截获并跟踪航道的飞行。担任滑翔机机长的，应当至少记录有3小时仪表飞行时间。

不符合上述近期仪表经历要求的驾驶员，不得在仪表飞行规则或低于目视飞行规则规定的最低标准气象条件下担任机长，只有在相应的航空器上通过由考试员实施的仪表熟练检查后，方可担任机长。仪表熟练检查的内容由考试员从仪表等级实践考试的内容中选取。

仪表熟练检查的部分或全部内容，可以在相应的飞行模拟机或飞行训练器上实施。

2. 技术检查

航空器驾驶员执照持有人，之所以通过相关考试并取得执照，说明其在获取执照的那个时候，具备了与执照及其等级相对应的航空器驾驶技术水平。然而，这种技术水平不是一劳永逸、一成不变的。因此，执照管理方需要对执照持有人的技术水平进行定期检查和熟练检查，以确认其能否持续行使执照所赋予的权利。

（1）定期检查　除学生驾驶员执照外，所有执照持有人，应当在行使权利前2年内，针对所取得的每个航空器类别、级别和型别等级通过由考试员实施的定期检查，并在其执照记录栏中签注。否则，不能行使执照上相应等级的权利。

定期检查应当包括至少1小时的理论检查和至少1小时的飞行检查，理论检查可以采用笔试或者口试的方式；飞行检查由考试员在航空器或者相应的飞行模拟机上实施。执照和等级实践考试，可以代替定期检查；滑翔机类别运动驾驶员执照持有人，可以用至少3次教学飞行，代替定期检查中要求的1小时飞行检查，且每次飞行应达到起落航线的高度。

（2）熟练检查　对于商业运行，担任机长或者在型号合格审定要求配备一名以上驾驶员的航空器上担任副驾驶的驾驶员，应当针对所飞航空器的类别、级别和型别等级，在一年内完成熟练检查。熟练检查由考试员在航空器或相应的飞行模拟机上实施。检查内容包括：相应航空器类别、级别和型别等级实践考试所要求的动作和程序。熟练检查期限内的执照和等级实践考试可以代替熟练检查。

期限内未进行熟练检查或检查不合格的驾驶员，只有重新通过相应航空器等级的实践考试，方可担任机长或在型号合格审定要求配备一名以上驾驶员的航空器上担任副驾驶。

飞行员技术排查常态化

飞行人员资质过不过硬、能力强不强，对飞行安全至关重要。时任中国民用航空局局长的李家祥在北京航空安全国际论坛上表示，中国民航将严把专业技术人员技能合格关、身体和心理健康关。

目前，中国民航已实现技术排查常态化。2008 年至 2014 年，共排查运输航空机长 9828 名，排查副驾驶等 11077 名，不合格的人员全部组织补充训练和复查。同时，正着力完善技术排查长效机制，运输飞机已全部安装快速存储记录仪，通过记录仪数据分析发现问题。

此前的德国空难表明，飞行员心理扭曲会传导至飞行安全。目前，中国民航正研究建立飞行员心理健康管理系统，针对重点人员进行心理健康评估。

资料来源：http://roll.sohu.com/20150424/n411794160.shtml。

（三）飞行执照有效性丧失

在下列情形下，执照持有人不再具有商用和航线运输驾驶员执照权利：

① 执照持有人由于故意行为，致使公共财产、国家和人民利益遭受重大损失的：造成

死亡1人以上，或者重伤3人以上的；造成公共财产直接经济损失30万元以上，或者直接经济损失不满30万元，但间接经济损失150万元以上的；严重损害国家声誉，或者造成恶劣社会影响的；其他致使公共财产、国家和人民利益遭受重大损失的情形。

②执照持有人在事故和事故征候调查期间，故意隐瞒事实、伪造证据销毁证据的。

③被追究刑事责任的。

在下列情形下，执照持有人不再具有航线运输驾驶员执照权利，并不得在从事公共航空运输的航空器上担任机长和副驾驶：

①执照持有人被认定为特别重大或重大飞行事故责任人。

②执照持有人被认定为较大飞行事故责任人。

③执照持有人被认定为一般飞行事故责任人。

第二节
飞行培训模式

能力培养

1. 了解国外飞行员培训模式。
2. 熟悉国内飞行员培训模式。
3. 了解国内外飞行员培训的优劣比较。

案例导入

在中国，一个飞行员从招收到坐进驾驶舱，通常需要等待很久，加上各种管制及气候，自由飞行变得更加奢侈。

在美国，相对要大胆得多，无论是培训直升机还是固定翼，当你完成相关的入学手续，体检和指纹录入等，报到的第一天就是体验飞行，飞行驾驶和理论知识基本是同步进行的。扎实的理论可以让飞行更安全，但实际上单从操纵飞机本身来说，理论并没有那么重要，重要的是感觉和实践，就如同骑自行车一样，再怎么学自行车的平衡原理，还需在实践中练习。理论知识航校都有专门的教员指导，地面课程，全部用英语进行，进度一般会很快，当你遇到不懂的问题，一定要随时请教你的教员或者任何一个教员，他们都很乐意帮助你。理论考试相对简单，考试时间2个小时（70分及格），考题会涵盖一些飞机构造和飞行原理的相关知识，但是极大部分是气象，导航，通讯，飞行规则，机场飞行标识，安全事项和应急处理等模块。按照美国联邦航空安全局的法规要求，需要在每个执照培训过程中对飞行学员进行3次阶段测试，当你通过3次阶段测试后，航校的教员主任会模拟考核学员，认为学员水平已经达到可以参加最终执照考试标准，就会联系FAA的考官考试。一般，考试时候先给飞行学员进行大约2~3个小时的口试，通过口试以后，再进行飞行技能测试，时间大概1.2~1.8小时不等，大大小小几十个科目，应急程序处理考核最多，当你通过考试，考官会当场恭喜你通过执照考试；如果没有通过，会有机会补考。

资料来源：http://www.sohu.com/a/201617802_165477。

1. 在美国，飞行执照培训所谓的"大胆的多"指的是什么意思？
2. 从美国飞行执照培训的案例中，我们可以得到怎样的启示？

飞行培训模式对飞行员成长具有重要影响。也是飞行培训行业需要重点了解与研究的问题。

一、国外飞行培训模式

由于国情不同，世界民航强国飞行员培养的主流模式大大异于我国，已经完全纳入法制化、市场化的轨道。

（一）飞行培训市场化模式

1. 国家以立法规范飞行员培养

在美国，基础飞行培训机构的设立条件，以及各类飞行员资格标准、航空公司对飞行员岗位招聘条件等，都是依据运输部联邦航空局（FAA）颁布的联邦航空条例的有关法规进行的。其D分章的第61部~第67部，分别规定了对飞行员和飞行教员及其他航空人员的合格审定条例；H分章的第141部是对飞行员学校的办学资格、人员设施要求、训练大纲和课程设置、考试等进行的立法规范。其他国家也都有类似的规章。国外民航飞行学校设置的条件较低，民航飞行培训资格的取得也不是很难，这就使得美国等民航发达国家飞行培训机构相对较多，并且分布较广。

最早的飞行驾驶培训

在飞机发明初期，只有少数像莱特兄弟那样从事飞机发明研制的人掌握飞机驾驶技术。1908年，莱特兄弟在法国成功地进行了飞行表演，在欧洲引起了轰动。从此，世界上关注和学习飞机驾驶技术的人越来越多。1908年，莱特兄弟在法国勒芒，向第一个民众传授飞行技术。1908年5月19日，美国陆军派出一名军官，开始接受莱特兄弟的带飞训练，成为世界上最早学习飞行技术的军人。1909年，莱特兄弟使用世界上第一款正式的教练机"莱特"A型飞机，帮助美国陆军培训出首批3名飞行员。

2. 受训者基础培训费用全部自理

一个合格的商用飞机驾驶员，在其任职前所有培训的费用和风险都由其自身承担。这样，受训人员对于是否进入飞行培训，选择什么样的机构及其课程进行培训等都十分慎重。一旦确定进入飞行培训后，其学习的内生动力和对资源的珍惜程度就较高。飞行培训费用自理，不仅为后续就业和用人单位招聘预留了较大的自由选择空间，提高了飞行培训市场化程度，而且，使得用人单位不用顾及飞行员基础培训问题，从而分散了风险，降低了人力和管理成本。

（二）飞行员成长模式

1. 商用飞行员必须具有足够的飞行经历

在美国，普通飞行员资格的取得虽然很容易，但是，仅仅取得飞行员资格的人，还不能直接进入航空公司担任航线运输飞行员。根据美国法律规定，只有积累够了1500小时的小型飞机飞行与一定的双发及中型飞机飞行时间的人，才有资格到运输航空公司应聘飞行员岗位。这些飞行经历，大多数人是通过在航空俱乐部或飞行培训机构任教获得。因此，在美国培训机构或飞行俱乐部任教的飞行员，一般并不打算长期从事教学工作。

2. 航空公司飞行员采用聘用制

在具备进入航空公司担任航线运输飞行员的所有资格后，并不能自然成为某一航空公司的飞行员。只有当公司需要，并通过相应的考核招聘才有可能。由于运输航空飞行员选拔的基数大、淘汰率高、飞行经历长，因此，最后真正成为航线运输飞行员的人，其驾驶技术和文化素质也就相对较高。

（三）飞行员基础培训模式

飞行员培训的目标多锁定在驾驶小型航空器上。并且，围绕这个目标展开课程设置及其基本职业素养的培养。

飞行员基础培训绝大多数都不是学历教育，而是职业技能培训。这与到汽车驾驶学校通过学习交通法规和汽车驾驶基本技能，进而取得汽车驾驶证没有什么实质性区别。因此，国外尤其是美国飞行培训机构的课程设置，具有鲜明的"取证"价值取向。所有的培训安排，都紧紧围绕能在尽可能短的时间内完成规定的理论与技能学习，并获得相应的飞行经历，以达到取证的基本要求。

据规章对飞行培训机构实施分类管理。美国的飞行培训机构分为两大类，也就是141部飞行学校和61部培训机构。不过，管理分类标准主要依据培训机构内部质量管理体系构建情况，与飞行员培训目标无关。也就是说，不论是141部飞行学校，还是61部培训机构，其完成培训的学员都是只能驾驶小型航空器，而并不表明前者就可以直接进入运输航空公司驾驶大型客机。所不同的是，依据141部管理的飞行学校，其内部质量管理体系较为健全完善，并实施连续的培训。因此，规章规定的这类飞行学校的培训飞行时间，可以比按照61部管理的培训机构少一些，相对而言培训成本也就低一些。

就培训实施而言，因为同样依据国际民航组织有关条约及其附件，所以，世界上所有的国家都大同小异，基本都是分航空理论知识与飞行技能训练两部分来实施教学、训练。在飞行技能训练方面，国外实施培训的模式基本相同，都是按照私照—商照/仪表等级的程序进行。而在航空理论知识教学上，存在着一些差异。其中，美国和加拿大采用综合课程模式，按照私照、商照和仪表等不同执照种类、等级，相应实施地面教学和执照与等级理论考试。欧洲和澳大利亚、新西兰等采用分课程模式，根据航空理论知识内容的相关性，分为飞行原理、航空器结构、螺旋桨/喷气式发动机、航空气象、空中领航、仪表、飞行管制等课程，分别实施教学和考试；全部课程都通过考试，方具有取得相应执照和等级的航空知识条件。

二、国内飞行培训模式

计划经济时期，民航业在国家计划管理模式下发展，飞行员的培养与培训完全按照国家计划实施；承担飞行培训的机构完全由国家主办，按照普通专业院校的模式，对招生、培训、毕业分配等全过程实施计划管理。国家实行改革开放政策后，专门培训民航飞行员的航空学校，也开始实施正规的学历教育。并且，学历层次从中专到大专再到本科不断提升。随着国家改革开放进程的不断推进，进入计划经济向市场经济转型期以后，民航飞行员培训模式也开始向多元化方向发展，形成了多种模式并存的格局。

小资料

中国早期的飞行培训

1910年，留学英国的厉汝燕被清朝朝廷指派学习飞行技术，她获得了英国皇家航空俱乐部颁发的合格证书，取得了飞行员执照，成为了中国正规学习并掌握飞行技术的第一人。

后来，朝廷又从留法学生中选派几人学习飞行技术。1911年4月6日，从法国学成回国并带回一架高德隆式单座飞机的秦国镛，在北京南苑成功地进行了表演飞行。此举成为中国人在自己领空的首次驾机飞行。

1913年3月，袁世凯调原南京卫戍司令部陆军第3师交通团2架飞机进京，并决定在南苑创办中国第一所正规的航空学校。从法国购买了一批高德隆式教练机和航空器材，聘请飞行教官、技师各2名。第1期共招收50名学员，当年9月正式开学，1914年12月毕业41名；1915年3月，第2期学员开学，1917年3月毕业42名。1928年5月，北洋政府消亡，南苑航校也宣布撤销。存续15年间，共毕业学员4期159名。

（一）按照培训教育属性分类

按照教育属性，国内飞行员培训可以分为学历教育培训、职业培训和转岗培训三种模式。

1. 学历教育培训模式

在普通航空专业院校设置飞行技术专业，四年制本科学历层次。学生在校期间，既按照国家本科教育有关规定，完成相关课程教育教学，取得学历与学位证书；又以运输航空飞行员为第一就业目标，按照民航有关规章，完成航空器驾驶相关知识、技能培训与飞行经历积累，取得多发商并附加仪表等级，满足航空专业英语要求。

飞行技术专业学历教育的生源，主要是应届高中毕业生。有两个招收渠道：一个是起始招收飞行学员渠道，有意向者先参加体检与背景调查，然后参加全国普通高等院校招生考试，体检与背景调查合格，并且高考成绩达院校飞行技术专业录取分数线者即被录取；另一个是转学招收飞行学员渠道，有意向的普通高校本科二、三年级学生，在体检与背景调查合格后，按照国家高等教育管理有关规定，通过转学的方式，进入设有飞行技术专业的院校进行飞行员培训。从数量上看，通过后一种渠道进入飞行技术专业进行飞行员培训的所占比例相对较小。

2. 职业培训模式

职业培训模式是指在飞行培训机构实施的飞行员培训。这类机构只具有职业培训属性及资质，不具备学历教育条件和资格。学员在培训期间，以职业或业余飞行员为培训目标，按照民航有关规章，完成航空器驾驶相关知识、技能培训与飞行经历积累，取得预定的私用、商用等飞行执照，并根据需要附加仪表等等级，满足航空专业英语要求。这类飞行培训周期的长短，根据培训目标、机构运行能力和受训者基础条件的不同会有所区别，通常商照培训周期为18~24个月。

此类模式的生源也分为两类：一类是本科毕业生（不限专业），他们通过民航从业人员的身体检查和背景调查，先与航空公司签订就业合同或培训协议，然后，以航空公司员工在职培训的方式，进入飞行培训机构进行培训；另一类是没有本科学历限制，凡是符合相应的年龄条件，通过民航从业人员身体检查和背景调查的人均可参加选拔，合格者即可进入培训机构学习，但是他们只有获得各类民航执照之后，才能和航空公司签订就业合同，成为航空公司在职人员，在此之前他们的身份为社会待业人员。

3. 转岗培训模式

转岗培训模式也叫"军转民"培训模式。是指对具有军用或其他国家航空器驾驶技能，并有一定飞行经历的人员，在从事民用航空器驾驶之前所进行的转岗性培训。依据民航有关规章，受训对象以往的飞行经历，在通过审查之后即被认可；在完成航空知识和飞行技能的差异性培训，并通过相关理论和实践考试之后，即可取得私照、商照，并附加仪表、多发等等级。这类培训周期的长短，根据受训者既往飞行经历、培训目标等不同而有所不同，多发商照附加高性能训练通常需要3~6个月。

在国际上，军队飞行员改行从事民航飞行员职业相当普遍，可以说有军队飞行员的国家和地区，就存在他们转行驾驶民用航空器的现象。2005年之前，我国飞行员"军转民"

的现象非常普遍。1990~2005年间成立的航空公司，成立前期的主体飞行力量主要由这部分人员构成。2005年以后，飞行员通过"军转民"进入运输航空业的数量逐年减少，在通用航空领域还有一部分，"军转民"培训需求量也随之发生较大变化。

（二）按照培训承担方式分类

按照飞行培训承担方式，也就是由一个机构独立完成还是由两个或以上机构合作完成，完成培训是全部在国内还是国际合作，国内飞行员培训分为国内独立培训、国内合作培训和国际合作培训三种模式。

1. 国内独立培训模式

这种模式是指飞行技术专业的学历教育或职业培训的所有内容，全部由国内一家高校或培训机构完成。就学历教育而言，属于这种培训模式的高等院校，目前只有民航飞行学院一家，中国民航大学可望在不久的将来转变成这种模式。就职业培训机构而言，多数属于此种模式。随着国内飞行培训实力的不断增强，可以预见，这种培训模式将在巩固其现有重要地位的基础上，逐渐上升到主体地位，主导行业的发展。

2. 国内合作培训模式

飞行培训的主导院校或机构，只完成飞行技术专业的学历教育或职业培训的部分内容，剩余部分内容委托国内其他院校或机构完成。委托培训的部分主要是全部飞行训练，或者飞行训练中的部分机型、模拟机训练内容。受到国内飞行培训总体实力的制约，长期以来以及在可以预见的未来，这种国内合作培训模式将发挥"拾遗补阙"的作用，但不是飞行培训的主流模式。

3. 国际合作培训模式

国内飞行培训的主导院校，只完成飞行技术专业学历教育的部分内容，剩余部分委托国外飞行培训机构完成。国内院校独立完成部分主要是地面课程的教育教学，委托国外培训部分主要是全部的飞行训练。长期以来，这种国际合作培训模式一直处于国内飞行培训市场的重要地位，与国内培训模式平分秋色。在可以预见的未来，它仍将处于重要地位。

承担国内委托培训任务的国外飞行培训机构，绝大多数是由所在国的自然人或企业法人完全控股。有两类特例：一类是由国内大型运输航空公司独资或合资，例如，澳大利亚西澳航校，由南方航空公司独资控股，东方航空公司与加拿大航空电子设备公司（CAE），对位于澳大利亚维多利亚州的墨尔本飞行培训有限公司各掌握50%的股权；另一类是国内民营资本收购国外培训机构全部或部分股权。

按照国际合作模式完成培训的学员，取得中国院校的毕业证书、学位证书和委托培训机构所在国颁发的飞行执照。学员回国后换取中国民航飞行执照。如果学员培训第一就业目标是运输航空公司，那么，国外接受委托任务的飞行培训机构，需要通过中国民航管理部门的审定并颁发相应的认证证书。在持有认证证书的国外培训机构完成培训的学员，回国换领中国民航飞行执照有"直通车"的便利。

（三）按照培训机构产权分类

按照培训机构产权划分，飞行培训模式分为公办模式和民营模式。

1. 公办培训模式

公办培训机构通常是公办普通高等院校或内设二级学院，主要培训形式是学历教育，面向国内运输航空企业。除了民航飞行学院外，多数采用国际合作培训模式。

2. 民营培训模式

民营培训机构多数只按照民航规章进行职业培训，不实施学历教育，部分面向国内运输航空企业，也面向社会培训私用或运动飞行执照。

（四）按照培训机构类型分类

按照培训机构类型划分，飞行培训分为141部模式和61部模式。

1. 141部培训模式

141部飞行学校是依据CCAR-141规章审定和组织培训运行的飞行培训机构，完成培训的学员主要输送到运输航空企业。这类飞行学校是国内飞行培训的主体，既有学历教育性质的，也有职业培训性质的；既有公办的，也有民营的。

2. 61部培训模式

61部飞行培训机构是依据CCAR-61规章审定和组织培训运行的飞行培训机构，主要面向通用航空企业、私人航空用户及普通飞行爱好者，完成培训的学员一般输送到非运输航空企业。在国内，这类飞行培训机构数量较多，但总体培训规模有限。有的专营飞行培训，有的在从事通用航空其他业务的同时兼营飞行培训，绝大多数为非学历教育性质的民营机构。

全国飞行员培训机构

1. 商照培训中心

目前，我国经民航总局认证的商用驾驶员执照培训机构共有 5 家，分别是中国民用航空飞行学院、北京泛美国际航空学校、哈尔滨飞龙国际航空培训有限公司、山东九天飞行学校、广东中山飞行学校。

2. 私照培训机构

目前，我国经民航总局认证的私用驾驶员执照培训单位共有 13 家，分别是安阳航空运动学校（用于培训的飞行器主要有运 5、初教 6、赛斯纳 172R 飞机以及 R22、R44 等轻型直升机）、北京航空航天大学初级类航空器飞行培训实验中心、大同航空训练基地（用于培训的飞行器主要有运 5、初教 6 以及各种超轻型飞机）、上海东方航空教育培训有限公司（现阶段主要以赛斯纳 172R 型教练机开展培训课程）、广东白云通用航空有限公司（用于培训的飞行器有运 5、初教 6、赛斯纳 172R 和其他超轻型飞机，以及贝尔 206、R22、R44、施韦策 300CB 等轻型直升机）、广东通用航空有限公司（用于培训的飞行器主要有运 5 和赛斯纳 172 型飞机等）、哈尔滨飞龙国际航空培训有限公司、海南亚太通用航空有限公司、首都通用航空有限公司、四川航空运动学校（用于培训的飞行器主要有运 5、初教 6 以及各种超轻型飞机）、武汉通用航空有限公司、中国民用航空飞行学院、珠海直升机公司。

除以上的商照和私照培训机构以外，我国大陆地区还有 6 家设有飞行技术专业的院校：

中国民用航空飞行学院、中国民航大学、北京航空航天大学、南京航空航天大学、山东滨州学院、沈阳航空工业学院。其中，除中国民用航空飞行学院外，均采用了学员国内学理论、外送学飞行的教学模式。

资料来源：http://www.360doc.com/content/17/0429/07/36214314_64 9512753.shtml。

三、中外飞行培训模式比较

不同国家的飞行培训模式，是在不同的政治、经济、文化制度等背景下形成的。因此，对于本国航空业的发展具有其特殊的适应性。严格地讲，不存在世界上通用的飞行培训模式。当然，各种模式都具有其特有的长处与弊端，彼此应当相互借鉴。与世界上民航业发达国家相比，国内主流飞行培训模式既有优势，也存在劣势。

（一）国内飞行培训模式的优势

1. 成长周期较短

按照国内飞行培训模式，一名高中毕业生成长为具有大学本科学历的大型客机的机长，一般只需要8～9年时间。假如高中毕业时的年龄为18岁，那么，取得机长资质时的年龄不过27岁。国外的情况就大不一样了。在完成大学本科学历教育后进入飞行培训程序，到具备大型客机飞行经历条件，需要10～12年。仍以进入大学的年龄18岁计算，具备运输航空大型客机机长条件时，年龄已经到了32～34岁，比中国的飞行员晚了6～8年。从这个意义上讲，国内飞行培训模式的效率与效益更高一些。

2. 供需匹配度较高

我国航空企业尤其是运输航空企业的飞行员培训，多采用订单模式。根据企业发展规划，逐年招收并外送委托培训。从供、需两个角度看，因是照单培训，无论数量还是类型均能相互匹配，面向具体航空企业的大的供需矛盾并不是很突出。在我国，飞行员总数基数不大，尤其是飞行员人才市场尚未真正形成、可供招聘流动飞行员数量极少的情况下，现有培训模式对于保持已有航空企业飞行员可持续补充具有决定性作用。

（二）国内飞行培训模式的劣势

相对而言，国内主流飞行培训模式存在以下劣势。

1. 缺乏竞争活力

由于历史原因，我国对民航职业飞行员的身体条件要求较高，这就导致了生源相对较少。而在招收的学生中还有相当一部分并不是出于兴趣和爱好报考飞行技术专业。这就导致了学习目标不明确，学习动力不足，学习缺乏主动性，只是被动地接受教育和培训。而世界上民航业发达国家，由于高等教育已经达到大众化程度，在受训者接受飞行培训之前，大多完成了本科或本科以上的学历教育，并且，他们学习飞行的目标非常明确，再加上自己承担费用，因此学习更加主动。

2. 培训模式与培养目标存在矛盾

在按照飞行技术专业实施学历教育时，学生的培养既要满足国家教育政策、规章关于学历教育的要求，又要满足国家民航管理规章关于职业飞行员培训的要求，而两者对于学生知识结构的要求有所不同。这就导致了飞行技术专业课程设置多，学生负担重。此外，由于本科专业学制的限制，造成了学制不够灵活，影响培养效率。这也是造成我国民航职业飞行员不可能在短时间内成倍增长的主要原因。

长期以来以及在可以预见的未来，国内主流飞行培训机构受训对象的第一任职岗位目标，大多是运输航空的副驾驶。就这个岗位目标而言，要求飞行员除了具有扎实的航空器驾驶技能外，还要具有较强的在多人制机组环境中遂行飞行任务的能力。然而，国内主流飞行培训模式，是依据国际民航组织有关条约及其附件建立起来的，培训目标第一任职岗位是小型民用飞机的机长或副驾驶。对于在多人制机组环境中遂行飞行任务的能力没有做出过多要求。因此，培训模式与培养目标存在着一定的矛盾。由于民航业发达国家的职业飞行员在考取飞行执照之前一般都完成了本科学历教育，并且，在进入运输航空之前都经历了较长时间的职业历练和自然的职业筛选，因此，飞行员素质普遍较高。资料显示，在2013年参加美国航空公司招聘面试的飞行员中，97%持有航线运输驾驶员执照，平均飞行4746小时；93%有大学本科学历，17%具有硕士学位。

3. 不利于飞行员流动

国内飞行员照单培训模式，就既有航空企业而言，飞行员培训供需矛盾不突出。但就行业总体而言，尤其是一些新增需求一时无法得到满足，势必对原有供需秩序造成一定的冲击。从我国现有的民航飞行员培养模式来看，一名成熟飞行员的培训费用几乎全部由航空企业承担，企业投入很大。一名飞行员基础培训就需要一笔巨额的费用，而从一名刚完成培训的飞行员到一名成熟的机长，则需要更大的资金投入。飞行员是航空公司最重要的人力资源，流失一名飞行员，特别是流失一名成熟的机长，对于航空公司来讲其所付出的代价无疑是巨大的。这就是各航空公司对辞职飞行员索赔巨额赔偿金的重要原因。

在民航业发达国家，一般不会遇到类似的问题。首先，由于飞行培训完全市场化，航空公司和飞行员之间的关系同其他行业一样，只是简单的雇佣关系，飞行员的流动是非常正常的现象。其次，由于民航业发达国家的职业飞行员在考取飞行执照之前一般都完成了本科学历教育，并且，在进入航空公司之前都经历了较长时间的职业历练和自然的职业筛选，因此，飞行员素质普遍较高。此外，由于飞行人才储备较多，一般不会出现飞行员大面积短缺的状况。

4. 专业英语水平相对不高

按照国际惯例和国际民航组织关于飞行人员语言能力的要求，英语成为国际民航通用语言。尽管在国内民航飞行培训课程中，英语占有相当大的比重，并且，也有规定的ICAO

英语等级考试，但由于整体培训是在汉语环境中实施的，尤其是实际飞行训练、空地联络几乎完全使用汉语，因此，与民航业发达国家及其国际合作培训相比，完全由国内机构培训出来的飞行员整体英语水平相对不高。

案例思考

我国飞行培训价格为什么贵？

与美国、加拿大、澳大利亚以及欧洲等世界通用航空发达国家和地区相比，我国的民航飞行员培训价格要贵不少。

那么，我国飞行培训价格都贵在了哪儿？

从整体上看，通用航空发达国家飞行培训产业相对比较成熟，形成了社会化的合理分工的产业链。其机场、空管、航油，甚至包括航空器维修等专业保障资源，有的作为社会公共资源对大众免费开放，有的则委托专业公司来打理。而作为飞行培训的承揽方，主要负责与培训直接相关的消耗以及地面及飞行教学等，相对来说，他们飞行培训机构背负的包袱小，负担轻。

而我国飞行培训产业目前尚处于起步阶段，社会化分工的产业链还没有形成，航空专业保障主要依靠培训机构自身承担。"小农经济"模式下的飞行培训机构，不仅要负责与培训直接相关的消耗以及地面及飞行教学等，还要承担航油、航空器维修，甚至空管、机场等几乎所有的航空专业保障服务，相比发达国家同行来说，包袱大，负担重。

从培训成本看，发达国家培训机构主要承担飞行培训成本，而我国培训机构除需要求担飞行培训成本之外还要承担航空基础成本。

 思考

对比国外飞行培训情况，国内现阶段急需要做出的改变和努力是什么？

第三节
飞行培训组织实施

能力培养

1. 正确理解飞行培训组织实施特点。
2. 熟悉飞行培训组织实施过程。

一、飞行培训组织实施特点

培训机构作为飞行培训的生产运行主体，最根本的任务和经常性的活动是高效、安全地组织实施运行。所谓运行组织实施，是指为了完成培训任务，参加运行的人员及有关要素有机组合起来，按计划有步骤地实施飞行培训活动的过程。培训机构的运行工作，以实际飞行训练为中心，涉及的要素多、过程复杂、受环境条件制约大。因此，运行组织实施工作具有许多显著的特点。

（一）飞行课程连续性要求高

飞行培训机构的飞行运行，主要目的是通过持续的飞行教学，不断提高受训者的飞行技能水平。而飞行技能水平的提高，有其自身的特点和规律。其中，保持飞行课程的连续性，是提高飞行技能水平的基本要求。一方面，需要严格按照训练大纲编排的课程（练习）顺序实施运行，不能前后颠倒、错位。另一方面，保持适中的飞行连续性。实践证明，单位时间内飞得少了或多了，都不利于飞行技能水平的提高。飞得少了，教学积累不到位，飞行技能的提高较慢；如果经常出现长时间的间断飞行，进度较慢，飞行技能水平甚至会出现下降；飞得多了，受训者一时"消化"不了，飞行技能的提高快不了，有时会出现原地踏步，甚至上下波动的情况。对于新进入飞行训练的受训者，上述现象会表现得更加明显。

针对飞行技能水平提高的特点，在组织实施飞行运行时，要保持适度的飞行课程连续性。首先，深入研究飞行技能生成与提高规律，并遵循这些规律，制定飞行连续性及飞行强度管理制度，明确单位时间内飞行量的上限与下限标准。其次，合理制订培训和飞行计划，做到管理者、教员和学员相结合，进度、质量、安全统筹考虑。防止出现"单打一"，避免为单纯地赶进度而大强度飞行，或者人为地过度控制飞行进度而造成飞行间断多。

（二）受气象条件影响大

实际飞行需要在空中实施，因而必然会受到空间环境的制约，特别是气象条件的影响。对于飞行培训机构的飞行训练而言，受到气象条件的影响更大。首先，出于基础飞行技能训练的需要，有相当多的课程（练习）需要在目视条件下实施。因此，对云高、云量、风速、风向、能见度等气象要素，作出了比较高的标准。例如：CCAR-91规定的目视飞行的最低气象标准为：在修正海平面气压高度3千米（含）以上，能见度不小于8千米；修正海平气压高度3千米以下，能见度不小于5千米；距云的水平距离不小于1500米，垂直距离不小于300米。通用机场空域运行时，在修正海平面气压高度900米（含）以下或离地高度300米（含）以下（以高者为准），如果在云体之外，能目视地面，允许航空器驾驶员在飞行能见度不小于1600米的条件下按目视飞行规则飞行。低于上述标准就不能组织飞行运行。其次，飞行培训机构的受训者，多是初始进入飞行培训的学员，飞行技能处在逐渐形成与提高过程中，飞行技术底子比较薄。所以，对他们的飞行训练，尤其是在单飞时，对气象条件的要求更高。一般情况下，飞行培训机构规定的初次单飞气象条件标准为：能见度大于8千米；云下飞行，并且云底距离最高飞行活动高度大于500米；起飞与着陆的侧风角度小于20°，风速小于5米/秒。

针对飞行运行受气象条件影响大的特点，一方面，需要充分利用可飞天气。加强气象特点研究，合理制订培训与飞行计划，使培训进度和飞行课程适应季节、气象变化特点。另一方面，需要严格把好天气关。确保飞行运行在符合标准的气象条件下实施，杜绝为了赶培训进度超标准蛮干。

（三）对地面保障依赖性大

在飞行培训的运行中，主角是飞行，呈现出来的景象是航空器的起起落落。然而，在飞行幕后却有大量的地面保障工作，包括维修保障、航务保障、航站保障和教学保障等方面。并且，飞行乃至整个运行工作，对各类地面保障的依赖性很大。无论哪个系统，甚至某一个工作环节发生了问题，都会影响飞行运行的正常进行。确切地说，离开地面的各种保障，飞行运行就无法实际进行。飞行培训运行上的这一特点，要求运行的组织实施工作必须把各种地面保障放到突出位置。制订培训和运行计划，首先要考虑到地面保障条件是否具备；组织运行准备和实施，始终关注地面保障的准备与实施情况。

（四）组织指挥难度大

飞行培训运行的组织实施，实际上是一个系统工程。既有飞行教学的组织实施，又有飞行的组织指挥；既有航空器和专业设施、设备等硬件保障，又有专业信息、人员心理、队伍作风等软件保障；既涉及整个年度、期班、阶段培训工作的统筹安排，又涉及每一架航空器、每一名教员和每一名学员的具体运行安排。

在飞行运行组织实施中，人、机、天、地等与飞行运行相关的各种因素，不仅变化多端，而且涉及面广、环节多、协调复杂，给飞行运行的组织指挥工作带来了较大的难度。在国内，包括飞行培训在内的通用航空，目前尚处于起步阶段，社会化分工的产业链条还没有形成，航空专业保障主要依靠培训机构自身承担。"小农经济"模式下的飞行培训机构，不仅要负责与培训直接相关的事务，还要承担航油、航空器维修，甚至空管、机场等几乎所有的航空专业保障服务。这样一来，就更增加了飞行培训机构运行组织指挥的难度。

飞行培训运行上的这一特点，要求运行的组织筹划必须具有系统的眼光，运用好系统思维和方法；运行的具体组织实施工作必须统筹计划，照顾到方方面面和前前后后。

（五）空中实施危险性大

在空中实施飞行的过程中，机械故障会危及飞行安全，任何人为差错也都可能导致不安全事件的发生。航空器是现代科学技术的产物，各种机件相互控制，要求操作上严格按照既定的程序。如果机械操作程序颠倒，动作出现错漏，或者做得不到位，就会使相关的机件不能正常工作，人为地造成应急情况。如果不能及时发现和正确处理，就会危及飞行安全。在飞行培训实践中，因飞行员做错或忘做动作，管制员、飞行指挥员没有及时通报信息或提供错误信息，维修人员操作错误等，曾导致发生多次飞行问题。总之，由于飞行是在空中这种特殊的环境中实施，机械故障、操纵错误、调度失误、陷入危险天气等原因，都有可能导致飞行安全问题甚至飞行事故的发生。因此，危险性大是飞行培训运行组织实施活动中的又一显著特点。

（六）对飞行地面准备要求高

学习掌握飞行技能，需要在空中高速运动、状态不断变化的航空器上进行，要求受训人员观察判断迅速而全面，操作动作熟练而准确。然而，空中供观察、思考、操练、记忆的时间很短，可供教员实施飞行教学的机会和时间也有限，可以说是稍纵即逝。这样，就要求飞行员必须在地面做好充分的飞行准备。

二、飞行培训组织实施过程

实现运行过程的最优化，是运行组织管理的基本要求。一般来说，飞行培训的运行过程，是计划、准备、实施和总结4个阶段的循环往复、不断提高的过程。实现运行过程的最优化，需要对各阶段、各流程的运行做出条理化的安排。

（一）计划阶段

运行计划确定运行任务目标，以及达到目标的行动方案和保障措施，因而具有定向、指导和协调等作用。

1. 计划依据

制订一个科学合理、切实可行的运行计划，需要有充分的依据，主要包括任务、环境和力量等方面。

任务主要是指与客户签订的培训协议。在制订运行计划之前，需要首先弄清培训的性质、课程类型和培训期限等约定内容，防止因为计划安排原因导致违约。

环境主要是指客观条件。包括季节、天气条件、机场、空域、转场航线、教练机、飞行模拟器及飞行技术考试员等。客观条件是制订运行计划的重要依据，只有依据客观条件，把需要与可能结合起来，制订出来的计划才能切实可行。

力量主要是指主观条件。包括组织管理能力、教学能力、保障能力和技术水平等，这些是培训机构的实际情况。制订计划需要建立在调查分析的基础之上，切实掌握培训机构的实际水平，量力而行。防止为了单纯履行协议，把运行计划定得过高、过大，满打满算，不留有余地，造成实施困难。

2. 计划要求

一个好的运行计划，需要满足目标明确、内容具体、重点突出、统筹兼顾、指标适当和留有余地等基本要求。

计划是培训机构组织实施运行的重要依据。因此，从宏观指导层面讲，计划目标需要明确，以此统一运行方向和步调，凝聚力量，聚焦关注点；从具体操作层面讲，计划内容需要具体，以此确保任务、进度、质量能够真正落实到具体的时间、空间单元和个人，防止上推下卸导致任务"挂空挡"。

在运行计划的制订上，既要根据培训目标的要求，保持培训内容的完整、系统和连贯，又要按照掌握飞行技能的需要，对不同的训练阶段、不同课程（练习）和不同培训对象，做出有针对性的安排。遵循飞行培训规律，根据地域、季节、气象和天气特点，科学编排运行计划和飞行课程（练习），以保持飞行连续性。例如，北方地区冬季大风天气较多，不太适宜组织起落航线单飞训练；南方地区夏季雷雨天气较多，不太适宜长距离转场飞行训练。因此，制订运行计划时，应尽量使飞行训练内容与季节相适应，减少天气因素对飞行训练的影响。

3. 计划种类

运行计划可以根据不同的用途和要求，划分为不同的种类。一般包括综合运行计划、专项运行计划和飞行日运行计划。

① 综合运行计划是培训机构以飞行训练为中心的整体工作计划，是开展运营工作的重要依据。通常包括年度运行计划、期班运行计划和阶段运行计划。年度运行计划是对一个年度运行工作的总体安排；期班运行计划是根据培训对象和培训任务拟订的运行工作安排；阶段运行计划是根据年度和期班运行计划拟订的某一个时间段的工作安排。

② 专项运行计划是根据订单约定的专项培训任务，或者有特殊要求的专项培训而制订的运行计划。专项运行计划一般是针对短期的或特殊的运行任务，或者是难度较大、要求较高、组织经验较少的运行任务，如军转民过渡训练、高性能训练和教员的新机型转换训练等。

③ 飞行日运行计划是根据综合运行计划、专项运行计划而制订的一天之内的运行计划，是组织实施运行活动直接具体的依据。其内容主要包括确定飞行起止时间、出动教练机型号与架次、起降大体顺序、每个飞行人员的飞行任务、大体的飞行课目、课程（练习）和活动范围等。

（二）准备阶段

准备是进行一项活动之前预先所做的工作。飞行培训的运行是一项极其复杂的实践活动，也是一项系统工程，因此，需要进行充分准备。做好准备是圆满完成飞行培训运行任务的前提，是提高培训质量、保证飞行安全必不可少的条件。

1. 思想准备

组织实施飞行运行活动，需要靠全体参加运行人员统一、自觉的行动。而人的行动是受思想支配的，只有在思想上认识到所做工作的价值，以及自己所担负的工作在整个活动中的地位作用，才能自觉地去完成并努力做好。因此，在实施运行活动之前，需要做好充分的思想准备。如召开培训工作会议，以会议及计划表的形式，向参加运行的部门具体部署培训运行任务，使全体参加运行的人员明确所要完成的任务和达到的目标。

2. 组织准备

组织准备是根据培训任务与要求，在开训前对飞行训练及教学进行编组，调配教学管理骨干，协调有关部门之间工作等一系列的组织活动，以保证培训运行顺利进行。

一般情况下，飞行培训机构都有完善的运行与教学管理体系，配备有数量和技术等级符合要求的运行与教学管理骨干，包括主任飞行教员、助理主任飞行教员和飞行技术检查员等。在培训期班和在训学员相对较少的情况下，依靠基本运行与教学管理体系，完全可以完成运行与教学管理任务。当培训期班和在训学员较多时，需要在基本运行与教学管理体系框架内，明确分管期班运行与教学管理工作的总负责人（班主任），由其对该期班的运行与教学工作实施统筹管理。协调期班内部及该期班与其他期班的运行与教学管理工作，使培训机构整体运行与教学协调推进，避免出现内耗。

3. 教学准备

教学准备（图8-3）是运行准备的重要内容，是保证培训质量、提高运行效益的前提条件。因此，在组织各类培训前，都需要做好教学准备。主要内容包括进入条件评估、统一飞行标准、组织教学法研究、制订与推演教学预案等。

图8-3 飞行培训教学准备

在进入某一新的大纲、课目和课程（练习）培训前，需要依据有关规章、手册和训练大纲，对培训对象的身体条件、理论与技术培训进度、质量等进行系统评估，着重看其是否具备进入新的培训的条件。例如，学员在进入私照培训前，需要检查其是否取得Ⅱ类及以上体检合格证和学生驾驶员执照，并且是否都在有效期内；航空知识的学习是否已经达到一定的进度，并且是否熟练掌握了相关内容。在进入商照培训前，需要检查其是否取得Ⅰ类体检合格证和私照，并且是否都在有效期内；航空知识学习是否已经达到一定的进度，并且是否熟练掌握了相关内容。

飞行标准是保证培训质量落实的基础，也是衡量培训质量水平的重要指标。因此，在教学准备中，需要做好统一飞行标准的工作。依据有关规章、训练大纲，制定标准操作程序（SOP），使飞行操作标准化；组织飞行教员和学员，学习、理解飞行标准，使标准能够真正成为教学依据。必要时，在遴选骨干并先行训练的基础上，组织飞行教员做统一飞行标准的普训，使所有的飞行教学能够真正统一到飞行标准上来。

飞行教学的特殊性，使得掌握与运用飞行教学方法变得相对困难。因此，教学准备中，需要组织飞行教员进行教学法集训。明确教学内容和重点，统一质量标准；研究组织实施教学的程序、步骤和方法，以及课目、课程（练习）的具体教学方法，交流教学经验；研究技术难点教学和应急情况处置教学的方法，以及保证飞行教学安全的措施等。

一般来说，训练大纲上对教学内容、课程（练习）、教学步骤和质量标准等都有基本的要求。然而，它提出的都是对教学的共性要求，针对学员、机型、机场和空域等个性特点的具体问题，则需要通过教员拟订教学预案来解决。其中，针对学员年龄、性别、心理和受教育背景、航空知识与飞行技能掌握情况等个性特点，合理确定教学起点，科学安排教学进度和设计教学步骤、选择教学形式与方法，是教学预案需要重点回答的问题。在制订教学预案的基础上，还需要组织教员备课和试教练讲，让教员进一步熟悉教学内容和标准，演练教学程序与方法，推演不同应急情况的处置方案。

4. 保障准备

飞行运行是一项复杂的系统活动，高度依赖各专业之间的协同保障。飞行培训的运行保障准备，主要包括维修保障、航务保障、航站保障和教学保障等方面。

（1）维修保障　维修保障主要是根据飞行培训任务的要求，对航空器进行日常和定期检查，使之处于适航状态；控制好教练机机队的修理、维护和梯次使用，做好轮胎、起动机等飞行培训易耗航材的订购、储备，防止出现航空器大面积停场，以满足飞行运行的需要。

（2）航务保障　航务保障准备的重点是根据飞行培训任务的需要，申请与协调空域、转场训练航线和飞行计划，订购、更新航空专业用图，收集航行情报和气象信息。根据有关规章和运行基地机场的实际情况，制定空中管制保障方案，着重提高空域、机场的利用率。

（3）航站保障　航站保障准备的重点是根据飞行培训运行任务的需要，制定航空燃油保障方案，并相应做好采购、运输和储存等工作，保证燃油供应和油品质量；做好日常飞行运行的安检、安保、消防和医疗救护等保障准备，确保相关专业人员和物资、器材充足，能够满足运行需要。

（4）教学保障　教学保障准备的重点是根据飞行培训的需要，做好飞行模拟器适航审定和日常维护、维修工作，以及教材、教具及用品等各项保障工作。

（三）实施阶段

实施阶段（图8-4）是飞行运行组织实施的中心环节，是落实培训计划，提高培训质量和效益，保证飞行安全，实现培训目标的关键阶段。运行实施涉及组织、管制、指挥、飞行和维修、航务、航站等各项保障工作，其中，管制与指挥是保障运行顺畅、安全推进的重要基础。

图8-4　飞行培训教学实施

相对于运输航空航班运行和通用航空作业运行来说，培训机构运行的空中管制工作显得更加复杂。首先，培训运行在局部空间的飞行活动量大，航空器之间的间隔相对较小。例如，在一个以机场跑道为中心，长8千米、宽2千米、高度0~300米的起落航线上，同时有5~6架教练机在飞行，飞行密度相当大。如果不能做到局部空间的高密度飞行，培训机构单位时间内的飞行量就上不去，培训效率就很难提高，整体规模效益和边际效益将受到很大影响。局部空间的高密度飞行，给空中管制提出了更高的要求。其次，飞行教学与空中管制、指挥有时会发生冲突。有时因为飞行教学组使用机内通话较多，精力分配出现偏差，没有听到管制指令；有时是学员单飞，因为飞行技术尚不成熟，收听、理解和执行航空管制指令产生偏差，这些都需要航空制员、飞行指挥员及时发现并进行纠正。最后，在学员单飞时，除了必要的空中管制指挥外，有时还需要提供一定的应急情况处置的技术提示，以及视界范围内的技术指挥。例如，学员首次单飞，有时受到心理紧张因素的影响，技术动作会出现变形。此时，就需要给其做一些安抚性的沟通；当飞行操纵有出现较大偏差的趋势时，及时给予直接的操纵性的指挥，防止发生危及飞行安全的问题。

针对飞行培训运行空中飞行管制与指挥的特殊性，需要根据实际情况研究具体的措施。通常情况下，依据有关航空管制规章，通过签订协议的形式，实行机场塔台管制员与培训机构飞行指挥员、飞行教员相结合的管制与指挥模式。其中，机场塔台的管制员，代表机场空中管制机构，负责整场飞行运行的航空管制工作，重点关注培训机构与同场运行的其他航班、通用航空作业航空器之间的间隔调配和管制工作；培训机构的飞行指挥员，在塔台管制员的授权和监督下，代表培训机构，重点关注内部航空器之间的调配指挥工作；培训机构的飞行教员，必要时协助塔台管制员、培训机构飞行指挥员，重点关注对单飞学员的技术提醒与指挥。

（四）总结阶段

总结是飞行培训运行组织实施的终结阶段，是必不可少的重要环节。它标志着培训活动一个周期的结束，同时又预示着下一个周期的开始。飞行培训运行的总结，在组织实施活动的一个周期结束时进行。如完成一个课目的训练，或完成了年度、期班、阶段和飞行日训练任务时，都需要进行总结。总结就是对已经做过的工作或已经完成了的任务，进行回顾和全面评估，肯定成绩，总结经验，找出问题，分析原因，吸取教训。同时，探索飞行培训运行工作的规律，积累经验，提高组织管理水平，使以后的工作在新的起点上开始，更好地指导飞行培训运行的组织实施活动。

一般情况下，总结是先个人总结，后团队、机构总结。通常与交流推广先进经验相结合，与表扬奖励相结合。总结也常与下一阶段、后一个飞行日的动员活动相结合，使总结成为下一个周期的起点。

个人总结要与自己的培训运行、工作任务和要求相对照，进行检查对比。团队和机构总结按照收集材料、分析评估、总结经验和提出措施等步骤实施。通过查阅资料、检查了解和听取汇报等方法，广泛收集材料，将收集到的材料与任务、计划、要求、标准等相对照，进行分析综合，客观评估。在分析评估的基础上，提炼、概括经验教训，找出具有普遍性、规律性的问题。在前面几步所做总结的基础上，根据查找分析的系统方面的原因，对手册、大纲、程序、标准和计划、要求等进行修改、调整，将经验教训由点到面、由临时到长期地固化下来，使成功经验能够真正被推广，失误、教训能够真正被接受。

思考题

1. 简述我国飞行员分类。
2. 谈谈我国飞行执照有哪些种类？
3. 简述我国获取飞行执照需要哪些基本条件？
4. 飞行执照的权利维护体现在哪些方面？
5. 国外飞行员执照培训模式有哪些？
6. 国内飞行员执照培训模式有哪些？
7. 谈谈国内外飞行员培训的优劣比较。
8. 简述飞行培训组织工作的特点。
9. 简述飞行培训工作组织实施过程。

课后练习

参考文献

[1]耿建华，王霞，谢钧，等.通用航空概论.北京：航空工业出版社，2007.

[2]覃睿，赵嶷飞，黄燕晓.现代通用航空基础与实务.北京:科学出版社，2014.

[3]胡问鸣.通用飞机.北京：航空工业出版社，2008.

[4]曲景文.世界通用飞机.北京：航空工业出版社，2014.

[5]宗苏宁.中国通用航空产业发展现实与思考.北京：航空工业出版社，2014.

[6]谢春生，郭莉，张洪.低空空域管理与通用航空空域规划.北京：航空工业出版社，2016.

[7]欧阳杰.中国通用机场规划建设与运营管理.北京：航空工业出版社，2016.

[8]史永胜，王霞，耿建华.通用航空运营与管理.北京：航空工业出版社，2007.

[9]丁邦昕.民航飞行员培训.北京：航空工业出版社，2016.

[10]吕人力.中国通用航空蓝皮书——中国通用航空业研究报告（2015—2016）.北京：中国民航出版社，2016.

[11]吕人力.中国通用航空蓝皮书——中国通用航空业研究报告（2017）.北京：中国民航出版社，2017.